舰船装备保障工程丛书

装备复杂系统多状态可靠性分析与评估技术

史跃东　徐一帆　金家善　著

科学出版社
北京

内 容 简 介

本书针对装备复杂系统由于系统结构复杂、运行状态复杂、性能刻画复杂、使用环境复杂、优化决策复杂等固有特征带来的可靠性建模、分析与评估难题，围绕建模分析与评估和优化设计与决策两项核心内容，建立装备复杂系统多状态可靠性分析与评估理论体系，给出能够有效实现大型装备复杂系统可靠性分析与评估的新方法和新思路，内容涵盖多状态复杂系统建模，现代随机模型可靠性分析与评估，通用生成函数模型可靠性分析与评估，多值逻辑模型可靠性分析与评估、冗余系统、老化系统、模糊系统可靠性分析与评估，多分辨率智能优化与决策等。

本书可供从事复杂系统可靠性研究和装备保障的工程技术人员和管理者使用，也可作为相关高等院校可靠性工程和装备保障工程专业的本科生和研究生教学参考用书。

图书在版编目(CIP)数据

装备复杂系统多状态可靠性分析与评估技术 / 史跃东，徐一帆，金家善著. —北京：科学出版社，2017.10

(舰船装备保障工程丛书)

ISBN 978-7-03-054823-8

Ⅰ.①装…　Ⅱ.①史…　②徐…　③金…　Ⅲ.①军用船-装备-系统可靠性-系统分析　Ⅳ.①E925.6

中国版本图书馆 CIP 数据核字(2017)第 255129 号

责任编辑：张艳芬 / 责任校对：桂伟利
责任印制：吴兆东 / 封面设计：蓝　正

科学出版社 出版
北京东黄城根北街 16 号
邮政编码：100717
http://www.sciencep.com
北京厚诚则铭印刷科技有限公司印刷
科学出版社发行　各地新华书店经销
*
2017 年 10 月第　一　版　开本：720×1000　1/16
2026 年　1 月第五次印刷　印张：16 1/4
字数：311 000

定价：98.00 元

(如有印装质量问题，我社负责调换)

《舰船装备保障工程丛书》编委会

《舰船装备保障工程丛书》序

舰船装备是现代海军装备的重要组成部分，是海军战斗力建设的重要物质基础。随着科学技术的飞速发展及其在舰船装备中的广泛应用，舰船装备呈现出结构复杂、技术密集、系统功能集成的发展趋势。为使舰船装备能够尽快形成并长久保持战斗力，必须为其配套建设快速、高效和低耗的保障系统，形成全系统、全寿命保障能力。

20 世纪 80 年代，随着各国对海军战略的调整以适应海军装备发展需求，舰船装备保障技术得到迅速发展。它涉及管理学、运筹学、系统工程方法论、决策优化等诸多学科专业，现已成为世界军事强国在海军装备建设发展中关注的重点，该技术领域研究具有前瞻性、战略性、实践性和推动性。

舰船装备保障的研究内容主要包括：研制阶段的“六性”设计，使研制出的舰船装备具备“高可靠、好保障、有条件保障”的良好特性；保障顶层规划、保障系统建设，并在实践中科学运用保障资源开展保障工作，确保装备列装后尽快形成保障能力并保持良好的技术状态；研究突破舰船装备维修与再制造保障技术瓶颈，促进装备战斗力再生。舰船装备保障能力不仅依赖于装备管理水平的提升，而且取决于维修工程关键技术的突破。

当前，在舰船装备保障管理方面，正逐步从以定性、经验为主的传统管理向综合运用现代管理学理论及系统工程方法的精细化、全寿命周期管理转变；在舰船装备保障系统设计上，由过去的“序贯设计”向“综合同步设计”的模式转变；在舰船装备故障处理方式上，由过去的“故障后修理”向基于维修保障信息挖掘与融合技术的“状态修理”转变；在保障资源规划方面，由过去的“过度采购、事先储备”向“精确化保障”转变；在维修保障技术方面，由过去的“换件修理”向“装备应急抢修和备件现场快速再制造”转变。

因此，迫切需要一套全面反映海军舰船装备保障工程技术领域的丛书，系统开展舰船装备保障顶层设计、保障工程管理、保障性分析，以及维修保障决策与优化等方面的理论与技术研究。本套丛书凝聚了撰写人员在长期从事舰船装备保障理论研究与实践中积累的成果，代表了我国舰船装备保障领域的先进水平。

中国工程院院士
波兰科学院外籍院士　徐滨士

2016 年 5 月 31 日

前　言

“事情如果有变坏的可能,不管这种可能性有多小,它总会发生”。怕什么就很可能来什么,墨菲定律的危言耸听一直真实地成为工程领域头顶的达摩克利斯之剑。直到20世纪50年代,可靠性工程才成为一门具有现代性的科学,其技术方法的深入发展和广泛应用对系统分析具有举足轻重的价值和意义。如今,大量的实际工程系统往往非常复杂,系统构成上的复杂性和运行中的复杂性足以导致可靠性分析、评估和优化的复杂性。这类系统的状态突破正常和故障的“二态假设”,传统的可靠性设计分析方法难以适用于此类系统的性能状态和故障规律,可靠性工程面临的挑战与日俱增。

本书关注的研究对象是对来自系统结构、运行状态、性能刻画、使用环境、优化决策等层面具有复杂性基本特征的多状态系统,书中把这些系统称为复杂多状态系统。舰船平台及各类舰载系统、设备正是具有这类特性的复杂系统,也将作为本书中主要出现的研究对象和分析实例。

本书首先介绍复杂多状态系统的内涵、研究发展和技术支撑,归纳来自“系统结构、运行状态、性能刻画、使用环境、优化决策”层面的复杂性特征,并将这些复杂性特征造就的可靠性分析、评估和优化问题作为本书的研究主线和展开思路。

从运行状态复杂来看,本书探讨马尔可夫模型和基于通用生成函数的方法,前者的精确解算和计算规模局限性,与后者的近似方法和计算规模上的便利优势形成互补,适度地将复杂多状态系统的运行状态刻画与可靠性分析紧密联系起来。

从系统结构复杂、性能刻画复杂来看,本书探讨基于通用生成函数的方法、基于多值逻辑的重要度分析和复杂冗余系统的可靠性分析。通用生成函数方法对复杂构成、系统规模庞大的系统可靠性分析优势突出;重要度测度分析则能识别系统中的脆弱点、量化系统组件的临界特性,对分析系统局部变化引发的系统性问题具有重要的借鉴意义;冗余性在造就系统构成复杂性的同时还会带来性能输出的多样化,对冗余设计常见的舰船装备等多状态系统而言需要重点关注。

从使用环境复杂来看,本书探讨考虑老化和模糊多状态的两类系统,以此研究状态性能劣化的时变特征和状态性能界定的模糊不确定性,有助于评估复杂使用环境及使用强度大、可供维护周期短等运行条件下,装备系统多状态可靠性的适应性和运行风险。

从优化决策复杂来看,本书提出基于设计结构矩阵的多分辨率建模方法,选择合理的分析剖面、采用适度的模型粒度,从可靠性管理和风险评估层面识别系统构成之间的关联关系，为复杂多状态系统可靠性优化决策的对象辨识提供系统性分析方法，并探讨运用智能优化方法在复杂多状态系统可靠性优化问题中的应用技术。

总体而言，在复杂多状态系统的可靠性分析与管理领域，技术方法的多样性与其局限性往往交织在一起，本书希望尽可能广泛地涵盖多状态系统可靠性研究中最重要的分析方法，以及运行可靠性的多态半马尔可夫模型、系统重要度测度分析等前沿技术，还创新提出集成复杂系统不同分析层次和粒度的多分辨率建模方法。最终针对复杂多状态系统可靠性分析、评估与优化问题，形成一套较为完备的技术体系和系统性工具，力求准确把握系统的运行性能和可靠性变化规律。与此同时，提供大量翔实的算例也是本书的一大特点，读者通过算例可以更好地理解和掌握相关方法。

本书获得国家自然科学基金项目(071401171)的支持。撰写分工如下：史跃东负责前言、第1～6、9章的撰写及全书统稿，徐一帆负责第7、8章的撰写，金家善负责全书主体内容构架及典型案例审定。

在撰写本书的过程中，得到了海军工程大学科研部总师办各位领导、同事的大力支持，特别感谢朱石坚教授、朱晓军教授、李庆民教授、张志华教授、叶晓慧教授的关心和无私帮助，他们为本书倾注了大量的心血。本书的完成也离不开作者家人的大力支持，特别感谢杨芳女士对作者工作的持续鼓励和默默付出。

马克斯·韦伯说："灵魂不经过寂寞与清苦之火的锻打，就完全炼不出任何有价值的东西来。"。在撰写本书的过程中，作者挑灯伏案、竭尽所能、力求尽善。但囿于知识水平和经验，书中难免存在疏漏之处，敬请广大读者指正。作者的联系方式如下：trigger_1982@163. com、boat_xu@nudt. edu. cn。

史跃东

2017年6月于武汉

目　录

第1章　绪　　论

1.1　研究背景

装备作为现代各项工程技术的高度融合体，具备系统化程度高、复杂程度大、环境适应性强、可靠性要求高等诸多特点。装备的使用，多以遂行某类使命任务为目标。就各类工程装备的实际使用环境来看，鉴于不同任务约束下的保障资源、保障力量和保障环境有限，往往对装备的可靠性提出极高的要求。这一特点，在军事装备上体现得尤为明显。

针对装备可靠性的研究工作，一直备受装备承研承制单位、列装使用单位以及维修保障单位的高度重视，特别是随着各类工程装备寿命期内的任务频次日益增多、使用强度逐渐加大，装备可靠性建模、计算、评估与优化等相关研究工作已成为行业研究热点，并作为解决装备配套保障资源筹划、维修管理决策优化、寿命周期成本管理等现实工程问题的关键技术途径。

近年来，由于大型化、复杂化、系统化、精密化趋势逐渐成为当今装备主流发展方向，因此大型装备复杂系统的可靠性分析与评估研究已被正式纳入国家科学与技术阶段发展纲要。《国家中长期科学与技术发展规划纲要(2006—2020年)》中有关先进制造技术章节明确指出"要重点突破基于高可靠性的大型复杂系统和装备的系统设计技术"、"要研究'重大产品、复杂系统和重大设施的可靠性、安全性和寿命预测技术'"。国家高技术研究发展计划(863计划)也在"重大产品和重大设施寿命预测技术专题"中特别提出"为提高我国重大装备、设施、工程的安全可靠运行能力，预防重大事故，增强高技术产业的国际竞争力，提供寿命预测与可靠性分析的关键技术、方法和手段"。由此可见，有关大型装备复杂系统的可靠性分析与评估研究，不但居于行业研究尖端，而且契合国家战略发展迫切需求，建立成熟完善的大型装备复杂系统可靠性分析与评估理论体系，时不我待、意义重大。

以往经典的装备可靠性分析与评估理论体系建立于"非此即彼"的二元状态认知基础上，经过近五十年的发展，现已趋于成熟。然而，随着现代工业生产对装备复杂系统运行规律与失效机理研究的逐步深入，人们发现某些装备自正常运行至故障停机的演变过程中，通常会历经若干"中间状态"，且各"中间状态"的驻留规律不尽相同、跳变规则复杂多变。此类"中间状态"并存现象在机电工程装备、能源传输装备和信息发送装备的运行过程中较为常见，在大型装备复杂系统的寿命期内件)，可将其视为由供汽锅炉 $A_{1/2}$、蒸汽轮机 B 和发电机 C 构成的装备子系统，如图 1.1 所示。

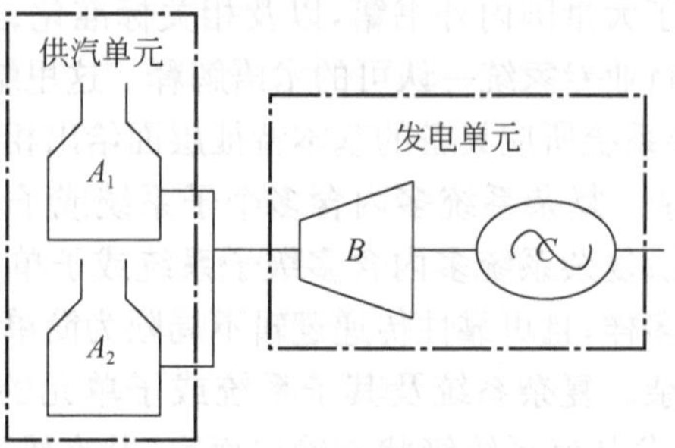

图 1.1 船用汽轮发电系统简化示意图

这里，以装备运行功率与设计功率间的比率关系 P_x 作为状态评价依据。其中，供汽单元装备间的功率继承关系为并联平均，发电单元装备间的功率继承关系为串联迭乘，供汽单元、发电单元与发电系统间的功率继承关系亦为串联迭乘。进一步做如下假设：供汽锅炉 $A_{1/2}$（两炉运行状态分布完全一致）运行功率满足设计功率 90%，则视为正常状态，否则视为故障状态；类似的，蒸汽轮机 B 运行功率满足设计功率 80%，则视为正常状态，否则视为故障状态；发电机组 C 运行功率满足设计功率 100%，则视为正常状态，否则视为故障状态。船用汽轮发电系统工作状态量化分析详情如表 1.1 所示。

表 1.1 船用汽轮发电系统多状态说明

序号	状态编号	P_{A1}	P_{A2}	P_{gq}	P_B	P_C	P_{fd}	P_{xt}	状态说明
1	1	0	0	0	0	0	0	0	供汽锅炉、汽轮机、发电机均处于故障状态，汽轮发电系统发电功能丧失
2	1	0	0	0	0	1	0	0	供汽锅炉、汽轮机处于故障状态，发电机功能正常，汽轮发电系统发电功能丧失
3	1	0	0	0	0.8	0	0	0	供汽锅炉、发电机处于故障状态，汽轮机功能正常，汽轮发电系统发电功能丧失
4	1	0	0	0	0.8	1	0.8	0	供汽锅炉处于故障状态，发电机、汽轮机功能正常，汽轮发电系统发电功能丧失
5	1	0	0.9	0.45	0	0	0	0	1 号锅炉故障，2 号锅炉正常，汽轮机、发电机均处于故障状态，汽轮发电系统发电功能丧失

续表

序号	状态编号	P_{A1}	P_{A2}	P_{gq}	P_B	P_C	P_{fd}	P_{xt}	状态说明
6	1	0	0.9	0.45	0	1	0	0	1号锅炉故障,2号锅炉正常,汽轮机处于故障状态,发电机功能正常,汽轮发电系统发电功能丧失
7	1	0	0.9	0.45	0.8	0	0	0	1号锅炉故障,2号锅炉正常,发电机处于故障状态,汽轮机功能正常,汽轮发电系统发电功能丧失
8	2	0	0.9	0.45	0.8	1	0.8	0.36	1号锅炉故障,2号锅炉正常,发电机、汽轮机功能正常,汽轮发电系统按36%的设计功率提供电能
9	1	0.9	0	0.45	0	0	0	0	1号锅炉正常,2号锅炉故障,汽轮机、发电机均处于故障状态,汽轮发电系统发电功能丧失
10	1	0.9	0	0.45	0	1	0	0	1号锅炉正常,2号锅炉故障,汽轮机处于故障状态,发电机功能正常,汽轮发电系统发电功能丧失
11	1	0.9	0	0.45	0.8	0	0	0	1号锅炉正常,2号锅炉故障,发电机处于故障状态,汽轮机功能正常,汽轮发电系统发电功能丧失
12	2	0.9	0	0.45	0.8	1	0.8	0.36	1号锅炉正常,2号锅炉故障,发电机、汽轮机功能正常,汽轮发电系统按36%的设计功率提供电能
13	1	0.9	0.9	0.9	0	0	0	0	供汽锅炉正常,汽轮机、发电机均处于故障状态,汽轮发电系统发电功能丧失
14	1	0.9	0.9	0.9	0	1	0	0	供汽锅炉正常,汽轮机处于故障状态,发电机功能正常,汽轮发电系统发电功能丧失
15	1	0.9	0.9	0.9	0.8	0	0	0	供汽锅炉正常,发电机处于故障状态,汽轮机功能正常,汽轮发电系统发电功能丧失
16	3	0.9	0.9	0.9	0.8	1	0.8	0.72	供汽锅炉、汽轮机、发电机均处于正常状态,汽轮发电系统按72%的设计功率提供电能

表1.1中,$P_{A1/2}$、P_B、P_C分别为1/2号锅炉、汽轮机和发电机的运行功率比;P_{gq}、P_{fd}、P_{xt}分别为供汽单元、发电单元和发电系统的运行功率比。上述各参数间

的数学关系可由式(1.1)～式(1.3)确定。

$$P_{gq}=\frac{P_{A1}+P_{A2}}{2} \tag{1.1}$$

$$P_{fd}=P_BP_C \tag{1.2}$$

$$P_{xt}=P_{gq}P_{fd} \tag{1.3}$$

由表1.1可知，虽然汽轮发电系统中各组成装备均处于二元状态，但全系统运行状态却为多元状态；即便假设1号、2号锅炉运行状态分布完全一致，全覆盖量化分析船用汽轮发电系统工作状态时也需实施16次代数循环运算，若系统组成装备数量及其自身状态数量增加，则相关量化分析工作量将呈指数趋势增长；描述装备状态的方式可多样化，既可以是直接面向装备物理输出的统计量值，如锅炉单位时间产汽量，也可以是侧面反映装备运行工况的相关状态量值，如运行功率与设计功率比等。

2. 燃油管路传输系统

某船用燃油管路传输系统由支路管道 A、支路管道 B 和主管道 C 三个管道传输单元组成，各管道之间通过法兰连接，如图1.2所示。

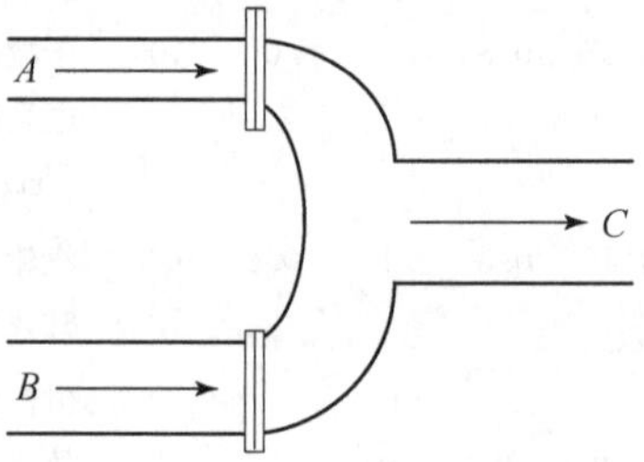

图1.2　船用燃油管路传输系统

其中，A、B 管道均为二元状态传输单元，燃油传输量分别为1.3t/min和1.5t/min，C 管道较为特殊，具有三类传输状态，即功能完全失效状态、部分失效状态和功能正常状态，对应的燃油传输量分别为0t/min、1.3t/min和3t/min。鉴于对管道连接的特殊性和冗余性设计的考虑，整个传输系统的燃油传输能力可表示为

$$G=\min\{g_A+g_B,g_C\} \tag{1.4}$$

式中，g_A、g_B、g_C 分别为 A、B、C 管道单元的燃油传输性能；G 为燃油管道传输子系统的燃油传输总性能。基于前述假设，船用燃油管路传输系统的工作状态量化分析详情如表1.2所示。

表 1.2 船用燃油管路传输系统多状态说明

序号	状态编号	g_A	g_B	g_C	$\min\{g_A+g_B, g_C\}$	状态说明
1	1	0	0	0	0	A、B、C 三个单元传输功能均完全失效，燃油管路传输子系统传输功能丧失
2	1	0	0	1.3	0	A、B 单元传输功能完全失效，C 单元传输功能部分失效，燃油管路传输子系统传输功能丧失
3	1	0	0	3	0	A、B 单元传输功能完全失效，C 单元传输功能正常，燃油管路传输子系统传输功能丧失
4	1	0	1.5	0	0	A、C 单元传输功能完全失效，B 单元传输单元功能正常，燃油管路传输子系统传输功能丧失
5	3	0	1.5	1.3	1.3	A 单元传输功能完全失效，B 单元传输功能正常，C 单元传输功能部分失效，燃油管路传输子系统传输功能下降，燃油传输量为 1.3t/min
6	4	0	1.5	3	1.5	A 单元传输功能完全失效，B、C 单元传输功能正常，燃油管路传输子系统传输功能下降，燃油传输量为 1.5t/min
7	1	1.2	0	0	0	A 单元传输功能正常，B、C 单元传输功能完全失效，燃油管路传输子系统传输功能丧失
8	2	1.2	0	1.3	1.2	A 单元传输功能正常，B 单元传输功能完全失效，C 单元传输功能部分失效，燃油管路传输子系统传输功能下降，燃油传输量为 1.2t/min
9	2	1.2	0	3	1.2	A 单元传输功能正常，B 单元传输功能完全失效，C 单元传输功能正常，燃油管路传输子系统传输功能下降，燃油传输量为 1.2t/min
10	1	1.2	1.5	0	0	A、B 单元传输功能正常，C 单元传输功能完全失效，燃油管路传输子系统传输功能丧失
11	3	1.2	1.5	1.3	1.3	A、B 单元传输功能正常，C 单元传输功能部分失效，燃油管路传输子系统传输功能下降，燃油传输量为 1.3t/min
12	5	1.2	1.5	3	2.7	A、B、C 单元传输功能正常，燃油管路传输子系统传输功能正常，燃油传输量为 2.7t/min

如表 1.2 所示，将同等燃油传输性能视为一类工作状态，则该燃油管路传输系统具有五类工作状态，对应的燃油传输量分别为 0t/min、1.2t/min、1.3t/min、1.5t/min 和 2.7t/min。

3. 警戒雷达系统

某船用警戒雷达系统由两台同型雷达工作站、左右两舷并行配置组成。如图 1.3 所示，记舰艏方向为雷达扫描基准 0°，左舷为负、右舷为正，则左舷雷达空间警戒覆盖范围为－90°～30°，右舷雷达空间警戒覆盖范围为－30°～90°。

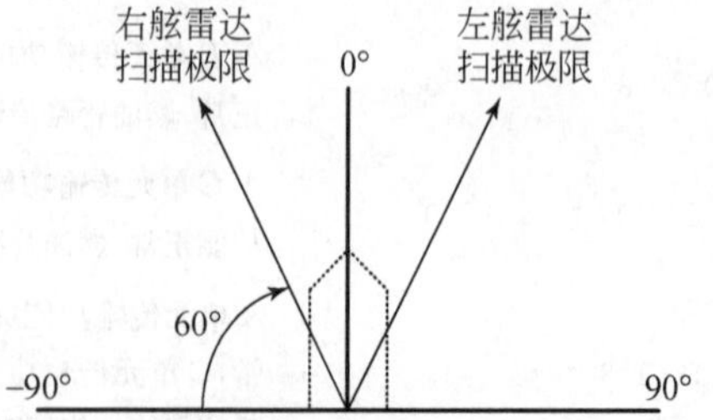

图 1.3　船用警戒雷达系统扫描区域示意图

以成功捕捉目标概率 p_i 作为系统所处工作状态的判据，假设单一雷达成功捕捉目标概率为 0.8，且左右两舷独立工作，则船用警戒雷达系统的工作状态量化分析详情如表 1.3 所示。由表 1.3 可知，船用警戒雷达系统具有三类工作状态。

表 1.3　船用警戒雷达系统多状态说明

状态编号	捕捉目标概率 p_i	状态说明	解算说明
1	0	左右舷两台雷达，同时失效	$p_1=0$
2	0.53	左舷或右舷雷达，一台失效	$p_2=\frac{120}{180}\times 0.8=0.53$
3	0.85	左右舷两台雷达，均正常工作	$p_2=\frac{60}{180}\times[1-(1-0.8)^2]+\frac{(180-60)}{180}\times 0.8=0.85$

前述列举的船用汽轮发电系统、燃油管路传输系统和警戒雷达系统均为比较典型的装备多状态系统。进一步，若相关装备多状态系统还满足结构复杂、运行状态复杂、使用环境复杂、性能刻画复杂、优化决策复杂五类基本特征，则可将其称为装备多状态复杂系统。就装备的实际工程使用经验来看，船用汽轮发电系统最符合装备多状态复杂系统特征，船用燃油管路传输系统、警戒雷达系统则次之。

实际上，凡是提到复杂系统，总会寄生于某一特定客体。客体若为装备，则称其为装备复杂系统；客体若为约定事件，则称其为事件复杂系统。本书中，如无特殊说明，所叙复杂系统寄生客体均为装备。

1.4　多状态复杂系统可靠性分析与评估技术进展

早期受传统建模理念和现实解算能力所限，有关复杂系统的可靠性研究工作多假定系统性能仅为二元状态，即正常工作状态和完全失效状态。然而，长期的工程实践表明，仅依赖二元状态刻画评估系统工作性能获取的研究结果有些时候不够理想，甚至可能与实际观测结果大相径庭，亟待探索一类能够较为准确刻画系统真实运行状态的建模方法。由此，自20世纪70年代中期起，Murchland[1]、Barlow和Wu[2]、Ross[3]将多状态理论引入可靠性研究领域，提出了多状态系统的基本概念与原型定义。之后，随着多状态理论近几十年的不断完善与发展，及其在电力、能源、信息等工程领域的成功应用[4,5]，其已成为可靠性研究领域的热点和焦点[6]。总体来说，目前多状态系统可靠性研究工作主要集中于建模分析与评估和优化设计与决策两个方面。

1. 建模分析与评估

多状态系统的可靠性建模分析与评估方法大致分为四类，分别为布尔扩展模型法、马尔可夫模型法、通用生成函数法和Monte Carlo仿真法。

其中，布尔扩展模型法拓展了传统可靠性理论中的二元状态[7]，利用多态故障树、多态路集、割集、多值决策图、贝叶斯网络等工具，实现多状态系统的可靠性建模与分析。代表性研究包括Huang[8,9]、Bossche[10]将经典故障树理论引入多状态系统可靠性分析领域，Xue[11]给出了多状态系统故障树的定量分析方法，曾亮和郭欣[12]研究提出了多状态系统故障树的模块化生成方法；Aven[13]提出了基于最小路集和最小割集的多状态单调系统可靠性解算方法，Lin和Yuan[14]、Ramirez等[15]则分别利用最小路集和最小割集，分析解算了多状态网络系统的可靠性；Amari等[16]、Xing和Dai[17]、Shrestha等[18]提出了基于多值决策图的多状态系统可靠性模型，并分析明确了使用该方法的计算复杂度；钱文学等[19]、周忠生等[20]、尹晓伟等[21]开展了基于贝叶斯网络理论的多状态系统建模研究，并给出了离散化的可靠性分析方法；Yamanoto等[22]提出了广义多状态k/n系统的迭代解算模型，武月琴等[23]、Tian等[24]、宋月等[25]则给出了利用该模型分析多状态系统可靠性的通用程式化解算方法。

布尔扩展模型法主要解决复杂系统的多类状态性能并存问题，注重状态性能的多值刻画，但对系统各状态间的时变规律与失效机理关注不足，而马尔可夫模型法在此方面具备优势，最早被Natvig和Streller[26]用于多状态单调系统的稳态特性研究。Xue和Yang[27]利用马尔可夫模型评估了多状态单调系统的可靠度、平均失效频次等可靠性参数指标；Dimitrov等[28]提出了基于马尔可夫模型的多状态系

计与决策技术，已有部分坚实的研究成果，归纳起来主要是针对由复杂系统五类基本特征伴生而来的系列工程技术问题，寻求有效解决对策，包括如何准确描述系统状态、如何合理构建系统模型、如何科学演绎时变历程、如何简化分解复杂结构、如何提供问题高效算法、如何量化评估系统可靠性能、如何给出最优维修策略。解决这七类问题涉及的技术驱动颇多，涵盖多状态建模理论、现代随机过程理论、结构系统发生函数理论、微分方程数值分析理论、可靠性综合评估理论、多目标智能寻优理论、时变不确定量值分析理论。融合多样前沿理论，可有效解算多状态复杂系统的可靠性。虽然行业前辈们的共同努力解决了诸多难题，但面临装备复杂系统发展的新形势和新趋势，探索、拓展、丰富的空间还很大，由此，本书将在已有技术的基础上，发展多状态装备复杂系统的可靠性理论体系和工程应用技术，为推动理论体系成熟、应用技术完善，奠定坚实的技术基础。

1.5 研究思路及内容安排

撰写本书的目的在于，探求一类能够有效实现多状态装备复杂系统可靠性建模、分析与评估的普适化方法与技术。本书解决该问题的基本思路为：从诱发装备系统状态性能复杂的 5 项本源因素出发，通过将复杂问题逐层分割并分专题研究，实现相关技术难题的逐个求解；进而，通过自下而上的逻辑拼接与传递迭代，实现多状态装备复杂系统可靠性建模、分析与评估的全系统解构。具体章节安排如下。

(1) 深化对所研究问题的基本认识，为后续各章节专题研究提供基本理论支撑，首先安排“多状态系统可靠性分析与评估基础”一章。

(2) 针对装备复杂系统运行状态复杂特征，安排“基于马尔可夫模型的多状态系统可靠性分析与评估”一章，解决多状态系统的基础建模，以及分割后组件单元的可靠性分析与评估问题。

(3) 针对装备复杂系统结构复杂特征和性能刻画复杂特征，依次安排“基于通用生成函数的多状态系统可靠性分析与评估”、“基于多值逻辑的多状态系统重要度分析与评估”和“装备多状态复杂冗余系统可靠性分析与评估”3 章，解决多状态系统多级复杂结构间的可靠性耦合传递，以及大状态维数下的状态解析与性能刻画问题。

(4) 针对装备复杂系统使用环境复杂特征，安排“两类特殊装备复杂系统的可靠性分析与评估”一章，解决多状态复杂系统状态畸变及失稳情形下的可靠性建模、分析与评估问题。

(5) 针对装备复杂系统优化决策复杂特征，安排“基于多分辨率建模的装备多状态复杂系统可靠性设计优化”一章，解决可靠性设计优化决策的对象辨识和方案优化问题。

(6) 综合集成各章节专题研究成果，安排“总结与展望”一章，给出多状态装备复杂系统可靠性建模、分析与评估的普适化方法与技术，总结全书工作，并展望后续深入拓展的研究方向。

具体章节内容概述如下，相关各章节内容逻辑关系如图 1.4 所示。

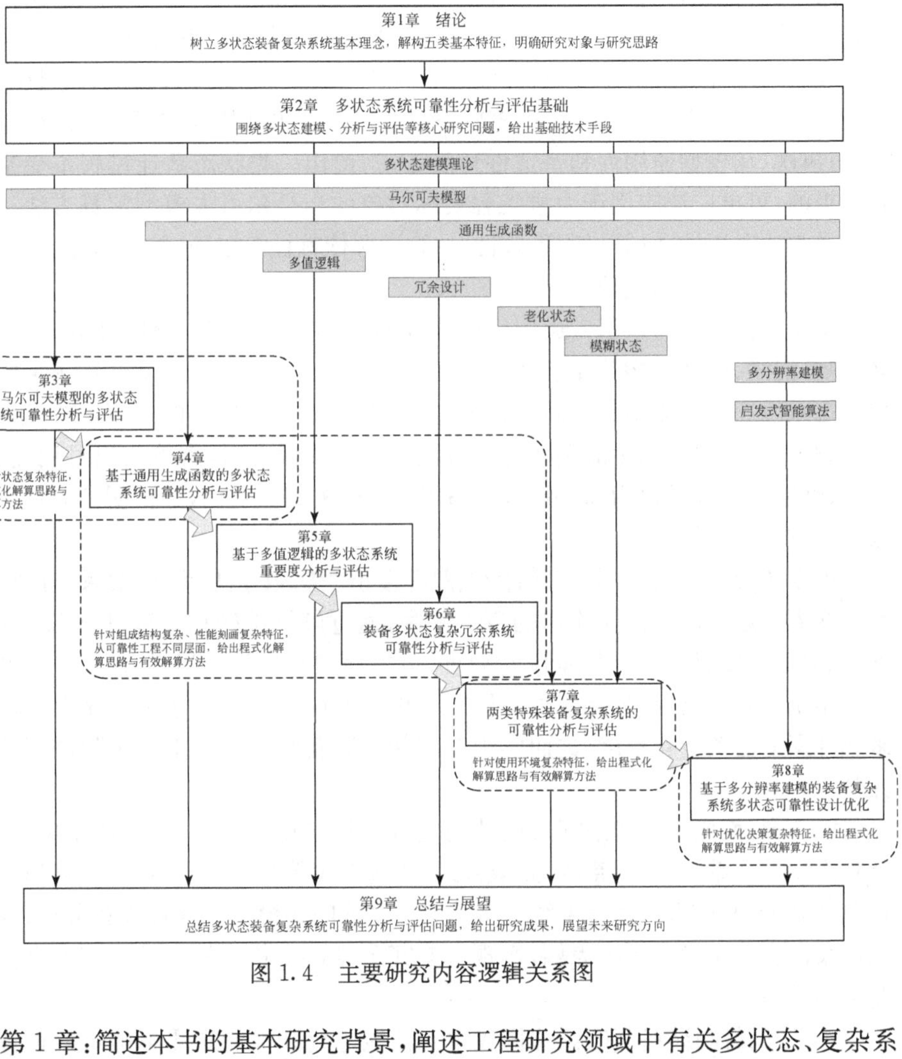

图 1.4　主要研究内容逻辑关系图

第 1 章：简述本书的基本研究背景，阐述工程研究领域中有关多状态、复杂系统的原始理念，并就几类典型多状态装备复杂系统，进行量化实例说明；同时，针对多状态理论在复杂系统可靠性分析与评估领域中的历史沿革及应用进展情况，展开综合评述；最后，给出撰写本书的基本初衷与解决问题的主要思路。

第 2 章：明确工程领域内有关多状态系统建模的通用数学定义，阐述相关性、齐次性、一致性三类多状态系统系列伴生数学属性；以有效辨析多状态系统可靠性能为目标，研究给出可测且易于解算的可用度 A、期望性能输出 G、期望性能失效 D、可靠度 R 四类多状态系统可靠性评估重要参数指标；结合多状态系统可靠性评估研究近况，阐述两类可广泛应用于多状态系统可靠性分析与评估的经典解算方法，即马尔可夫模型法和通用生成函数法。

第 3 章：首先，综合现代随机过程理论，针对多状态可靠性解算单元，给出离散时间、连续时间两类马尔可夫建模方法，并分别面向多状态不可修单元、可修复单元以及子系统等多类解算对象，开展可靠性评估典型案例分析；其次，通过引入“广义报酬”定义，给出一类间接映射多状态系统可靠性水准的马尔可夫报酬模型解算方法；再次，从模型通用性和普适性角度考虑，给出一类状态跃迁过程不受指数分布约束的，可更广泛应用于大量工程实际对象的半马尔可夫模型解算方法；最后，从建模方法通用性、解算过程程式性、计算资源依赖性等层面，综合考量、探究马尔可夫模型解算方法的优缺点。

第 4 章：首先，通过引入通用生成函数模型，解析其运算属性，及其在串联、并联、串并混联、桥联结构等复杂系统本元中的建模应用，形成一类更具解算优势的多状态系统通用生成函数可靠性分析方法；其次，以考虑修复的船用汽轮发电系统为典型案例，应用通用生成函数建模方法开展可靠性分析，解算给出可用度、性能输出、性能失效等量化指标；最后，与马尔可夫建模方法对比，分析明确通用生成函数解算方法技术优势。

第 5 章：利用逻辑微分、多值决策图等多值逻辑数学工具，探索系统内构单元性能变更与系统可靠性能输出的逻辑关联；通过解算结构重要度、Birnbaum 重要度、临界重要度、Fussell-Vesely 重要度、可靠性增益（减损）当量、动态可靠性指数七类系统重要度指标，量化明晰不同内构单元性能变更对全系统可靠性能输出的敏感性影响与关重化程度，进而实现对多状态装备复杂系统工程风险诱因的综合评判。

第 6 章：面向一类考虑冗余设计的装备多状态复杂系统，依托通用生成函数，分割实现其主系统、备用系统、差限系统、传输系统等全系统子单元的多状态建模；在此基础上，开展多状态子系统与多状态全系统间的模型解算程式化分析，并以船用汽柴混合冗余发电系统为例，实现考虑冗余设计多状态复杂系统的可靠性指标测算与评估。

第 7 章：针对装备复杂系统构成单元性能老化和性能观测不确定两种特殊情形，专门开展多状态系统可靠性建模、分析与评估研究；首先，给出考虑性能老化失效的多状态系统数学建模方法，构建通用生成函数和可靠性指标的老化失效解算体系，结合装备复杂系统典型案例，开展可靠性指标测算与工程风险预测研究；其次，给出考虑性能观测模糊的多状态系统数学建模方法，构建通用生成函数和可靠性指标的模糊解算体系，以船用汽轮发电系统为对象，开展模糊多状态复杂系统可靠性指标测算与评估研究。

第 8 章:建立基于设计结构矩阵的多分辨率建模方法,对可靠性设计的优化对象加以正确识别和界定,为复杂多状态系统可靠性优化决策的对象辨识提供系统性分析方法;运用蚁群算法、遗传算法及其改进算法等启发式优化技术,获取在成本、工作性能要求等约束条件下的系统优化配置方案,并通过典型案例对算法效果进行对比分析。

第 9 章:综合集成各章节专题研究成果,明晰有效解决多状态装备复杂系统可靠性建模、分析与评估的普适化、程式化方法,形成撰写本书拟解决问题的终结对策;归纳、总结全书主要工作内容和研究成果,评述书中研究工作意义及其潜在行业影响价值,并就尚未深入开展但有迫切研究需求的部分多状态复杂系统可靠性分析与评估问题,以及有关解算技术,提出工作展望。

书中各章节内容既保持一定的专题独立性,又在主技术脉络上保持相辅相成。具备一定多状态可靠性工程评估基础的读者,可依据自身知识储备深厚,以及所关注装备复杂系统的主要特征,跳阅相关章节内容,并不会影响最终研阅质量。

书中研究内容主要面向长期从事装备保障工程的可靠性技术人员和维修决策人员,有关可靠性理论的基础知识和初级解算方法,书中不作重点介绍。此外,书中诸多理念,如装备多状态性能界定、复杂系统模型解构、元件老化及性能不确定性建模等,均为近年来可靠性领域研究的前沿问题,也是最优化解决装备保障可靠性工程实践而衍生出的系列重点问题,有关问题的认知和理解,需有一定的可靠性工程专业基础。撰写本书的主要目的是,发展复杂系统多状态系统建模技术,丰富现代可靠性工程分析理论,为有关模型实体的可靠性评估及维修决策提供理论支撑和技术借鉴。书中取得的研究结论,多为站在“行业巨人肩膀”所得,是对复杂系统可靠性研究前沿领域成果的继承和发扬。

参考文献

[1] Murchland J. Fundamental concepts and relations for reliability analysis of multi-state system reliability and fault tree analysis[J]. Theoretical and Applied Aspects of System Reliability, 1975, 38: 581-618.

[2] Barlow R, Wu A S. Coherent system with multi-state elements[J]. Journal Mathematics of Operations Research, 1978, 3: 275-281.

[3] Ross S. Multivalued state element systems[J]. Annals of Probability, 1979, 7: 379-383.

[4] Anatoly L, Ilia F, Yi D. Multi-state System Reliability Analysis and Optimization for Engineers and Industrial Managers[M]. London: Springer-Verlag, 2010.

[5] Gu Y K, Li J. Multi-state system reliability: a new and systematic review[J]. Procrdia Engineering, 2012, 29: 531-536.

[6] Zio E. Reliability engineering: old problems and new challenge[J]. Reliability Engineering

and System Safety, 2009, 94(2): 125-141.

[7] Gregory L. Reliability of multi-state systems with two failure-modes[J]. Transactions on Reliability, 2003, 52(3): 340-348.

[8] Huang X. Fault tree analysis method of a system having components of multiple failure modes[J]. Microelectronics and Reliability, 1983, 23(2): 325-328.

[9] Huang X. The generic method of multistate fault tree analysis[J]. Microelectronics and Reliability, 1984, 24(4): 617-622.

[10] Bossche A. The top-event failure frequency for non-coherent multistate fault tree analysis [J]. Microelectronics and Reliability, 1984, 24(4): 707-715.

[11] Xue J. On multistate system analysis[J]. IEEE Transactions on Reliability, 1985, 34(4): 329-337.

[12] 曾亮,郭欣．多状态系统故障树的一种生成方法[J]. 系统工程学报, 1998, 13(4): 74-78.

[13] Aven T. Reliability evaluation of multi-state systems with multi-state components[J]. IEEE Transactions on Reliability, 1985, 34(5): 473-479.

[14] Lin Y, Yuan J. A new algorithm to generate d-minimal paths in a multistate flow network with noninteger arc capacities[J]. International Journal of Reliability, Quality and Safety Engineering, 1998, 5(3): 269-285.

[15] Ramirez J E, Coit D W, Tortorella M. Multi-state two-terminal reliability: a generalized cut-set approach[R]. Rutgers University IE Working Paper, 2003: 103-135.

[16] Amari S V, Xing L, Shrestha A, et al. Performability analysis of multi-state computing systems using multivalued decision diagram[J]. IEEE Transactions on Computers, 2010, 59(10): 1419-1433.

[17] Xing L, Dai Y S. A new decision-diagram-based method for efficient analysis on multi-state systems[J]. IEEE Transactions on Dependable and Secure Computing, 2009, 6(3): 161-174.

[18] Shretha A, Xing L, Dai Y S. Decision diagram based methods and complexity analysis for multi-state systems[J]. IEEE Transactions on Reliability, 2010, 59(1): 145-161.

[19] 钱文学，尹晓伟，谢里阳．多状态机械系统可靠性的离散化建模方法[J]. 东北大学学报, 2008, 29(11): 1609-1612.

[20] 周忠生，马超群，周经伦,等．基于贝叶斯网络的多态故障树分析方法[J]. 数学的实践与认识, 2008, 38(19): 89-95.

[21] 尹晓伟，钱文学,谢里阳．基于贝叶斯网络的多状态系统可靠性建模与评估[J]. 机械工程学报, 2009, 45(2): 206-212.

[22] Yamanoto H, Zuo M J, Akiba T, et al. Recursive formulas for the reliability of multi-state consecutive-k-out-of-n: G systems[J]. IEEE Transactions on Reliability, 2006, 55(1): 98-104.

[23] 武月琴，周泓，官建成．一类多状态系统的可靠性计算[J]. 北京航空航天大学学报,

2007，33(8)：968-971.

[24]Tian Z G，Richard C，Zuo M J，et al. Reliability bounds for multi-state k-out-of-n systems [J]. Transactions on Reliability，2008，57(1)：53-58.

[25] 宋月，刘三阳，冯海林．相邻 $k/n(F)$多状态可修系统的可靠性分析[J]. 系统工程与电子技术，2006，28(2)：310-312.

[26] Natvig B，Streller A. The steady-state behavior of multistate monotone system[J]. Journal of Applied Probability，1984，21(4)：826-835.

[27] Xue J，Yang K. Dynamic reliability analysis of coherent multistate system[J]. IEEE Transactions on Reliability，1995，44(4)：683-688.

[28] Dimitrov B，Rykov V，Stanchev P. On multi-sate reliability system[C]//The 3rd International Conference on Mathematical Methods in Reliability，Norway，2002：201-204.

[29] Haim M，Porat Z. Bayes reliability modeling of a multistate consecutive k-out-of n：F system [C]//The Annual Reliability and Maintainability Symposium，Poland，1991：582-586.

[30] 宋月，刘三阳，冯海林．n 中取相邻 n－1 好的多状态可修系统的可靠性分析[J]. 西安电子科技大学学报(自然科学版)，2005，32(6)：965-967.

[31] Frenkel I，Khvatskin L，Lisnianski A. Markov reward model for performance deficiency calculation of refrigeration system[C]//The European Safety and Reliability Conference，Czechoslovakia，2010：82-96.

[32] Liu Y W，Kapur K C. Reliability measures for dynamic multi-sate nonrepairable systems and their applications to system performance evaluation[J]. IIE Transactions，2006，38(6)：511-520.

[33] Ushakov I A. Universal generating function[J]. Soviet Journal of Computer and System Sciences，1986，24(5)：118-129.

[34] Lisnianski A，Levitin G. Multi-state System Reliability：Assessment，Optimization and Applications[M]. Singapore：World Scientific，2003.

[35] Levitin G. The Universal Generating Function in ReliabilitiyAnalysis and Optimization[M]. London：Springer-Verlag，2005.

[36] Zhou J Y，Xie L Y. Generating function approach to reliabilitiy analysis of structural system [J]. Science in China Series E：Technological Sciences，2009，52(10)：2849-2858.

[37] Levitin G. Allocation of test times in multi-sate system for reliability growth testing[J]. IIE Transactions，2002，34(2)：551-558.

[38] Levitin G，Xing L. Reliability and performance of multi-state system with propagated failures having selective effect[J]. Reliability Engineering and System Safety，2010，95(10)：655-661.

[39] 李春洋，陈循，易晓山．基于向量通用生成函数的多性能参数多态系统可靠性分析[J]. 兵工学报，2010，31(12)：1604-1610.

[40] Li Y F，Zio E. A multi-state model for the reliability assessment of a distributed generating system via universal generating function[J]. Reliability Engineering and System Safety，

2012，106(12)：28-36.

[41] 史跃东，陈砚桥，金家善．舰船装备多状态可修复系统可靠性通用生成函数解算方法[J]．系统工程与电子技术，2016，38(9)：2215-2220.

[42] Ourania C，Nikolaos L，Sonia M. Multi-state reliability systems under discrete time semi-markovian hypothesis[J]. Transactions on Reliability，2011，60(1)：80-87.

[43] 尚彦龙，蔡琦，赵新文，等．基于 UGF 和 Semi-Markov 方法的反应堆泵机组多状态可靠性分析[J]．核动力工程，2012，33(1)：117-123.

[44] Zio E，Podofillini L，Levitin G. Estimation of the importance measures of multi-state elements by Monte Carlo simulation[J]. Reliability Engineering and System Safety，2004，86(3)：191-204.

[45] Zio E，Marella M，Podofillini L. A Monte Carlo simulation approach to the availability assessment of multi-state system with operational dependencies[J]. Reliability Engineering and System Safety，2007，92(7)：871-882.

[46] Ramirez-Marquez J E，Coit D. A Monte Carlo simulation approach for approximating multi-state two-terminal reliability[J]. Reliability Engineering and System Safety，2005，87(4)：253-264.

[47] 樊鹤红，张明德，孙小菡．多工作状态环形光网络的可靠性评估[J]．东南大学学报(自然科学版)，2005，35(5)：673-677.

[48] 原菊梅，侯朝祯，高琳，等．粗糙 Petri 网及其在多状态系统可靠性估计中的应用[J]．兵工学报，2007，28(11)：1373-1376.

[49] Gregory L，Anatoly L，Hanoch B H，et al. Redundancy optimization for series-parallel multi-state systems[J]. Transactions on Reliability，1998，47(2)：165-172.

[50] Tian Z G，Zuo M J. Reliability-redundancy allocation for multi-state series-parallel systems [J]. Transactions on Reliability，2008，57(2)：303-309.

[51] Li W，Zuo M J. Optimal design of multi-state weighted k-out-of-n systems based on component design [J]. Reliability Engineering and System Safety，2008，93(11)：1673-1681.

[52] Levitin G，Lisnianski A. Structure optimization of power system with bridge topology[J]. Electric Power Systems Research，1998，45：201-208.

[53] Lisnianski A，Levitin G，Ben-Haim H. Structure optimization of power system with time redundancy[J]. Reliability Engineering and System Safety，2000，67：103-112.

[54] Levitin G. Redundancy optimization for multi-state system with fixed resource-requirement and unreliable sourse[J]. IEEE Transactions on Reliability，2001，50(1)：52-59.

[55] Levitin G，Lisnianski A，Ben-Haim H，et al. Redundancy optimization for series-parallel multi-state system[J]. IEEE Transactions on Reliability，1998，47(2)：165-172.

[56] Tian Z，Zuo M J，Huang H Z. Computational Intelligence in Reliability Engineering[M]. Berlin：Springer-Verlag，2007.

[57] Tian Z，Levitin G，Zuo M J. A joint reliability-redundancy optimization approach for multi-state series-parallel systems[J]. Reliability Engineering and System Safety，2009，94(10)：

1568-1576.

[58]Meziane R, Massim Y, Zeblah A, et al. Reliability optimization using ant colony algorithm under performance and cost constraints[J]. Electric Power Systems Research, 2005, 76: 1-8.

[59] Massim Y, Zeblah A, Meziane R, et al. Optimal design and reliability evaluation of multi-state series-parallel power systems[J]. Nonlinear Dynamics, 2005, 40:309-321.

[60] Agarwal M, Sharma V K. Ant colony optimization algorithm for heterogeneous redundancy allocation in multi-state series-parallel systems[J]. International Journal of Reliability, Quality and Safety Engineering, 2009, 16(2):163-186.

[61]Fardin A, Hiresh S. Reliability optimization of a series system with multiple-choice and budget constraints using an efficient ant colony approach[J]. Expert Systems with Applications, 2011, 38:3640-3646.

[62] Levitin G. Intelligence in Reliability Engineering, New Metaheuristics, Neural and Fuzzy Techniques in Reliability[M]. London: Springer-Verlag, 2007.

[63] Nahas N, Dao T M. Harmony search algorithm: application to the redundancy optimization problem[J]. Engineering Optimization, 2010, 42(9):845-861.

[64] Ouzineb M, Nourefath M, Gendreau M. Tabu search for the redundancy allocation problem of homogenous series-parallel multi-state systems[J]. Reliability Engineering and System Safety, 2008, 93(8):1257-1272.

[65] Tan C M, Raghavan N. A framework to practical predictive maintenance modeling for multi-state systems[J]. Reliability Engineering and System Safety, 2008, 93(8): 1138-1150.

[66] Wu J, Ng T S, Xie M, et al. Analysis of maintenance policies for finite life-cycle multi-state systems[J]. Computer and Industrial Engineering, 2010, 59(4):638-646.

[67] Huang C C, Yuan J. A two-stage predictive maintenance policy for a multi-state deterioration system[J]. Reliability Engineering and System Safety, 2010, 95(11):1255-1260.

[68] Mustapha N, Mohamed C F, Mahdi M. An integrated model for production and preventive maintenance planning in multi-state systems[J]. Transactions on Reliability, 2010, 59(3): 496-506.

[69] Levitin G, Lisnianski A. Jiont redundancy and maintenance optimization for multi-state series-parallel systems[J]. Reliability Engineering and System Safety, 1999, 64(1):33-42.

[70] Liu Y, Huang H Z. Optimal selective maintenance strategy for multi-state systems under imperfect maintenance[J]. Transactions on Reliability, 2010, 59(2): 356-367.

[71] Dao C D, Zuo M J, Pandey M. Selective maintenance for multi-state series-parallel systems under economic dependence[J]. Reliability Engineering and System Safety, 2014, 121(14): 240-249.

[72] 周金宇，谢里阳，王学敏．多状态系统共因失效分析及可靠性模型[J]. 机械工程学报，2005，41(6):66-70.

[73] 周金宇，谢里阳．多状态系统共因失效机理与定量分析[J]．机械工程学报，2008，44(10)：77-82.

[74] Hsieh J，Ucci D R，Kraft G D. Multi-state degradable system modeling and analysis[J]. Electronics Letters，1989，25(23)：1557-1558.

[75] Soro I W，Nourelfath M，Ait-Kadi D. Performance evaluation of multi-state degradable systems with minimal repairs and imperfect preventive maintenance[J]. Reliability Engineering and System Safety，2010，95(2)：65-69.

[76] Ding Y，Lisnianski A，Frenkel I，et al. Optimal corrective maintenance contract planning for aging multi-state system[J]. Applied Stochastic Models in Business and Industry，2009，25(5)：612-631.

[77] Agarwal M，Gupta R. Homogeneous allocation redundancy optimization in multi-state series-parallel：a heuristic approach[J]. IIE Transactions，2007，39(7)：277-289.

[78] Ding Y，Lisnianski A. Fuzzy universal generating functions for multi-state system reliability assessment[J]. Fussy Sets and Systems，2008，159(3)：307-324.

[79] Ding Y，Zuo M J，Lisnianski A，et al. Fuzzy multi-state systems：general definitions，and performance assessment[J]. IEEE Transactions on Reliability，2008，57(4)：589-594.

[80] 鄢民强，杨波，王展．不完全覆盖的模糊多状态系统可靠性计算方法[J]．西安交通大学学报，2011，45(10)：109-114.

第 2 章　多状态系统可靠性分析与评估基础

工欲善其事，必先利其器。开展多状态装备复杂系统可靠性分析与评估技术研究的理论基础是多状态理论与可靠性评估理论，为此，书中研究自此起步。本章主要介绍多状态系统的基本定义、数学属性以及几类可靠性能评估的重要参数指标，并就近年来新兴的几类能够用于实现多状态装备复杂系统可靠性建模与解算的技术方法进行简述说明，是后续章节开展多状态装备复杂系统可靠性研究的理论基础和重要工具。

2.1　多状态系统数学定义

2.1.1　多状态基本内涵

所谓多状态，即给定物理功能系统的实际工作性能不单一局限于二元状态，存有多类状态性能可能。不失一般性，以任意功能系统的组成元件 j 进行说明，假设其可能具有 k_j 种状态性能，相关状态向量 $\boldsymbol{g}_j$ 表达式如下[1]：

$$\boldsymbol{g}_j = [g_{j1}, g_{j2}, \cdots, g_{jk_j}] \tag{2.1}$$

式中，g_{ji} 为元件 j 的第 i 种状态性能，$i=1,\cdots,k_j$。进一步，假设元件 j 在任意 t 时刻的性能取值为一随机变量 $G_j(t)$，且有 $G_j(t) \in \boldsymbol{g}_j$，则对于任意给定时间间隔 $[0, T]$，$G_j(t)$ 通常可用一随机过程描述。该随机过程中，元件 j 在任意瞬时 t 处于不同状态性能的概率向量可由式(2.2)确定。

$$\boldsymbol{p}_j = [p_{j1}(t), p_{j2}(t), \cdots, p_{jk_j}(t)] \tag{2.2}$$

式中

$$p_{ji}(t) = \Pr\{G_j(t) = g_{ji}\} \tag{2.3}$$

2.1.2　多状态系统模型

不失一般性，假设某多状态系统由 n 个不同元件 j 构成，对于任意给定瞬时 t，多状态系统的最终输出性能由 n 个构成元件 j 的性能联合确定。假定全系统具有 K 种不同输出状态性能，状态向量 $\boldsymbol{g}$ 表示如下：

$$\boldsymbol{g} = [g_1, g_2, \cdots, g_K] \tag{2.4}$$

则 n 个构成元件与全系统存在如下状态性能映射关系[2]：

$$A(\infty, w) = \sum_{i=1}^{K} p_i \chi[F(g_i, w)] \tag{2.20}$$

式中

$$\chi[F(g_i, w)] = \begin{cases} 1, & F(g_i, w) \geqslant \alpha \\ 0, & F(g_i, w) < \alpha \end{cases} \tag{2.21}$$

式中，$F(\cdot)$为可接受度函数；α 为稳态门域值。

2.3.3 期望性能输出

1）瞬态期望性能输出

为有效表征多状态系统的瞬时输出性能，瞬态期望性能输出 $G_{\mathrm{E}}(t)$被引入可靠性评估领域，相关数学表达式为

$$G_{\mathrm{E}}(t) = E\{G(t)\} \tag{2.22}$$

针对指定时间间隔期 T 的情况，瞬态期望性能输出 $G_{\mathrm{E}}(t)$又可进一步改写为

$$G_{\mathrm{T}}(t) = \frac{1}{T}\int_0^T G_{\mathrm{E}}(t)\mathrm{d}t \tag{2.23}$$

2）稳态期望性能输出

类似的，考虑稳态情况下的期望性能输出 $G_{\mathrm{E}}(\infty)$，则有

$$G_{\mathrm{E}}(\infty) = \lim_{t\to\infty} G_{\mathrm{E}}(t) = \sum_{i=1}^{K} p_i g_i \tag{2.24}$$

2.3.4 期望性能失效

1）瞬态期望性能失效

瞬态期望性能失效 $D_{\mathrm{E}}(t, W(t))$用于表征多状态系统期望性能输出 $G_{\mathrm{E}}(t)$与期望性能需求 $W(t)$间的瞬时偏差，反映系统性能输出不能满足预期需求的瞬时水平，相关数学表达式为

$$D_{\mathrm{E}}(t, W(t)) = \max\{W(t) - G(t), 0\} \tag{2.25}$$

对于指定时间间隔期 T 的情况，瞬态期望性能失效 $D_{\mathrm{E}}(t, W(t))$又可进一步改写为

$$D_{\mathrm{T}}(t, W(t)) = \frac{1}{T}\int_0^T D_{\mathrm{E}}(t, W(t))\mathrm{d}t \tag{2.26}$$

2）稳态期望性能失效

类似的，考虑稳态情况下的期望性能输出 $D(\infty, w)$，则有

$$D_{\mathrm{E}}(\infty, w) = \lim_{t\to\infty} D_{\mathrm{E}}(t, W(t)) = \sum_{i=1}^{K} p_i \max\{w - g_i, 0\} \tag{2.27}$$

2.3.5　可靠度

1）瞬态可靠度

假设初始时刻给定多状态系统处于可接受功能状态，则在不计修复活动恢复不可接受功能状态前提下，任意瞬时 t，多状态系统处于可接受功能状态的概率取值称为瞬态可靠度 $R(t,W(t))$，其相关数学表达式为

$$R(t,W(t))=\Pr\{F(G(t),W(t))\geqslant\alpha(t)\mid F(G(0),W(0))\geqslant\alpha(0)\}\tag{2.28}$$

推广至指定时间间隔期 T 内状态累计情况，则瞬态可靠度 $R(t,W(t))$ 又可改写为

$$R(t,W(t))=\Pr\left\{\frac{1}{T}\int_0^T H(F(G(t),W(t)),\alpha(t))\mathrm{d}t\geqslant\alpha'(t)\,\Big|\,F(G(0),W(0))\geqslant\alpha(0)\right\}\tag{2.29}$$

2）稳态可靠度

类似的，考虑稳态情况下的可靠度 $R(\infty,w)$，则有

$$R(\infty,w)=\lim_{t\to\infty}R(t,W(t))\tag{2.30}$$

2.3.6　可靠性评估参数解算案例

下面给出具体解算示例，以加深对前述各项多状态系统可靠性评估参数的认识和理解。

［案例 2.4］　如图 2.2 所示，某船用双炉供汽单元由锅炉 A_1 和 A_2 构成。以锅炉运行实际供汽流量与额定供汽流量的比值作为状态性能判据，假设锅炉 A_1、A_2 稳态性能分布如表 2.6 所示，试计算锅炉 A_1、A_2 的稳态可用度 $A(\infty,w)$、稳态期望性能输出 $G_E(\infty)$、稳态期望性能失效 $D_E(\infty,w)$，并作比较分析。

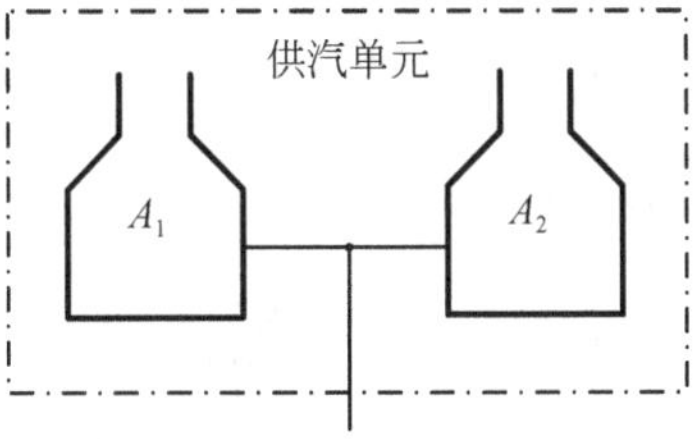

图 2.2　船用双炉供汽单元

表 2.6　锅炉 A_1、A_2 稳态性能分布

序号	锅炉种类	状态编号	状态性能 g_{ij}	状态概率 p_{ij}	稳态需求 w
1	A_1	1	$g_{11}=0$	$p_{11}=0.15$	0.7
2	A_1	2	$g_{12}=0.8$	$p_{12}=0.65$	0.7

式中，ζ_{ij} 为反映系统由 i 状态向 j 状态跃迁的跃迁强度函数；K 为系统可能存在的状态性能总数。按照给定的状态概率初值 $p_j(0)$，解算系统任意瞬时的状态概率 $p_j(t)$后，依据式(2.17)、式(2.20)、式(2.22)、式(2.24)、式(2.25)、式(2.27)，即可实现多状态系统可靠性评估参数指标解算。

2.4.2　通用生成函数法

通用生成函数法是一类生成序列解算方法，其通过针对多状态系统各组成单元分别定义 z 变换函数和生成算子，实现对复杂系统结构的多层剥离与重构，进而实现自下而上形式的多状态系统可靠性能逐级解析。

1) z 变换函数

以离散状态形式的独立单元 i 为例，定义其 z 变换函数为

$$\psi_X(z)=\sum_x p_x z^x \tag{2.34}$$

式中，X 为反映单元 i 所处状态的随机变量；x 为随机变量 X 的具体取值；p_x为单元 i 所处状态 x 的概率取值。观察 z 变换函数的结构形式可发现，只要给定任意单元的 z 变换函数，即可按照 z 变换函数的数学定义，反向映射出其具体的状态概率分布。

2) 生成算子

设随机变量 Y 可由 n 个独立随机变量 X_j确定，$j=1,\cdots,K$，即

$$Y=f(X_1,X_2,\cdots,X_n) \tag{2.35}$$

式中，$f(\cdot)$为反映变量 Y 和变量 X_j间关联的构型函数。确定变量关联后，通过定义生成算子 Ω_f，可由式(2.36)解算变量 Y 所对应状态单元的 z 变换函数 $\psi_Y(z)$ 。

$$\psi_Y(z)=\Omega_f(\psi_{X_1}(z),\cdots,\psi_{X_n}(z)) \tag{2.36}$$

同样，由前述 z 变换函数的基本定义易知，一旦函数 $\psi_Y(z)$ 确定，变量 Y 的状态概率分布即可反向求得。

综上，一旦各级单元的 z 变换函数和生成算子已知，就可通过逐级解算各组件、部套件、子系统或全系统的 z 变换函数，分别确定各层级对象的状态概率分布。一旦概率分布得以明确，与马尔可夫模型法类似，依据式(2.17)、式(2.20)、式(2.22)、式(2.24)、式(2.25)、式(2.27)即可实现所研多状态系统的可靠性评估参数指标解算。有关利用通用生成函数法解算多状态系统可靠性能的主要思路，如图 2.3 所示。

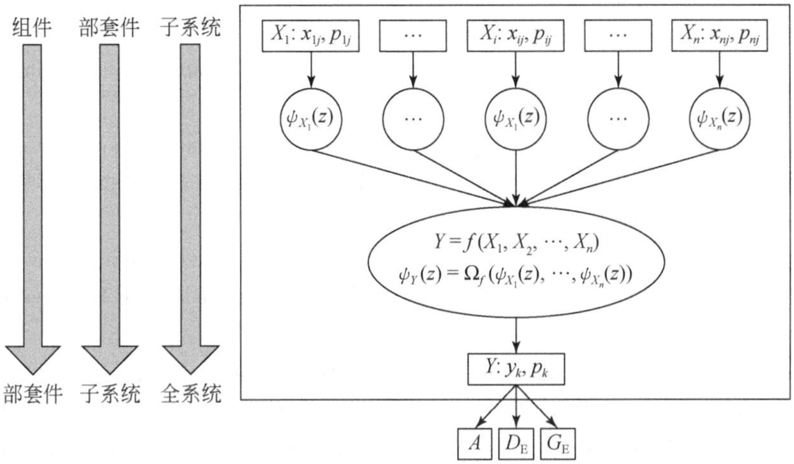

图 2.3　通用生成函数法的解算思路

参 考 文 献

[1] Lisnianski A, Levitin G. Multi-state System Reliability: Assessment, Optimization and Applications[M]. Singapore: World Scientific, 2003.

[2] Hudson J C, Kapur K C. Reliability theory for multistate systems with multistate components[J]. Microelectron Reliability, 1982, 22:1-7.

[3] Barlow R E, Wu A S. Coherent systems with multi-state components[J]. Mathematics of Operations Research, 1978, 3:275-281.

[4] Gu Y K, Chen J, Cheng Z X, et al. Reliability analysis of multi-state repairable system with dynamic transition probabilities[J]. Journal of Shanghai Jiaotong University(Science), 2016, 21(5):615-620.

[5] Jia X J, Shen J Y, Xing R. Reliability analysis for repairable multistate two-unit series systems when repair time can be neglected[J]. IEEE Transactions on Reliability, 2016, 65(1): 208-216.

[6] Gregory L. Reliability of multi-state systems with two failure-modes[J]. Transactions on Reliability, 2003, 52(3): 340-348.

[7] Zio E, Podofillini L. Monte Carlo simulation analysis of the effects of different system performance levels on the importance of multi-state components[J]. Reliability Engineering and System Safety, 2003, 82(2): 63-73.

[8] 金星，洪延姬，余浩章. 大型网络系统最小路集的优化计算方法[J]. 系统工程学报，2002，17(1): 78-81.

[9] 董玉革，陆海涛，郭彪. 基于最小割集理论的可靠性计算精度提高方法[J]. 机械工程学报，2013，49(20): 184-191.

[10] 尹晓伟，钱文学，谢里阳. 基于贝叶斯网络的多状态系统可靠性建模与评估[J]. 机械工程学报，2009，45(2)：206-212.

[11] David E. New Computational Methods in Power System Reliability[M]. Berlin：Springer-Verlag，2008.

[12] Kolowrocki K，Kuligowska E. On multistate technical system operation process influence on its reliability[C]//Proceedings of the 25th European Safety and Reliability Conference，Zurich，2015：2099-2106.

[13] Dong R，Zhu Y，Xu Z，et al. Decision diagram based symbolic algorithm for evaluating the reliability of a multistate flow network[J]. Mathematical Problems in Engineering，2016，45(6)：70-81.

[14] Yeh W C. An improved sum-of-disjoint-products technique for symbolic multi-state flow network reliability[J]. IEEE Transactions on Reliability，2015，64(4)：1185-1193.

[15] Krisitiansen M，Natvig B，Winter R. Assessing software reliability of multistate systems [C]//Proceedings of the 24th European Safty and Reliability Conference，Wroclaw，2014：2807-2814.

第 3 章　基于马尔可夫模型的多状态系统可靠性分析与评估

复杂装备系统运行状态与常规装备系统相比，往往要复杂得多，这一特点不仅体现在状态数量上，而且还体现于各级状态间的时变跃迁规律中。若想实现复杂装备系统及其组件单元的可靠性分析与评估，必须刻画考查其寿命期间的状态时变过程。由此，采用何种模型、何样方法，模拟、简化或分割多状态复杂装备系统，能够较好地映射各级状态间的时变规律和跃迁历程，便成为熟悉多状态基础理论和可靠性评估基础理论后，工程技术人员需要关注的首要问题。

为此，本章以马尔可夫建模方法为核心，重点介绍状态性能 $G(t)$ 满足离散时间马尔可夫链和连续时间马尔可夫链假设前提下的装备多状态复杂系统可靠性建模、分析与评估方法。在此基础上，引入两类马尔可夫拓展模型——马尔可夫报酬模型和半马尔可夫模型，给出更具一般性的、状态跃迁时间分布约束更为宽松的多状态复杂装备系统可靠性建模、分析与评估方法。

3.1　几类常规马尔可夫模型

如 2.4.1 节所述，马尔可夫过程作为一类特殊的随机过程，其表征系统未来状态的概率分布，仅取决于系统当前状态，而与系统历程状态无关[1~3]。这里介绍两类服从马尔可夫过程的典型随机过程——离散时间马尔可夫链和连续时间马尔可夫链，为后续开展相关多状态装备复杂系统可靠性建模、分析与评估提供重要技术手段。

3.1.1　离散时间马尔可夫链

1. 基本定义

如果马尔可夫过程对应的状态空间 G 是离散的，且状态数目有限、可数，那么称其为马尔可夫链。进一步，如果刻画状态跃迁过程的时间参数空间 T 也是离散的，且状态数目有限、可数，那么称其为离散时间马尔可夫链[4]。下面说明离散时间马尔可夫链的相关数学特征。

不失一般性，假设任意离散时间马尔可夫链对应的状态空间 G 和时序空间 T 的集合表达形式为

$$G \in \{0,1,2,3,\cdots\}; \quad T \in \{0,1,2,3,\cdots\} \tag{3.1}$$

式中，集合所含元素值均仅代表状态序列编号，具体取值为

$$G:0\to g_0,1\to g_1,2\to g_2,\cdots;\quad T:0\to 0,1\to 1,2\to 2,\cdots \tag{3.2}$$

则该离散时间马尔可夫链 $\{G(n)\mid T\}$ 应时刻满足以下条件：

$$\begin{aligned}&\Pr\{G(n)=g_n\mid G(0)=g_0,G(1)=g_1,\cdots,G(n-1)=g_{n-1}\}\\&=\Pr\{G(t)\leqslant g_n\mid G(n-1)=g_{n-1}\}\end{aligned} \tag{3.3}$$

式中，n 取 0 为离散时间马尔可夫链的初始时序原点；g_0 为所处初始状态。该式表达的具体含义为：历经 n 步跃迁的离散时间马尔可夫链所处状态，仅与第 $n-1$ 步跃迁后所处状态有关，而与第 $n-2$、$n-3$、…、2、1 步跃迁后所处状态以及初始状态无关。

2. 状态跃迁概率

离散时间马尔可夫链的数学刻画往往与状态跃迁概率密切相关，此处给出几类数学定义，以便后续推导使用。

(1) 跃迁概率 $p_j(n)$：离散时间马尔可夫链经过 n 步跃迁后状态取值为 g_j 的概率，相关数学表达式为

$$p_j(n)=\Pr\{G(n)=g_j\} \tag{3.4}$$

(2) 跃迁概率 $p_{ij}(m,n)$：离散时间马尔可夫链第 m 步跃迁状态取值为 g_i 的前提下，第 n 步跃迁后状态取值为 g_j 的概率，相关数学表达式为

$$p_{ij}(m,n)=\Pr\{G(n)=g_j\mid G(m)=g_i\},\quad 0\leqslant m\leqslant n \tag{3.5}$$

(3) 跃迁概率 $p_{ij}(n)$：齐次离散时间马尔可夫链经过 n 步跃迁后，由状态取值 g_i 跳变至 g_j 的概率，一般也称 $p_{ij}(n)$ 为 n 步跃迁概率，相关数学表达式为

$$p_{ij}(n)=\Pr\{G(m+n)=g_j\mid G(m)=g_i\},\quad 0\leqslant m\leqslant n \tag{3.6}$$

此时，离散时间马尔可夫链的跃迁概率 $p_{ij}(m,n)$ 可由 m 与 n 之间的差值唯一确定。当 n 取 1 时，对于齐次离散时间马尔可夫链有

$$p_{ij}(1)=\Pr\{G(m+1)=g_j\mid G(m)=g_i\} \tag{3.7}$$

式中，$p_{ij}(1)$ 通常可简写为 p_{ij}，称为 1 步(单步)跃迁概率。

3. 计算特性

1) Chapman-Kolmogorov 方程

这里讨论 n 步跃迁概率 $p_{ij}(n)$ 的基本计算特性。假设离散时间马尔可夫链考虑经过 $m+n$ 步跃迁，由初始状态 i 最终跳变至状态 j，相关状态跃迁可能历程如图 3.1 所示。

图 3.1 中，k_1、k_2、…、k_q 均为状态跃迁历程中，经过前 m 步跃迁后，中间可能驻留的过渡状态。后续状态跃迁过程，各自以此为状态基点，经过 n 步跃迁后，回归至 g_j 状态。上述状态跃迁历程转换为数学语言，即为式(3.8)。

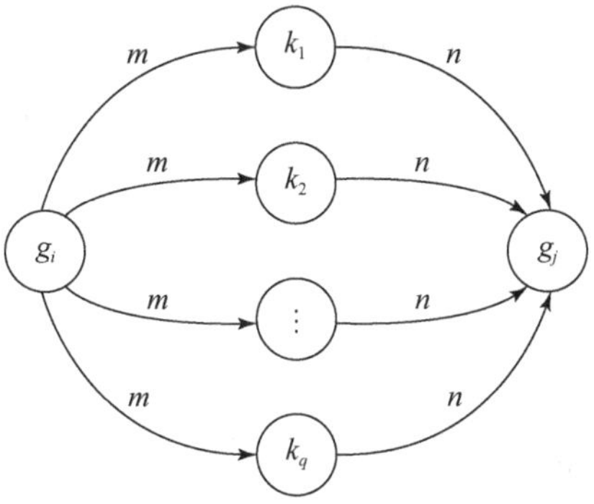

图 3.1　$m+n$ 步状态跃迁可能历程

$$p_{ij}(m+n)=\sum_k p_{ik}(m)p_{kj}(n) \tag{3.8}$$

式(3.8)能够有效表征离散时间马尔可夫链的状态跃迁过程，并全面反映中间状态变化历程，因此，被广泛应用于离散时间马尔可夫链的状态跃迁概率分析。工程上，通常又将式(3.8)称为 Chapman-Kolmogorov 方程[5]。

2) n 步跃迁概率矩阵 $\boldsymbol{P}(n)$

这里讨论 n 步跃迁概率矩阵 $\boldsymbol{P}(n)$ 的基本计算特性。构建 n 步跃迁概率矩阵 $\boldsymbol{P}(n)$，如式(3.9)所示，其中，第 $i+1$ 行 $j+1$ 列元素取值为 $p_{ij}(n)$，M 为离散时间马尔可夫链对应状态序列编号的上限值。

$$\boldsymbol{P}(n)=\begin{bmatrix} p_{00}(n) & p_{01}(n) & \cdots & p_{0j}(n) & \cdots & p_{0M}(n) \\ p_{10}(n) & p_{11}(n) & \cdots & p_{1j}(n) & \cdots & p_{1M}(n) \\ \vdots & \vdots & & \vdots & & \vdots \\ p_{i0}(n) & p_{i1}(n) & \cdots & p_{ij}(n) & \cdots & p_{iM}(n) \\ \vdots & \vdots & & \vdots & & \vdots \\ p_{M0}(n) & p_{M1}(n) & \cdots & p_{Mj}(n) & \cdots & p_{MM}(n) \end{bmatrix} \tag{3.9}$$

由式(3.8)易知，矩阵 $\boldsymbol{P}(n)$ 又可写成

$$\boldsymbol{P}_{M\times M}(m+n)=\boldsymbol{P}_{M\times Q}(m)\boldsymbol{P}_{Q\times M}(n) \tag{3.10}$$

式中，Q 为离散时间马尔可夫链经过前 m 步跃迁后，可能驻留的过渡状态序列编号的上限值。需要注意的是，状态序列编号通常从 0 开始，此时 $M\times Q$ 代表 $M+1$ 行 $Q+1$ 列矩阵，如状态序列编号从 1 开始，那么 $M\times Q$ 代表 M 行 Q 列矩阵。此外，一般情况下，经历 m 步状态跃迁后，可能驻留状态的序列编号上限值与离散时间马尔可夫链对应的状态序列编号上限值一致，即有 $M=Q$。

进一步，若取 $m=1$，$n=n-1$，则有

$$\boldsymbol{P}(n)=\boldsymbol{P}\boldsymbol{P}(n-1)=\boldsymbol{P}^n \tag{3.11}$$

式中,$\boldsymbol{P}$ 为单步跃迁概率矩阵,相关数学表达式为

$$\boldsymbol{P}(n)=\begin{bmatrix} p_{00} & p_{01} & \cdots & p_{0j} & \cdots & p_{0M} \\ p_{10} & p_{11} & \cdots & p_{1j} & \cdots & p_{1M} \\ \vdots & \vdots & & \vdots & & \vdots \\ p_{i0} & p_{i1} & \cdots & p_{ij} & \cdots & p_{iM} \\ \vdots & \vdots & & \vdots & & \vdots \\ p_{M0} & p_{M1} & \cdots & p_{Mj} & \cdots & p_{MM} \end{bmatrix} \tag{3.12}$$

3) 跃迁概率 $p_j(n)$ 的解算

这里讨论跃迁概率 $p_j(n)$ 的基本计算特性。遵循式(3.8)反映的全概率思想,并利用前述推演结论,易有

$$\begin{aligned} p_j(n) &= \Pr\{G(n)=g_j\} \\ &= \sum_k \Pr\{G(0)=g_k\}\Pr\{G(n)=g_j \mid G(0)=g_k\} \\ &= \sum_k p_k(0)\,p_{ij}(n) \end{aligned} \tag{3.13}$$

类似的,可将式(3.13)写成如下矩阵形式:

$$\boldsymbol{p}(n)=\boldsymbol{p}(0)\boldsymbol{P}^n \tag{3.14}$$

式中

$$\boldsymbol{p}(0)=[p_0(0)\quad p_1(0)\quad \cdots \quad p_M(0)],\quad \boldsymbol{p}(n)=[p_0(n)\quad p_1(n)\quad \cdots \quad p_M(n)]$$

这里,$\boldsymbol{p}(0)$ 为表征初始状态的绝对概率向量;$\boldsymbol{p}(n)$ 为表征 n 次跃迁后所处状态的绝对概率向量。需要说明的是,无论是单步跃迁概率矩阵 $\boldsymbol{P}$,还是 n 步跃迁概率矩阵 $\boldsymbol{P}(n)$,本质上均为条件概率矩阵,相关矩阵元素以条件概率形式表现,而绝对概率向量 $\boldsymbol{p}(0)$、$\boldsymbol{p}(n)$ 不同,相关向量元素以绝对概率(或直接概率)形式表现。

4. 案例说明

[案例 3.1] 考虑一离散时间马尔可夫链,其状态跃迁情况如图 3.2 所示,相关 1 步跃迁概率矩阵 $\boldsymbol{P}$ 由式(3.15)确定。

$$\boldsymbol{P}=\begin{bmatrix} p_{00} & p_{01} & p_{02} \\ p_{10} & p_{11} & p_{12} \\ p_{20} & p_{21} & p_{22} \end{bmatrix}=\begin{bmatrix} 0.05 & 0.55 & 0.4 \\ 0.6 & 0.1 & 0.3 \\ 0.1 & 0.7 & 0.2 \end{bmatrix} \tag{3.15}$$

试解算该离散时间马尔可夫链的 3 步跃迁概率矩阵 $\boldsymbol{P}(3)$;假设初始状态的绝对概率向量 $\boldsymbol{p}(0)$ 为

$$\boldsymbol{p}(0)=[p_0(0)\quad p_1(0)\quad p_2(0)]=[0.1\quad 0.3\quad 0.6] \tag{3.16}$$

试解算离散时间马尔可夫链 3 次跃迁后所处状态的绝对概率向量 $\boldsymbol{p}(3)$。

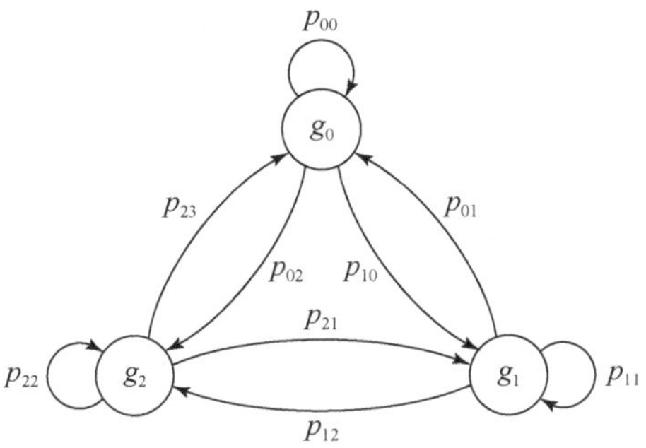

图 3.2　状态跃迁示意图

解：由式(3.11)易知

$$\boldsymbol{P}(3)=\boldsymbol{P}^3=\begin{bmatrix}0.05 & 0.55 & 0.4\\0.6 & 0.1 & 0.3\\0.1 & 0.7 & 0.2\end{bmatrix}^3$$

$$=\begin{bmatrix}0.05 & 0.55 & 0.4\\0.6 & 0.1 & 0.3\\0.1 & 0.7 & 0.2\end{bmatrix}\begin{bmatrix}0.05 & 0.55 & 0.4\\0.6 & 0.1 & 0.3\\0.1 & 0.7 & 0.2\end{bmatrix}\begin{bmatrix}0.05 & 0.55 & 0.4\\0.6 & 0.1 & 0.3\\0.1 & 0.7 & 0.2\end{bmatrix}$$

$$=\begin{bmatrix}0.2626 & 0.4266 & 0.3108\\0.3690 & 0.3520 & 0.2790\\0.2102 & 0.4742 & 0.3155\end{bmatrix}$$

进一步，由式(3.14)易知

$$\boldsymbol{p}(3)=\boldsymbol{p}(0)\boldsymbol{P}^3$$

$$=[0.1\quad 0.3\quad 0.6]\begin{bmatrix}0.2626 & 0.4266 & 0.3108\\0.3690 & 0.3520 & 0.2790\\0.2102 & 0.4742 & 0.3155\end{bmatrix}$$

$$=[0.2631\quad 0.4328\quad 0.3041]$$

比较绝对概率向量 $\boldsymbol{p}(0)$和 $\boldsymbol{p}(3)$的元素量值可知，虽然离散时间马尔可夫链初始时期处于状态 g_2的概率最大，但是经过3次状态跃迁后，相关概率分布已发生变更，处于状态 g_1的概率变得最大。

3.1.2　连续时间马尔可夫链

1. 基本定义

与离散时间马尔可夫链 $\{G(n)\mid T\}$ 类似，连续时间马尔可夫链在其基础上，将时间参数 t 由有限、可数的离散状态空间拓展至连续状态空间，即

整理后有

$$p_j(t_2)-p_j(t_1)=\sum_{i\neq j}^{K}p_i(t_1)(t_2-t_1)\zeta_{ij}-p_j(t_1)\sum_{i\neq j}^{K}(t_2-t_1)\zeta_{ji} \tag{3.32}$$

等式两边同时除以 t_2-t_1，有

$$\frac{p_j(t_2)-p_j(t_1)}{(t_2-t_1)}=\sum_{i\neq j}^{K}p_i(t_1)\zeta_{ij}-p_j(t_1)\sum_{i\neq j}^{K}\zeta_{ji} \tag{3.33}$$

等式两边同取极限 $t_1\to t_2$，并考虑时间符号表示的一般性，则有

$$\frac{\mathrm{d}p_j(t)}{\mathrm{d}t}=\sum_{i\neq j}^{K}\zeta_{ij}p_i(t)-p_j(t)\sum_{i\neq j}^{K}\zeta_{ji} \tag{3.34}$$

注意，至此已经给出连续时间马尔可夫链任意时刻 t 处于状态 j 的概率函数 $p_j(t)$ 的通用解算微分方程。当给定初始状态条件 $p_j(0)$ 后，即可利用龙格库塔数值解算方法[7]，实现对任意时刻 t 的概率函数 $p_j(t)$ 的求解。为便于记忆和实现计算机自动解算，定义状态概率向量 $\boldsymbol{p}(t)$ 和跃迁强度矩阵 $\boldsymbol{\zeta}$ 如下：

$$\boldsymbol{p}(t)=[p_1(t)\quad p_2(t)\quad \cdots\quad p_K(t)]$$

$$\boldsymbol{\zeta}=\begin{bmatrix}\zeta_{11} & \zeta_{12} & \cdots & \zeta_{1K}\\ \zeta_{21} & \zeta_{22} & \cdots & \zeta_{2K}\\ \vdots & \vdots & & \vdots\\ \zeta_{K1} & \zeta_{K2} & \cdots & \zeta_{KK}\end{bmatrix}=\begin{bmatrix}-\sum\limits_{i\neq 1}^{K}\zeta_{1i} & \zeta_{12} & \cdots & \zeta_{1K}\\ \zeta_{21} & -\sum\limits_{i\neq 2}^{K}\zeta_{2i} & \cdots & \zeta_{2K}\\ \vdots & \vdots & & \vdots\\ \zeta_{K1} & \zeta_{K1} & \cdots & -\sum\limits_{i\neq K}^{K}\zeta_{Ki}\end{bmatrix}$$

则式(3.34)又可写成如下矩阵形式：

$$\frac{\mathrm{d}\boldsymbol{p}(t)}{\mathrm{d}t}=\boldsymbol{p}(t)\boldsymbol{\zeta} \tag{3.35}$$

综上推导过程及分析结果可知，决定连续时间马尔可夫链任意时刻 t 所处状态概率的关键参数为体现其跃迁趋势的跃迁强度矩阵 $\boldsymbol{\zeta}$。对于工程中实际存在的多状态物理系统而言，导致其发生状态跃迁的主要原因往往是功能失效（或部分失效）和功能修复（或部分修复）。此时，相关状态间的跃迁强度 ζ_{ij} 可由系统的失效率 λ_{ij} 和修复率 μ_{ij} 确定。

4. 案例说明

[案例 3.2]　考虑一连续时间马尔可夫链，其跃迁强度矩阵 $\boldsymbol{\zeta}$ 的部分元素取值已知，如式(3.36)所示，试补齐其他矩阵元素取值。

$$\begin{bmatrix}\zeta_{00} & \zeta_{01} & \zeta_{02}\\ \zeta_{10} & \zeta_{11} & \zeta_{12}\\ \zeta_{20} & \zeta_{21} & \zeta_{22}\end{bmatrix}=\begin{bmatrix}\zeta_{00} & 0.2 & 0.3\\ 0.01 & \zeta_{11} & 0.15\\ 0.14 & 0.26 & \zeta_{22}\end{bmatrix} \tag{3.36}$$

解：由式(3.26)易知

$$\zeta_{00}=-(0.2+0.3)=-0.5,\quad \zeta_{11}=-(0.01+0.15)=-0.16$$

$$\zeta_{22}=-(0.14+0.26)=-0.40$$

［**案例 3.3**］　考虑一具备 3 类功能状态的多状态系统，如图 3.3 所示。其中，g_1为功能完好状态，g_2为功能部分失效状态，g_3为功能完全失效状态，且相关状态跃迁过程满足连续时间马尔可夫链；系统长期使用过程中，会逐渐发生功能部分失效，并最终导致功能完全失效(由完好状态至部分失效状态，失效率取 λ_{12}，由部分失效状态至完全失效状态，失效率取 λ_{23})；根据系统维修策略，仅在出现功能完全失效后，才组织人力实施修复作业，并确保修复后系统功能恢复完好状态(由完全失效状态至完好状态，修复率取 μ_{31})。试给出该多状态系统的状态概率解算微分方程，并给出解算微分方程的矩阵表达形式。

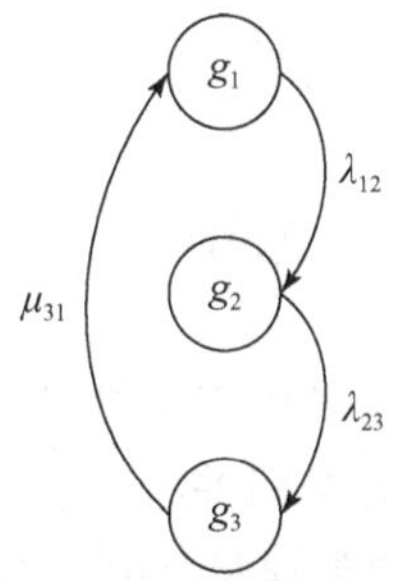

图 3.3　状态跃迁示意图

解：鉴于该多状态系统状态跃迁过程满足连续时间马尔可夫链，由式(3.34)可知，给出不同状态间的跃迁强度后，即可获得解算各瞬时状态发生概率的微分方程。

由题意可知，相关状态跃迁发生的条件是，出现功能失效或开展功能修复作业。由此，相关状态跃迁强度 ζ_{ij} 可由功能失效率 λ_{ij} 和功能修复率 μ_{ij} 唯一确定，即有

$$\zeta_{12}=\lambda_{12},\quad \zeta_{13}=0,\quad \zeta_{23}=\lambda_{23},\quad \zeta_{32}=0,\quad \zeta_{31}=\mu_{31},\quad \zeta_{21}=0$$

进一步，由式(3.26)，易有

$$\zeta_{11}=-(\zeta_{12}+\zeta_{13})=-\lambda_{12}$$

$$\zeta_{22}=-(\zeta_{21}+\zeta_{23})=-\lambda_{23}$$

$$\zeta_{33}=-(\zeta_{31}+\zeta_{32})=-\mu_{23}$$

综上，根据式(3.34)可得解算系统状态概率 $p_j(t)$的微分方程组如下：

$$\begin{cases}\dfrac{\mathrm{d}p_1(t)}{\mathrm{d}t}=\sum\limits_{i\neq1}^{3}\zeta_{i1}p_i(t)-p_1(t)\sum\limits_{i\neq1}^{3}\zeta_{1i}=\mu_{31}p_3(t)-p_1(t)\lambda_{12}\\ \dfrac{\mathrm{d}p_2(t)}{\mathrm{d}t}=\sum\limits_{i\neq2}^{3}\zeta_{i2}p_i(t)-p_2(t)\sum\limits_{i\neq2}^{3}\zeta_{2i}=\lambda_{12}p_1(t)-p_2(t)\lambda_{23}\\ \dfrac{\mathrm{d}p_3(t)}{\mathrm{d}t}=\sum\limits_{i\neq3}^{3}\zeta_{i3}p_i(t)-p_3(t)\sum\limits_{i\neq3}^{3}\zeta_{3i}=\lambda_{23}p_2(t)-p_3(t)\mu_{31}\end{cases}$$

整理求得的状态概率 $p_j(t)$ 微分解算方程组，易有

$$\frac{\mathrm{d}\boldsymbol{p}(t)}{\mathrm{d}t}=\boldsymbol{p}(t)\boldsymbol{\zeta}$$

式中

$$\boldsymbol{p}(t)=[p_1(t)\quad p_2(t)\quad p_3(t)],\quad \boldsymbol{\zeta}=\begin{bmatrix}-\lambda_{12} & \lambda_{12} & 0\\ 0 & -\lambda_{23} & \lambda_{23}\\ \mu_{31} & 0 & -\mu_{31}\end{bmatrix}$$

3.2 多状态单元可靠性评估

由 3.1 节的内容可知，若任意多状态系统的状态跃迁过程满足连续时间马尔可夫链特征，则可利用式(3.34)实现相关状态概率的微分解算。本节延续 3.1 节的结论，针对不可修复和可修复两类典型多状态单元[8]，开展可靠性评估研究。

3.2.1 多状态不可修复单元可靠性评估

1) 不可修复单元

所谓不可修复单元，是指在寿命期内多状态单元 j 的状态跃迁过程只存在功能恶化趋向。假设多状态单元 j 存在 k_j 种状态性能，且状态优劣次序排列如下：

$$g_{k_j}>g_{k_j-1}>\cdots>g_2>g_1$$

则对于不可修复单元 j 来说，状态跃迁过程仅存在由 k_m 状态向 k_n 状态跃迁的可能($m>n$)；同时，不可修复单元 j 的状态性能一旦跃迁至不可接受功能状态，则寿命期立即结束，永久处于功能完全失效状态。

2) 失效分类

如前所述，不可修复单元一旦跃迁至不可接受功能状态，则立刻处于功能完全失效状态。但就多状态功能单元失效的具体过程来看，多数情况下，其功能失效是一个渐变过程。首先出现功能下降，之后出现功能恶化，若恶化情况得不到及时缓解或改善，最终才会导致功能完全失效。因此，为了更加合理地刻画多状态单元 j 的功能失效过程，这里引入小失效和大失效两类失效模式。

(1) 小失效：如果寿命期内任意时刻所研究的多状态单元 j 的功能失效模式仅

存在由 k_m 状态向 k_{m-1} 状态跃迁一种可能，$m=1,2,\cdots,k_j$，如图 3.4 所示，那么称此种失效模式为小失效。

(2) 大失效:类似的，如果寿命期内任意时刻所研究的多状态单元 j 的功能失效模式为由 k_m 状态向 k_n 状态跃迁，$m-1>n$，如图 3.5 所示，那么称此种失效模式为大失效。

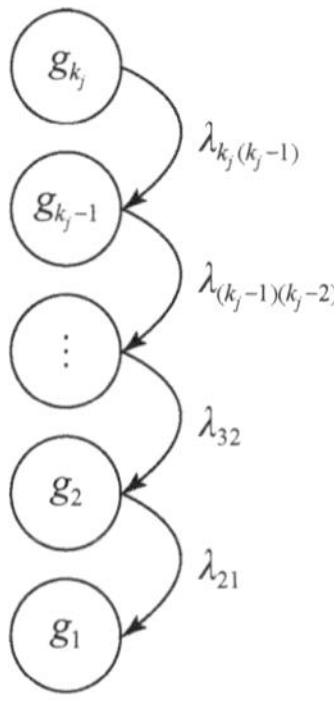

图 3.4　小失效

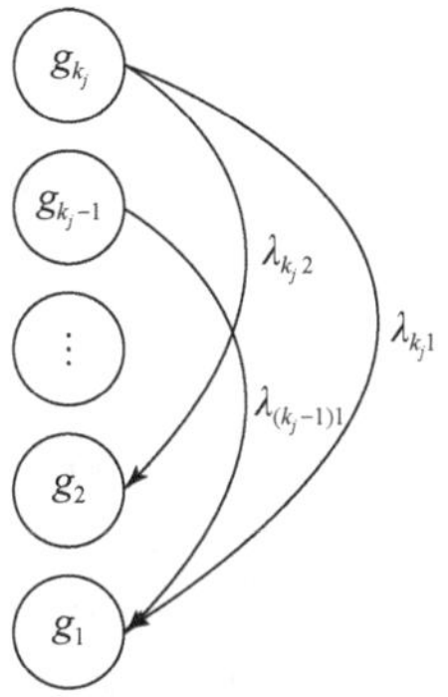

图 3.5　大失效

3) 可靠性评估

综合前述多状态不可修复单元的自身数学特征，可将状态概率通用解算微分方程式(3.34)改写为如下形式：

$$\frac{\mathrm{d}p_m(t)}{\mathrm{d}t}=\sum_{n>m}^{k_j}\zeta_{nm}p_n(t)-p_m(t)\sum_{n<m}^{k_j}\zeta_{mn} \tag{3.37}$$

注意，与式(3.34)不同，式(3.37)中不存在 ζ_{mn} $(n>m)$项，即相关解算单元的状态跃迁过程始终处于功能失效(小失效或大失效)趋向，不存在由修复性活动而导致的解算单元功能提升可能。

4) 案例说明

[案例 3.4]　考虑一船用多状态特种装置，假设其任务周期内(720h)处于不可修复状态，且相关失效过程符合小失效特征。特种装置具备 4 类功能状态，即功能完好状态 g_4(输出功率为 15kW)、g_3 功能下降状态(输出功率为 10kW)、g_2 功能恶化状态(输出功率为 5kW)、g_1 功能完全失效状态(输出功率为 0kW)，相关失效率分别为 $\lambda_{43}=2.5\mathrm{a}^{-1}$、$\lambda_{32}=1.5\mathrm{a}^{-1}$、$\lambda_{21}=0.8\mathrm{a}^{-1}$。特种装置正常运行最低可接受的输出功率需求 w 为 8kW，初始运行时处于功能完好状态。试利用马尔可夫模型法，评估该型特种装置任务周期内的可靠性。

解:由题意可知，特种装置状态跃迁图如图 3.6 所示。

考虑其任务期内不可修复、小失效特征，由式(3.35)可得特种装置状态概率解算微分方程组如下：

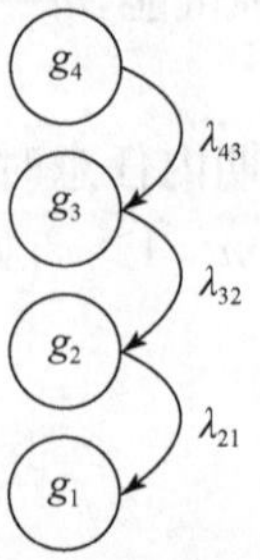

图 3.6 特种装置状态跃迁示意图

$$\begin{cases}\dfrac{dp_4(t)}{dt}=-\lambda_{43}p_4(t)\\ \dfrac{dp_3(t)}{dt}=\lambda_{43}p_4(t)-\lambda_{32}p_3(t)\\ \dfrac{dp_2(t)}{dt}=\lambda_{32}p_3(t)-\lambda_{21}p_2(t)\\ \dfrac{dp_1(t)}{dt}=\lambda_{21}p_2(t)\end{cases} \tag{3.38}$$

特种装置初始运行时处于功能完好状态，即有 $p_4(0)=1, p_3(0)=p_2(0)=p_1(0)=0$，将其代入式(3.38)中，并采用龙格库塔法进行数值求解。解算后的特种装置状态概率 $p_i(t)$ 时变曲线如图 3.7 所示。

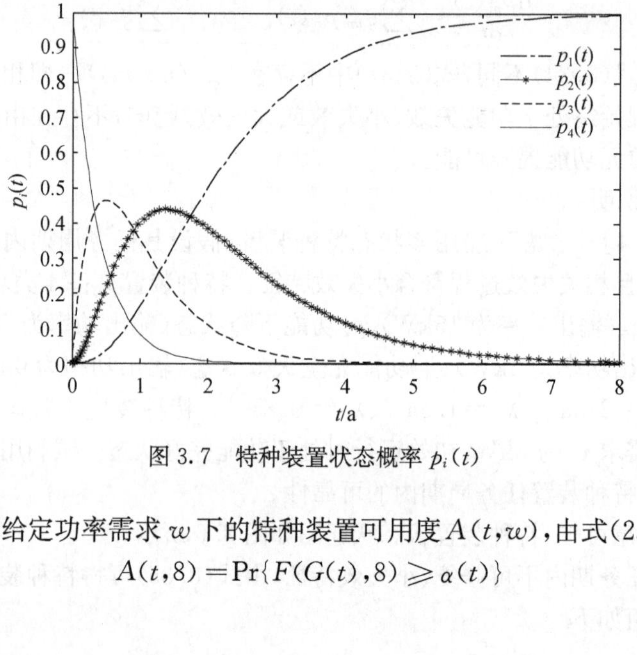

图 3.7 特种装置状态概率 $p_i(t)$

下面计算给定功率需求 w 下的特种装置可用度 $A(t,w)$，由式(2.17)可知

$$A(t,8)=\Pr\{F(G(t),8)\geqslant\alpha(t)\}$$

式中，门域函数 $\alpha(t)$ 取恒值 0；$G(t)$ 取任务期内特种装置的瞬态功率输出 g_i；可接受度函数 $F(t)$ 取 $G(t)-8$。由于 $g_4-8>0, g_3-8>0$，因此有

$$A(t,8)=p_3(t)+p_4(t)$$

任务期内特种装置可用度 $A(t,8)$ 数值解算结果如图 3.8 所示。

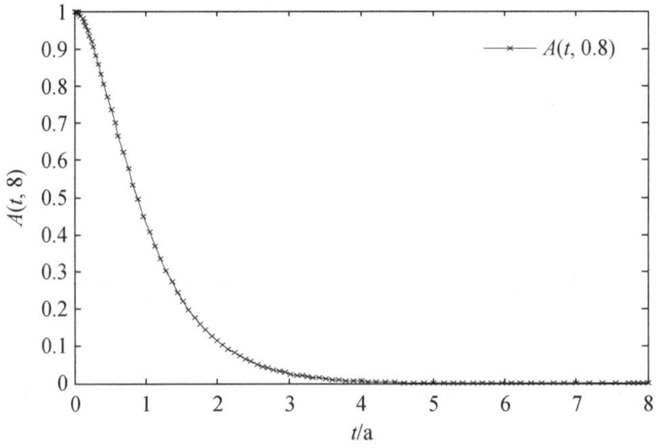

图 3.8　特种装置可用度

由图 3.8 可知，任务周期 720h 内，特种装置的最低可用度为

$$A(720\text{h},8)=A(0.083\text{a},8)=0.9874$$

鉴于本例假设特种装置处于不可修复状态，因此随着时间 t 无限延长，特种装置稳态可用度 $A(\infty,w)$ 将逐渐趋近于 0。而在装备实际使用过程中，维修人员往往会根据装备状态的实时评判状况，及时开展原位修复活动，或在阶段任务结束后，及时开展恢复性保障活动，因此不会出现可用度过低的情况。

下面计算任务期内特种装置的期望性输出 $G_E(t)$ 和期望性能失效 $D_E(t,w)$，有

$$G_E(t)=15p_4(t)+10p_3(t)+5p_2(t)$$

$$D_E(t,8)=(8-5)p_2(t)+(8-0)p_1(t)$$

相关数值解算结果如图 3.9 所示。同样，鉴于不考虑修复可能，稳态期望性能输出 $G_E(\infty)$ 会逐渐趋近于 0kW，稳态期望性能失效 $D_E(\infty,8)$ 会逐渐趋近于 8kW，但截止任务周期 720h 内，特种装置的期望性能输出最低为 13.96kW，期望性能失效最高为 0.0393kW，足够达到 8kW 的功率使用需求。

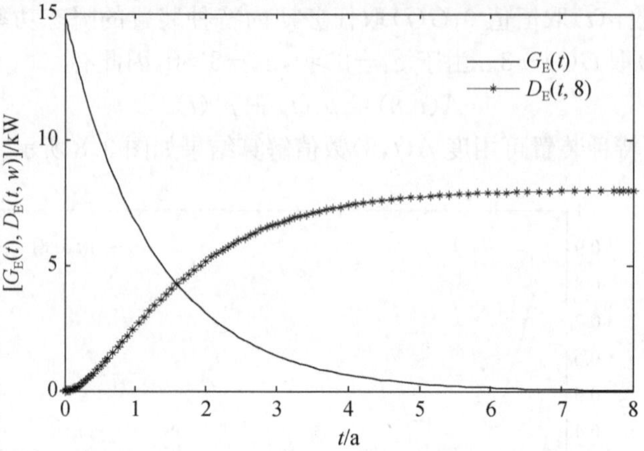

图 3.9 特种装置期望性能输出和期望性能失效

3.2.2 多状态可修复单元可靠性评估

组成复杂装备系统的单元组件通常很多，类型也千差万别，如果全部将其视为不可修复单元，显然不尽合理。而且从实际接触的复杂装备系统来看，都或多或少地存在部分可修复单元组件。因此，为确保书中给出的多状态复杂装备系统可靠性建模方法更具一般性，有必要针对可修复单元组件开展可靠性评估研究。

1) 可修复单元

与不可修复单元不同，可修复单元在寿命期内，相关多状态单元 j 的状态跃迁过程既存在功能恶化的可能，也存在功能好转的可能。假设多状态单元 j 存在 k_j 种状态性能，且状态优劣次序排列如下：

$$g_{k_j} > g_{k_j-1} > \cdots > g_2 > g_1$$

则对于可修复单元 j 来说，状态跃迁过程既存在由 k_m 状态向 k_n 状态跃迁的可能($m>n$)，也存在由 k_n 状态向 k_m 状态跃迁的可能；同时，可修复单元 j 一旦跃迁至不可接受功能状态，并不一定导致寿命期结束，通过及时有效的修复，仍可能恢复至可接受功能状态。

2) 修复分类

与前述失效模式的分类定义类似，为更加合理地刻画多状态单元 j 的功能恢复过程，引入小修复和大修复两类修复模式。

(1) 小修复：如果寿命期内任意时刻所研究的多状态单元 j 的功能修复模式仅存在由 k_m 状态向 k_{m+1} 状态跃迁的一种可能，$m=1,2,\cdots,k_j-1$，如图 3.10 所示，则称此种修复模式为小修复。

(2) 大修复：类似的，如果寿命期内任意时刻所研究的多状态单元 j 的功能修复模式为由 k_m 状态向 k_n 状态跃迁，$n>m+1$，如图 3.11 所示，则称此种修复模式为大修复。

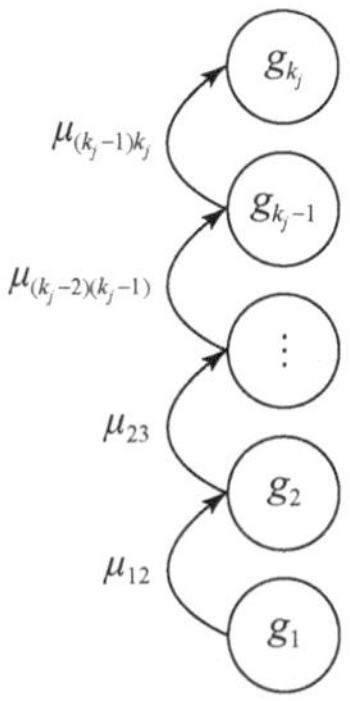

图 3.10　小修复

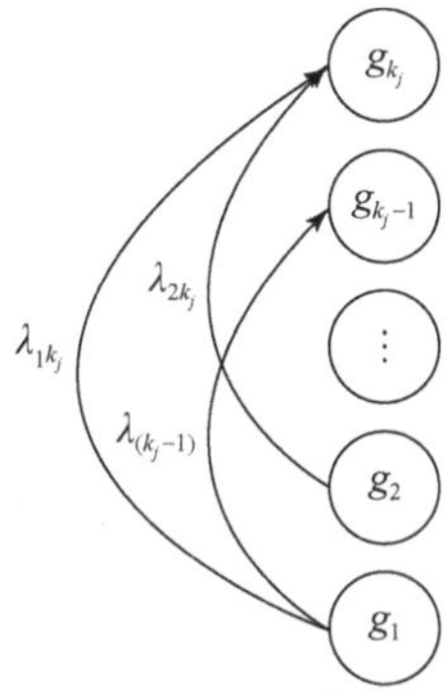

图 3.11　大修复

3) 可靠性评估

鉴于前述考虑单元可修复的特征分析为多状态复杂装备系统状态跃迁分析中的最一般情形，具备普适特性，因此，相关状态概率解算微分方程直接选用式(3.34)即可，此处不再赘述说明。

4) 案例说明

为便于与不可修复单元的计算结果进行比较分析，仍选案例 3.4 中船用多状态特种装置为计算对象，任务周期、功能状态不变，失效过程仍保持小失效特征，并在此基础上引入功能修复过程。

[案例 3.5]　考虑一船用多状态特种装置，假设其任务周期内(720h)处于可修复状态，且相关失效过程符合小失效特征，修复过程符合小修复特征。特种装置具备四类功能状态，即功能完好状态 g_4(输出功率为 15kW)、g_3 功能下降状态(输出功率为 10kW)、g_2 功能恶化状态(输出功率为 5kW)、g_1 功能完全失效状态(输出功率为 0kW)，相关失效率分别为 $\lambda_{43}=2.5\text{a}^{-1}$、$\lambda_{32}=1.5\text{a}^{-1}$、$\lambda_{21}=0.8\text{a}^{-1}$，修复率分别为 $\mu_{12}=80\text{a}^{-1}$、$\mu_{23}=100\text{a}^{-1}$、$\mu_{34}=120\text{a}^{-1}$。特种装置正常运行最低可接受的输出功率需求 w 为 8kW，初始运行时处于功能完好状态。试利用马尔可夫模型法评估该型特种装置任务周期内的可靠性。

解：由题意可知，特种装置状态跃迁示意图如图 3.12 所示。

由式(3.34)可得，特种装置状态概率解算微分方程组如下：

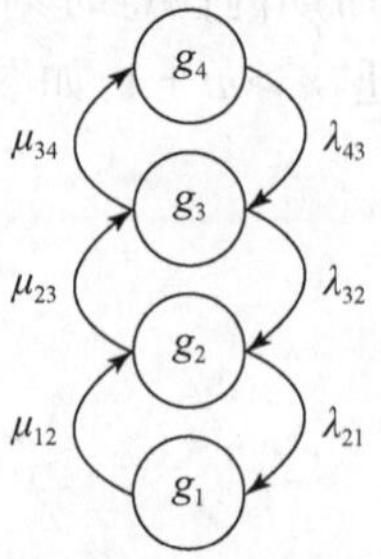

图 3.12　特种装置状态跃迁示意图

$$\begin{cases} \dfrac{\mathrm{d}p_4(t)}{\mathrm{d}t}=\mu_{34}p_3(t)-p_4(t)\lambda_{43} \\ \dfrac{\mathrm{d}p_3(t)}{\mathrm{d}t}=\mu_{23}p_2(t)+\lambda_{43}p_4(t)-p_3(t)(\lambda_{32}+\mu_{34}) \\ \dfrac{\mathrm{d}p_2(t)}{\mathrm{d}t}=\mu_{12}p_1(t)+\lambda_{32}p_3(t)-p_2(t)(\lambda_{21}+\mu_{23}) \\ \dfrac{\mathrm{d}p_1(t)}{\mathrm{d}t}=\lambda_{21}p_2(t)-p_1(t)\mu_{12} \end{cases} \tag{3.39}$$

式(3.39)又可写为如下矩阵形式：

$$\frac{\mathrm{d}\boldsymbol{p}(t)}{\mathrm{d}t}=\boldsymbol{p}(t)\boldsymbol{\lambda}+\boldsymbol{p}(t)\boldsymbol{\mu}=\boldsymbol{p}(t)\boldsymbol{\zeta}$$

$$\boldsymbol{p}(t)=\begin{bmatrix} p_4(t) \\ p_3(t) \\ p_2(t) \\ p_1(t) \end{bmatrix}^{\mathrm{T}},\quad \boldsymbol{\lambda}=\begin{bmatrix} -\lambda_{43} & \lambda_{43} & 0 & 0 \\ 0 & -\lambda_{32} & \lambda_{32} & 0 \\ 0 & 0 & -\lambda_{21} & \lambda_{21} \\ 0 & 0 & 0 & 0 \end{bmatrix}$$

$$\boldsymbol{\mu}=\begin{bmatrix} 0 & 0 & 0 & 0 \\ \mu_{34} & -\mu_{34} & 0 & 0 \\ 0 & \mu_{23} & -\mu_{23} & 0 \\ 0 & 0 & \mu_{12} & -\mu_{12} \end{bmatrix}$$

式中，若仅保留第 1 项，则微分方程退化为不可修复单元小失效解算微分方程。由此可见，可修复单元与不可修复单元的状态概率解算方法并无本质不同，求解问题的关键在于确定状态跃迁强度矩阵 $\boldsymbol{\zeta}$。对于本案例，则有

$$\boldsymbol{\zeta}=\boldsymbol{\lambda}+\boldsymbol{\mu}$$

下面解算特种装置状态概率 $p_j(t)$。初始运行时处于功能完好状态，即有 $p_4(0)=1$，$p_3(0)=p_2(0)=p_1(0)=0$，将其代入式(3.39)中，并采用龙格库塔法进行数值求解。解算后的特种装置状态概率 $p_i(t)$时变曲线如图 3.13 所示。

鉴于考虑修复因素后，特种装置处于功能完好状态的概率大大增加，处于功能

恶化或失效的状态概率大大减小，且两者在数量级上相差较大，不方便在同一幅示意图上表现，因此这里分 4 幅图进行说明。由图 3.13(d)可知，考虑修复活动后，特种装置任务周期内(720h)处于功能完好状态的概率稳定于 0.9793。

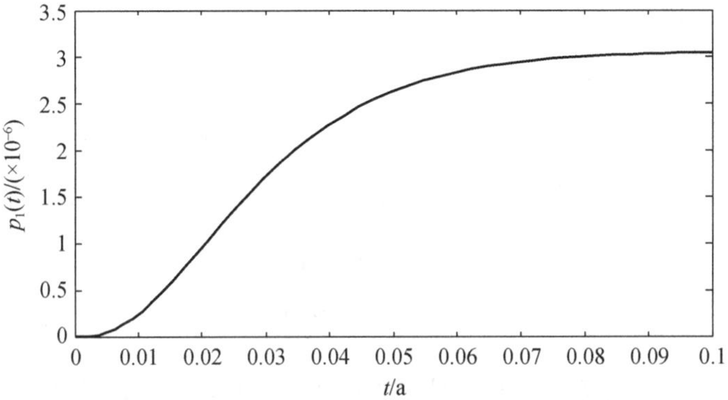

(a) 第1类状态概率

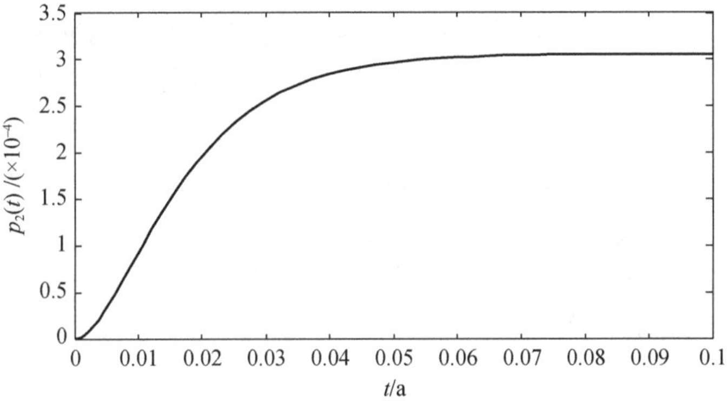

(b) 第2类状态概率

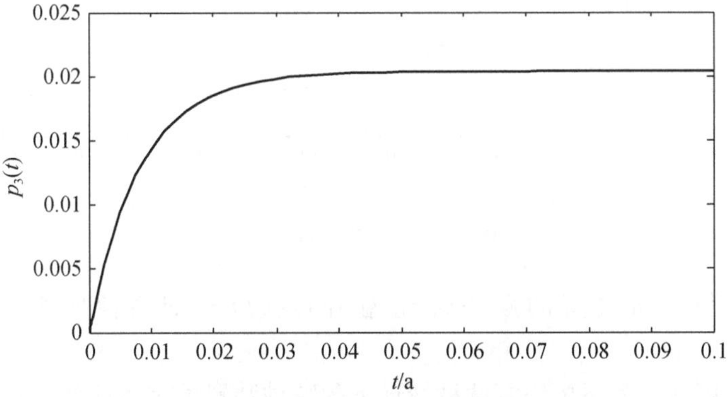

(c) 第3类状态概率

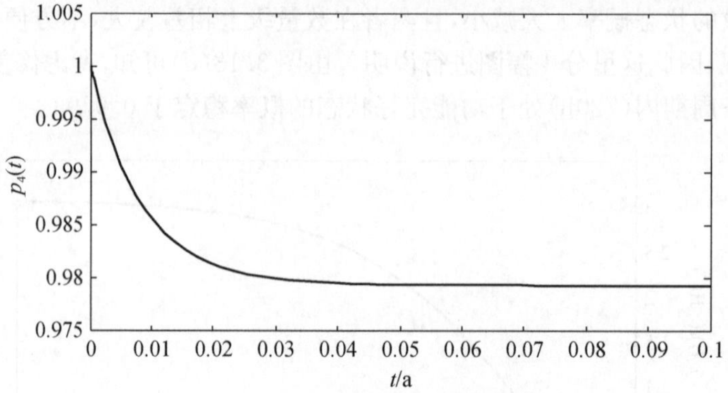

(d) 第4类状态概率

图 3.13　特种装置状态概率

下面计算给定功率需求 w 下的特种装置可用度 $A(t,w)$，相关门域函数、可接受度函数的选择与案例 3.4 中相同，此处不再赘述。

由图 3.14 可知，特种装置任务周期内（720h）的最低可用度为 $A(720\text{h},8)=A(0.083\text{a},8)=0.9997>0.9874$。很明显，考虑修复因素后，特种装置任务期内的可用度增大了。

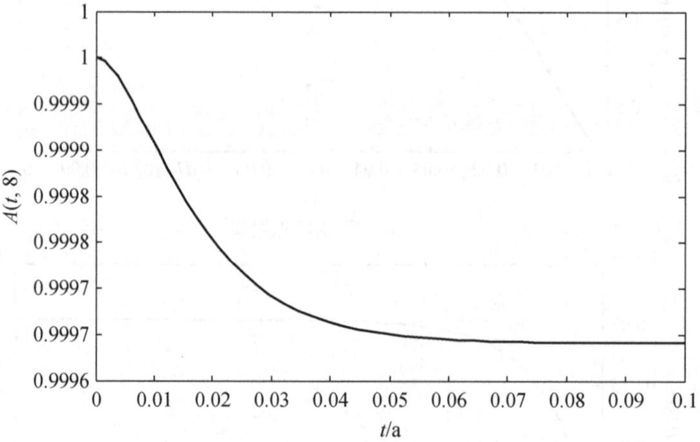

图 3.14　特种装置可用度

下面计算特种装置的期望性能输出 $G_E(t)$ 和期望性能失效 $D_E(t,w)$（图 3.15）。

这里将可修复和不可修复两种情形下的特种装置可靠性评估参数进行对比分析，如表 3.1 所示。表中反映的可靠性评估参数量化数值均为 720h 任务周期结束瞬时的数值。

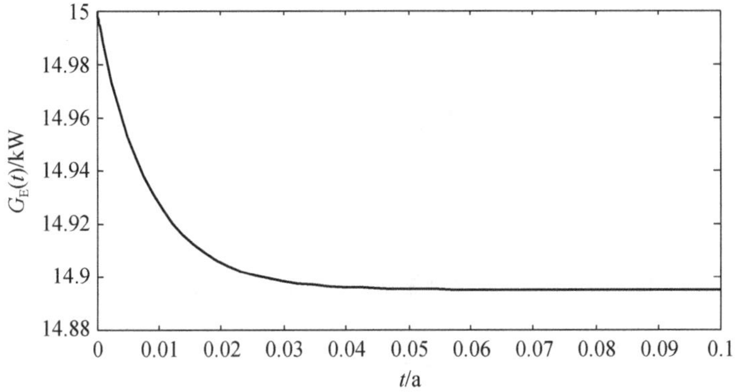

(a) 期望性能输出

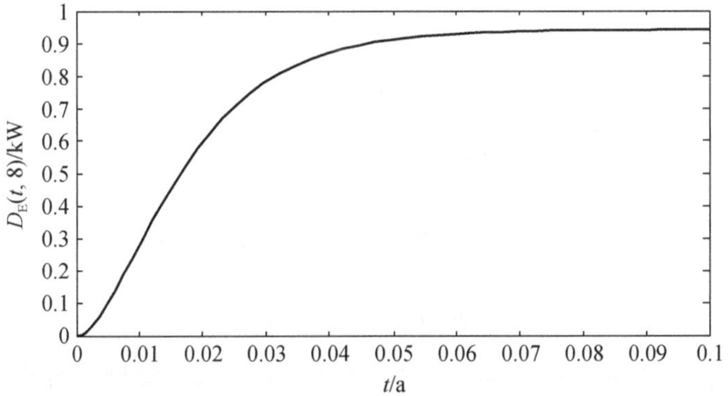

(b) 期望性能失效

图 3.15　特种装置期望性能输出和期望性能失效

表 3.1　特种装置可靠性评估参数对比分析表

序号	是否考虑修复活动	任务周期/h	功率需求/kW	可用度	期望性能输出/kW	期望性能失效/kW
1	否	720	8	0.9874	13.96	0.0393
2	是	720	8	0.9997	14.8948	0.0009

由表 3.1 可知，考虑修复活动后，特种装置任务周期内可用性能明显提高，在 8kW 功率需求下，可用度由 0.9874 上升至 0.9997，期望性能输出由 13.96kW 上升至 14.8948kW，期望性能失效由 0.0393kW 下降至 0.0009kW，装置总体处于功能完好状态。

下面计算特种装置的可靠度 $R_w(t)$，需要注意的是，此时一旦装置跃迁至不可接受功能状态（$w=8$kW），将不再考虑由于相关修复活动而导致的装置功能恢复的可能。这里将不可接受状态统一标注为 0 状态，此时，特种装置状态跃迁示意图变更为图 3.16 所示形式。

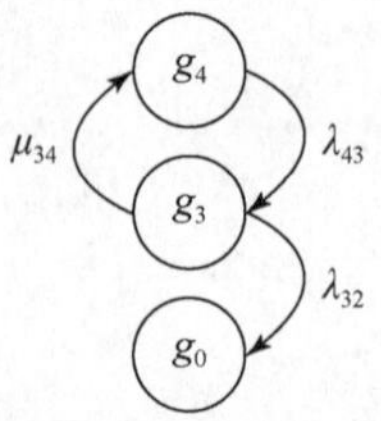

图 3.16　用于计算可靠度的特种装置状态跃迁示意图

相应的跃迁强度矩阵 $\boldsymbol{\zeta}$ 变更为 $\boldsymbol{\zeta}'$，即

$$\boldsymbol{\zeta}' = \begin{bmatrix} -\lambda_{43} & \lambda_{43} & 0 \\ \mu_{34} & -(\mu_{34}+\lambda_{32}) & \lambda_{32} \\ 0 & 0 & 0 \end{bmatrix}$$

相应的状态概率解算微分方程组变更为

$$\begin{cases} \dfrac{\mathrm{d}p_4(t)}{\mathrm{d}t} = \mu_{34}p_3(t) - p_4(t)\lambda_{43} \\ \dfrac{\mathrm{d}p_3(t)}{\mathrm{d}t} = \lambda_{43}p_4(t) - p_3(t)(\lambda_{32}+\mu_{34}) \\ \dfrac{\mathrm{d}p_0(t)}{\mathrm{d}t} = p_3(t)\lambda_{32} \end{cases} \tag{3.40}$$

给定初始状态条件 $p_4(0)=1, p_3(0)=p_0(0)=0$，解算微分方程组(3.40)，并由 $R_w(t)=1-p_0(t)$ 可得图 3.17。

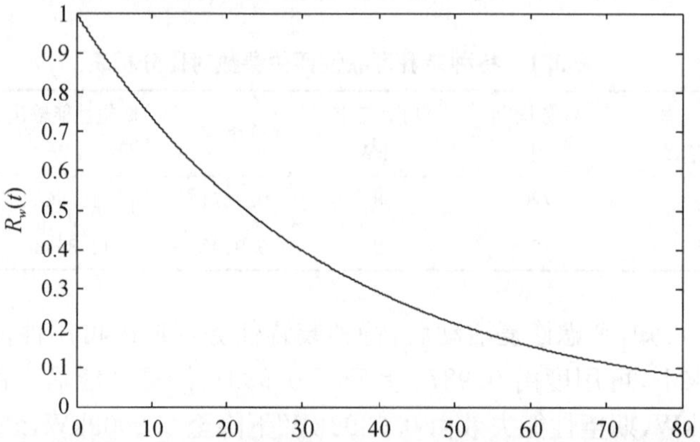

图 3.17　特种装置可靠度

值得注意的是，虽然任务周期内通过引入修复活动，可在一定程度上提高特种

装置的可用度，但就可靠度计算而言，一旦装置进入不可接受功能状态，将不再考虑修复活动的影响，因此修复活动对特种装置可靠度的影响要远小于对可用度的影响。

3.3　多状态系统可靠性评估

现实中的多状态复杂装备系统往往并不是由某单一单元构成，仅局限于前述章节关于多状态独立单元的可靠性研究，明显远不能满足多状态复杂装备系统的可靠性研究需求，因此，有必要在多状态单元可靠性评估研究结论的基础上，进一步开展多状态系统的可靠性评估研究工作。本节针对由多状态单元构成的复杂装备系统开展可靠性评估研究，并给出程式化的分析解算流程。

这里回顾第 2 章中有关多状态系统的基本定义。不失一般性，假设某多状态系统由 n 个不同元件 j 组成，对于任意给定瞬时 t，多状态系统的最终输出状态性能 $\boldsymbol{g}$ 由 n 个组成元件 j 的输出状态性能 $\boldsymbol{g}_j$ 联合确定。这里假定全系统具有 K 种不同输出状态性能，元件 j 具有 k_j 种输出状态性能，则有

$$\boldsymbol{g}=[g_1,g_2,\cdots,g_K] \tag{3.41}$$

$$\boldsymbol{g}_j=[g_{j1},g_{j2},\cdots,g_{jk_j}] \tag{3.42}$$

$$K=\prod_{j=1}^{n}k_j \tag{3.43}$$

其中，n 个组成元件与全系统存在如下状态性能映射关系：

$$\begin{cases}f(G_1(t),\cdots,G_n(t)):\mathrm{L}^n\rightarrow\mathrm{M}\\ [g_{11},\cdots,g_{1k_1}]\times\cdots\times[g_{n1},\cdots,g_{nk_n}]\rightarrow[g_1,\cdots,g_K]\end{cases} \tag{3.44}$$

式中，$f(\cdot)$为反映多状态系统各组成元件间物理特性的构型函数；$G_j(t)\in\boldsymbol{g}_j$；$\mathrm{L}^n$ 为由 n 个组成元件确定的状态性能组合空间；M 为全系统状态性能空间。

1. 前提假设

多状态系统组成单元多、输出状态性能多，为便于实现全系统的建模与解算，做如下前提假设：

(1) 系统不同组成单元的状态跃迁过程相互独立；

(2) 任意瞬时，系统仅可能存在唯一组成单元发生状态跃迁。

2. 程式化解算流程

结合 3.2 节中有关多状态单元的可靠性评估内容可知，利用马尔可夫模型开展多状态系统的可靠性分析大致包括 5 个步骤：

(1) 绘制全系统的状态跃迁图；

(2) 明确全系统的状态跃迁强度矩阵 $\boldsymbol{\zeta}$；

(3) 构建全系统的状态概率解算微分方程组；

(4) 实施状态概率微分方程组的数值解算；

(5) 计算评估参数指标，进行可靠性分析。

需要注意的是，与多状态独立单元不同，多状态系统的输出状态性能数目往往较多，尤其对于多状态复杂系统而言，更是如此，可能多达十几个、几十个，甚至更多。为此，无论是绘制状态跃迁图、确定状态跃迁强度矩阵，还是构建状态概率解算微分方程组、实施微分方程组的数值解算，相关过程都极其复杂且工作量巨大。当然，随着高性能计算机和高效能计算技术的发明与应用，上述困扰多状态复杂系统可靠性建模与分析的诸项难题，已有部分有效解决对策。

下面针对一类适用多状态复杂系统可靠性建模与分析的程式化解算流程，进行详细说明。

1) 定义失效率和修复率标识

对于多状态系统任意组成单元 j，为便于统一符号化标识和规范建模过程，规定其相关失效率和修复率符号标识如下：

$$\begin{cases}\{\lambda_{pq}^{(j)} \mid j=1,\cdots,n;p,q=1,\cdots,k_j;p>q\} \\ \{\mu_{pq}^{(j)} \mid j=1,\cdots,n;p,q=1,\cdots,k_j;p<q\}\end{cases} \tag{3.45}$$

式中，$\lambda_{pq}^{(j)}$ 为单元 j 由 p 状态向 q 状态跃迁的失效率；$\mu_{pq}^{(j)}$ 为单元 j 由 p 状态向 q 状态跃迁的修复率。

2) 定义单元状态性能和系统状态性能

多状态系统存在的 K 种输出状态性能均由 n 个单元的输出状态性能决定，且有如下映射关系：

$$\begin{cases}\{g_{1i},\cdots,g_{nl}\} \\ i=1,\cdots,k_1;\cdots;l=1,\cdots,k_n\end{cases} \xrightarrow{f(g_{1i},\cdots,g_{nl})} \{g_s \mid s=1,\cdots,K\} \tag{3.46}$$

式中，g_{nl} 为多状态系统第 n 个组成单元 k_n 类输出状态性能中的第 l 类输出状态；g_s 为多状态系统 K 类输出状态性能中的第 s 类输出状态；$f(\cdot)$ 为决定单元输出状态性能 g_{nl} 和系统输出状态性能 g_s 物理关联的构型函数。

3) 定义状态跃迁

根据多状态系统建模解算前提假设，任意瞬时仅存在唯一组成单元发生状态跃迁的可能，且不同组成单元的状态跃迁过程相互独立，则由单元 j 状态跃迁导致的系统状态跃迁过程表示如下：

$$\begin{cases}\{g_{1i},\cdots,g_{jp},\cdots,g_{nl}\} \to \{g_{1i},\cdots,g_{jq},\cdots,g_{nl}\} \\ g_{s_1} \to g_{s_2}\end{cases} \tag{3.47}$$

式中，$p\neq q$，$j=1,\cdots,n$，单元 j 由 p 状态跃迁至 q 状态，导致系统由 s_1 状态跃迁至 s_2 状态。

4）绘制系统状态跃迁图

为便于绘制系统状态跃迁图，同时避免含义混淆，选用图 3.18，描述系统状态跃迁过程。

图 3.18 中，p、q 为单元 j 的两类状态编号，$p>q$；s_1、s_2 为系统的两类状态编号，g_{s_1}、g_{s_2} 为与其相应的系统状态性能值；$\lambda_{pq}^{(j)}$、$\mu_{qp}^{(j)}$ 的符号含义与式(3.45)相同。

5）明确系统状态跃迁强度矩阵

沿袭前述状态跃迁定义，进一步定义系统状态跃迁强度矩阵 $\boldsymbol{\zeta}$，其为 K 行 K 列矩阵，相关矩阵元素 $\zeta_{s_1s_2}$ 可由下式确定：

$$\begin{cases}\zeta_{s_1s_2}=\lambda_{pq}^{(j)}, & p>q, s_1\neq s_2\\ \zeta_{s_1s_2}=\mu_{pq}^{(j)}, & p<q, s_1\neq s_2\end{cases} \tag{3.48}$$

若对于系统而言，不存在由 s_1 状态跃迁至 s_2 状态的可能，则有

$$\zeta_{s_1s_2}\equiv 0$$

同时，由状态跃迁强度矩阵 ζ 的基本特性可知

$$\zeta_{s_1s_1}=-\sum_{s_1=1,s_1\neq s_2}^{K}\zeta_{s_1s_2}$$

6）构建和解算系统状态概率微分方程组，实施可靠性评估

求得多状态系统状态跃迁强度矩阵 $\boldsymbol{\zeta}$ 后，即可依据式(3.35)构建系统状态概率的 K 元微分方程组，并利用数值算法进行解算。进而利用数值解算结果，实施多状态系统的可靠性评估与分析。

3. 案例说明

［案例 3.6］ 考虑如图 3.19 所示的多状态船载燃油管路传输子系统，由支路管道 A、B 传输单元和主管道 C 传输单元构成，相互之间由法兰连接。

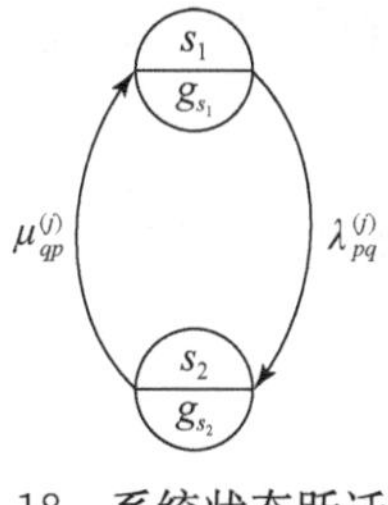

图 3.18　系统状态跃迁图示

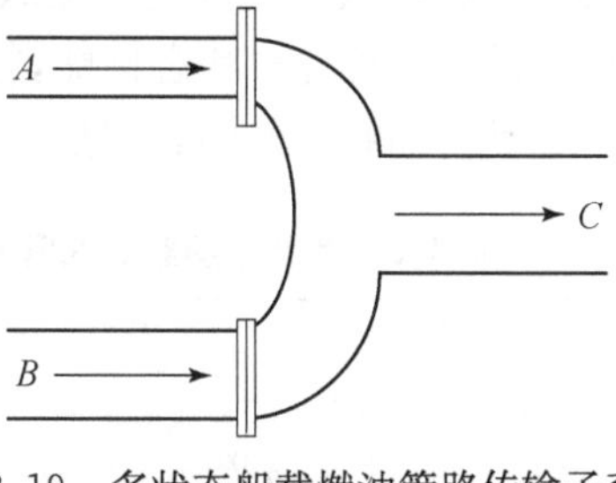

图 3.19　多状态船载燃油管路传输子系统

其中，支路管道 A、B 均为二元状态传输单元，燃油传输量分别为 1.3t/min 和 1.5t/min，主管道 C 较为特殊，具有三类传输状态，即功能完全失效状态、部分失效状态和功能正常状态，对应的燃油传输量分别为 0t/min、1.4t/min 和 3t/min。3

个管道传输单元各自可能存在的状态跃迁过程如图 3.20 所示。

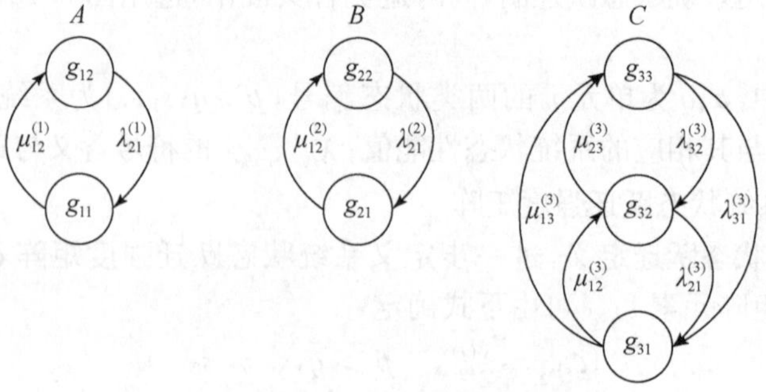

图 3.20　船载燃油管路传输单元状态跃迁图

相关参数取值为

$$g_{12}=1.3,\quad g_{11}=0,\quad \lambda_{21}^{(1)}=5,\quad \mu_{12}^{(1)}=80$$
$$g_{22}=1.5,\quad g_{21}=0,\quad \lambda_{21}^{(2)}=8,\quad \mu_{12}^{(2)}=100$$
$$g_{33}=3,\quad g_{32}=1.4,\quad g_{31}=0,\quad \lambda_{32}^{(3)}=8$$
$$\lambda_{21}^{(3)}=5,\quad \lambda_{31}^{(3)}=0.5,\quad \mu_{12}^{(3)}=110$$
$$\mu_{23}^{(3)}=100,\quad \mu_{13}^{(3)}=40$$

决定船载燃油管路子系统最终传输性能 $G_s(t)$ 的物理构型函数为

$$G_s(t)=f(G_1(t),G_2(t),G_3(t))=\min\{G_1(t)+G_2(t),G_3(t)\} \tag{3.49}$$

式中，$G_1(t)$、$G_2(t)$、$G_3(t)$ 分别为各管道单元的实际燃油传输性能，$G_1(t)\in[g_{12},g_{11}]$，$G_2(t)\in[g_{22},g_{21}]$，$G_3(t)\in[g_{33},g_{32},g_{31}]$。试按照前述程式化分析解算流程，评估多状态船载燃油管路传输子系统的可靠性。

解：由题意可知，管道单元的失效率、修复率标识以及状态定义已明确给出，因此相关定义步骤可略过，直接定义船载燃油管路系统的传输状态性能。鉴于管道单元 A、B 均具备两类传输状态性能，管道单元 C 具备三类传输状态性能，易知，全系统存在 12 类传输状态性能，详见表 3.2 的第 1 列。

表 3.2　多状态船载燃油管路传输系统性能及状态跃迁分析表

s	G_1	G_2	G_3	G_s	1	2	3	4	5	6	7	8	9	10	11	12
1	1.3	1.5	3	2.8		$\lambda_{21}^{(1)}$	$\lambda_{21}^{(2)}$	$\lambda_{32}^{(3)}$	$\lambda_{31}^{(3)}$	0	0	0	0	0	0	0
2	0	1.5	3	1.5	$\mu_{12}^{(1)}$		0	0	0	$\lambda_{21}^{(2)}$	$\lambda_{32}^{(3)}$	$\lambda_{31}^{(3)}$	0	0	0	0
3	1.3	0	3	1.3	$\mu_{12}^{(2)}$	0		0	0	$\lambda_{21}^{(1)}$	0	0	$\lambda_{32}^{(3)}$	$\lambda_{31}^{(3)}$	0	0
4	1.3	1.5	1.4	1.4	$\mu_{23}^{(3)}$	0	0		$\lambda_{21}^{(3)}$	0	$\lambda_{21}^{(1)}$	0	$\lambda_{21}^{(2)}$	0	0	0
5	1.3	1.5	0	0	$\mu_{13}^{(3)}$	0	0	$\mu_{12}^{(3)}$		0	0	$\lambda_{21}^{(1)}$	0	$\lambda_{21}^{(2)}$	0	0
6	0	0	3	0	0	$\mu_{12}^{(2)}$	$\mu_{12}^{(1)}$	0	0		0	0	0	0	$\lambda_{32}^{(3)}$	$\lambda_{31}^{(3)}$

续表

s	G_1	G_2	G_3	G_s	1	2	3	4	5	6	7	8	9	10	11	12
7	0	1.5	1.4	1.4	0	$\mu_{23}^{(3)}$	0	$\mu_{12}^{(1)}$	0	0		$\lambda_{21}^{(3)}$	0	0	$\lambda_{21}^{(2)}$	0
8	0	1.5	0	0	0	$\mu_{13}^{(3)}$	0	0	$\mu_{12}^{(1)}$	0	$\mu_{12}^{(3)}$		0	0	0	$\lambda_{21}^{(2)}$
9	1.3	0	1.4	1.3	0	0	$\mu_{23}^{(3)}$	$\mu_{12}^{(2)}$	0	0	0	0		$\lambda_{21}^{(3)}$	$\lambda_{21}^{(1)}$	0
10	1.3	0	0	0	0	0	$\mu_{13}^{(3)}$	0	$\mu_{12}^{(2)}$	0	0	0	$\mu_{12}^{(3)}$		0	$\lambda_{21}^{(1)}$
11	0	0	1.4	0	0	0	0	0	0	$\mu_{23}^{(3)}$	$\mu_{12}^{(2)}$	0	$\mu_{12}^{(1)}$	0		$\lambda_{21}^{(3)}$
12	0	0	0	0	0	0	0	0	0	$\mu_{13}^{(3)}$	0	$\mu_{12}^{(2)}$	0	$\mu_{12}^{(1)}$	$\mu_{12}^{(3)}$	

下面分析系统状态跃迁过程。注意，船载燃油管路传输系统的状态跃迁由 3 个管道传输单元状态跃迁所致，且任意瞬时仅存在唯一管道传输单元发生状态跃迁可能。由此，可确定相关状态跃迁关系，详见表 3.2 的第 6～17 列。

表 3.2 中，若相关行列对应的单元格取值为 0(非空)，则代表相应行列序号间的状态跃迁不可能发生，例如第 1 行第 11 列取值为 0(灰色背景标注)，意味着船载燃油管路传输系统不可能由表中所列第 1 类状态直接跃迁至第 6 类状态；若相关行列对应的单元格取值为非 0，代表相应行列序号间的状态跃迁可能发生，具体发生途径(失效或修复)由其取值决定，例如第 1 行第 7 列取值为 $\lambda_{21}^{(1)}$ (灰色背景标注)，意味着船载燃油管路传输系统传输单元 A 的状态失效，导致系统输出状态性能由表中所列第 1 类状态跃迁至第 2 类状态。

遵循上述有关船载燃油管路传输系统的状态跃迁分析模式，可绘制系统的状态跃迁图(图 3.21)，进而可确定系统状态跃迁强度矩阵 $\boldsymbol{\zeta}$ 为

$$
\boldsymbol{\zeta}=\begin{matrix}1\\2\\3\\4\\5\\6\\7\\8\\9\\10\\11\\12\end{matrix}\begin{bmatrix}
\zeta_{1,1} & \lambda_{21}^{(1)} & \lambda_{21}^{(2)} & \lambda_{32}^{(3)} & \lambda_{31}^{(3)} & 0 & 0 & 0 & 0 & 0 & 0 & 0\\
\mu_{12}^{(1)} & \zeta_{2,2} & 0 & 0 & 0 & \lambda_{21}^{(2)} & \lambda_{32}^{(3)} & \lambda_{31}^{(3)} & 0 & 0 & 0 & 0\\
\mu_{12}^{(2)} & 0 & \zeta_{3,3} & 0 & 0 & \lambda_{21}^{(1)} & 0 & 0 & \lambda_{32}^{(3)} & \lambda_{31}^{(3)} & 0 & 0\\
\mu_{23}^{(3)} & 0 & 0 & \zeta_{4,4} & \lambda_{21}^{(3)} & 0 & \lambda_{21}^{(1)} & 0 & \lambda_{21}^{(2)} & 0 & 0 & 0\\
\mu_{13}^{(3)} & 0 & 0 & \mu_{12}^{(3)} & \zeta_{5,5} & 0 & 0 & \lambda_{21}^{(1)} & 0 & \lambda_{21}^{(2)} & 0 & 0\\
0 & \mu_{12}^{(2)} & \mu_{12}^{(1)} & 0 & 0 & \zeta_{6,6} & 0 & 0 & 0 & 0 & \lambda_{32}^{(3)} & \lambda_{31}^{(3)}\\
0 & \mu_{23}^{(3)} & 0 & \mu_{12}^{(1)} & 0 & 0 & \zeta_{7,7} & \lambda_{21}^{(3)} & 0 & 0 & \lambda_{21}^{(2)} & 0\\
0 & \mu_{13}^{(3)} & 0 & 0 & \mu_{12}^{(1)} & 0 & \mu_{12}^{(3)} & \zeta_{8,8} & 0 & 0 & 0 & \lambda_{21}^{(2)}\\
0 & 0 & \mu_{23}^{(3)} & \mu_{12}^{(2)} & 0 & 0 & 0 & 0 & \zeta_{9,9} & \lambda_{21}^{(3)} & \lambda_{21}^{(1)} & 0\\
0 & 0 & \mu_{13}^{(3)} & 0 & \mu_{12}^{(2)} & 0 & 0 & 0 & \mu_{12}^{(3)} & \zeta_{10,10} & 0 & \lambda_{21}^{(1)}\\
0 & 0 & 0 & 0 & 0 & \mu_{23}^{(3)} & \mu_{12}^{(2)} & 0 & \mu_{12}^{(1)} & 0 & \zeta_{11,11} & \lambda_{21}^{(3)}\\
0 & 0 & 0 & 0 & 0 & \mu_{13}^{(3)} & 0 & \mu_{12}^{(2)} & 0 & \mu_{12}^{(1)} & \mu_{12}^{(3)} & \zeta_{12,12}
\end{bmatrix}
$$

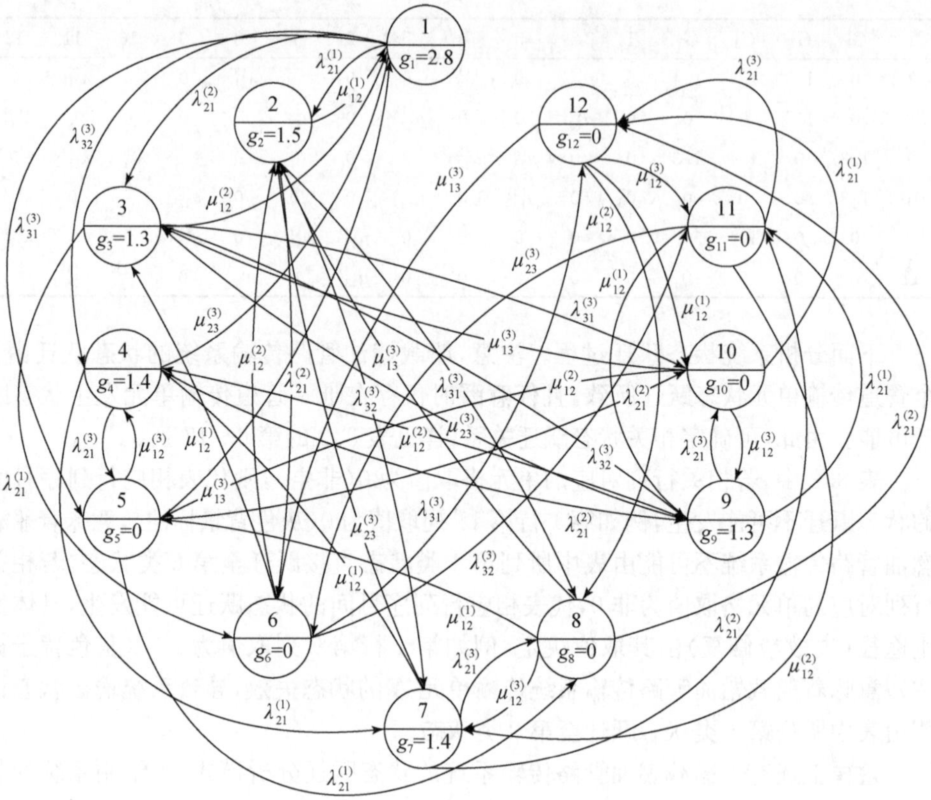

图 3.21　船载燃油管路传输系统状态跃迁图

式中

$$\zeta_{1,1}=-(\lambda_{21}^{(1)}+\lambda_{21}^{(2)}+\lambda_{32}^{(3)}+\lambda_{31}^{(3)}),\quad \zeta_{2,2}=-(\mu_{12}^{(1)}+\lambda_{21}^{(2)}+\lambda_{32}^{(3)}+\lambda_{31}^{(3)})$$

$$\zeta_{3,3}=-(\mu_{12}^{(2)}+\lambda_{21}^{(1)}+\lambda_{32}^{(3)}+\lambda_{31}^{(3)}),\quad \zeta_{4,4}=-(\mu_{23}^{(3)}+\lambda_{21}^{(3)}+\lambda_{21}^{(1)}+\lambda_{21}^{(2)})$$

$$\zeta_{5,5}=-(\mu_{13}^{(3)}+\mu_{12}^{(3)}+\lambda_{21}^{(1)}+\lambda_{21}^{(2)}),\quad \zeta_{6,6}=-(\mu_{12}^{(2)}+\mu_{12}^{(1)}+\lambda_{32}^{(3)}+\lambda_{31}^{(3)})$$

$$\zeta_{7,7}=-(\mu_{23}^{(3)}+\mu_{12}^{(1)}+\lambda_{21}^{(3)}+\lambda_{21}^{(2)}),\quad \zeta_{8,8}=-(\mu_{13}^{(3)}+\mu_{12}^{(1)}+\mu_{12}^{(3)}+\lambda_{21}^{(2)})$$

$$\zeta_{9,9}=-(\mu_{23}^{(3)}+\mu_{12}^{(2)}+\lambda_{21}^{(3)}+\lambda_{21}^{(1)}),\quad \zeta_{10,10}=-(\mu_{13}^{(3)}+\mu_{12}^{(2)}+\mu_{12}^{(3)}+\lambda_{21}^{(1)})$$

$$\zeta_{11,11}=-(\mu_{23}^{(3)}+\mu_{12}^{(2)}+\mu_{12}^{(1)}+\lambda_{21}^{(3)}),\quad \zeta_{12,12}=-(\mu_{13}^{(3)}+\mu_{12}^{(2)}+\mu_{12}^{(1)}+\mu_{12}^{(3)})$$

求得系统状态跃迁强度矩阵 $\boldsymbol{\zeta}$ 后，即可据此确定船载燃油管路传输系统的状态概率解算微分方程组如下：

$$\begin{cases}\dfrac{\mathrm{d}p_1(t)}{\mathrm{d}t}=-(\lambda_{21}^{(1)}+\lambda_{21}^{(2)}+\lambda_{32}^{(3)}+\lambda_{31}^{(3)})p_1(t)+\mu_{12}^{(1)}p_2(t)+\mu_{12}^{(2)}p_3(t)+\mu_{23}^{(3)}p_4(t)+\mu_{13}^{(3)}p_5(t)\\ \dfrac{\mathrm{d}p_2(t)}{\mathrm{d}t}=\lambda_{21}^{(1)}p_1(t)-(\mu_{12}^{(1)}+\lambda_{21}^{(2)}+\lambda_{32}^{(3)}+\lambda_{31}^{(3)})p_2(t)+\mu_{12}^{(2)}p_6(t)+\mu_{23}^{(3)}p_7(t)+\mu_{13}^{(3)}p_8(t)\end{cases}$$

$$
\left\{
\begin{aligned}
\frac{dp_3(t)}{dt} &= \lambda_{21}^{(2)} p_1(t) - (\mu_{12}^{(2)} + \lambda_{21}^{(1)} + \lambda_{32}^{(3)} + \lambda_{31}^{(3)}) p_3(t) + \mu_{12}^{(1)} p_6(t) + \mu_{23}^{(3)} p_9(t) + \mu_{13}^{(3)} p_{10}(t) \\
\frac{dp_4(t)}{dt} &= \lambda_{32}^{(3)} p_1(t) - (\mu_{23}^{(3)} + \lambda_{21}^{(3)} + \lambda_{21}^{(1)} + \lambda_{21}^{(2)}) p_4(t) + \mu_{12}^{(3)} p_5(t) + \mu_{12}^{(1)} p_7(t) + \mu_{12}^{(2)} p_9(t) \\
\frac{dp_5(t)}{dt} &= \lambda_{31}^{(3)} p_1(t) + \lambda_{21}^{(3)} p_4(t) - (\mu_{13}^{(3)} + \mu_{12}^{(3)} + \lambda_{21}^{(1)} + \lambda_{21}^{(2)}) p_5(t) + \mu_{12}^{(1)} p_8(t) + \mu_{12}^{(2)} p_{10}(t) \\
\frac{dp_6(t)}{dt} &= \lambda_{21}^{(2)} p_2(t) + \lambda_{21}^{(1)} p_3(t) - (\mu_{12}^{(2)} + \mu_{12}^{(1)} + \lambda_{32}^{(3)} + \lambda_{31}^{(3)}) p_6(t) + \mu_{23}^{(3)} p_{11}(t) + \mu_{13}^{(3)} p_{12}(t) \\
\frac{dp_7(t)}{dt} &= \lambda_{32}^{(3)} p_2(t) + \lambda_{21}^{(1)} p_4(t) - (\mu_{23}^{(3)} + \mu_{12}^{(1)} + \lambda_{21}^{(3)} + \lambda_{21}^{(2)}) p_7(t) + \mu_{12}^{(3)} p_8(t) + \mu_{12}^{(2)} p_{11}(t) \\
\frac{dp_8(t)}{dt} &= \lambda_{31}^{(3)} p_2(t) + \lambda_{21}^{(1)} p_5(t) + \lambda_{21}^{(3)} p_7(t) - (\mu_{13}^{(3)} + \mu_{12}^{(1)} + \mu_{12}^{(3)} + \lambda_{21}^{(2)}) p_8(t) + \mu_{12}^{(2)} p_{12}(t) \\
\frac{dp_9(t)}{dt} &= \lambda_{32}^{(3)} p_3(t) + \lambda_{21}^{(2)} p_4(t) - (\mu_{23}^{(3)} + \mu_{12}^{(2)} + \lambda_{21}^{(3)} + \lambda_{21}^{(1)}) p_9(t) + \mu_{12}^{(3)} p_{10}(t) + \mu_{12}^{(1)} p_{11}(t) \\
\frac{dp_{10}(t)}{dt} &= \lambda_{31}^{(3)} p_3(t) + \lambda_{21}^{(2)} p_5(t) + \lambda_{21}^{(3)} p_9(t) - (\mu_{13}^{(3)} + \mu_{12}^{(2)} + \mu_{12}^{(3)} + \lambda_{21}^{(1)}) p_{10}(t) + \mu_{12}^{(1)} p_{12}(t) \\
\frac{dp_{11}(t)}{dt} &= \lambda_{32}^{(3)} p_6(t) + \lambda_{21}^{(2)} p_7(t) + \lambda_{21}^{(1)} p_9(t) - (\mu_{23}^{(3)} + \mu_{12}^{(2)} + \mu_{12}^{(1)} + \lambda_{21}^{(3)}) p_{11}(t) + \mu_{12}^{(3)} p_{12}(t) \\
\frac{dp_{12}(t)}{dt} &= \lambda_{31}^{(3)} p_6(t) + \lambda_{21}^{(2)} p_8(t) + \lambda_{21}^{(1)} p_{10}(t) + \lambda_{21}^{(3)} p_{11}(t) - (\mu_{13}^{(3)} + \mu_{12}^{(2)} + \mu_{12}^{(1)} + \mu_{12}^{(3)}) p_{12}(t)
\end{aligned}
\right.
\tag{3.50}
$$

取初始状态条件为 $p_1(0)=1, p_i(0)=0(i=2,3,\cdots,12)$，数值解算上述微分方程组，则可得到图 3.22。

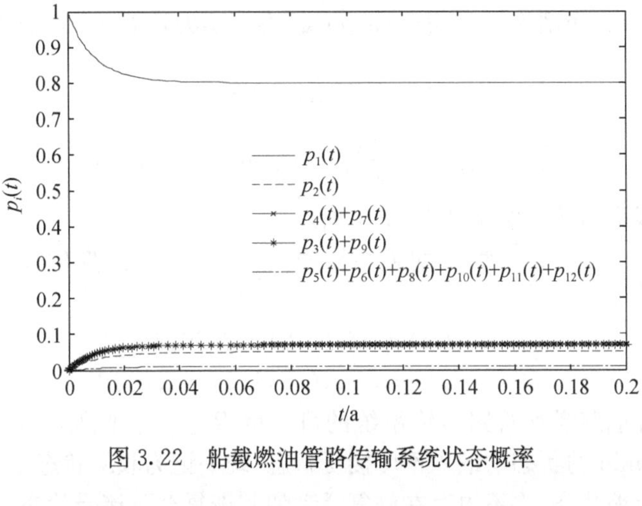

图 3.22　船载燃油管路传输系统状态概率

图 3.22 中，由于系统第 4、7 类输出状态性能完全相同，$g_4=g_7=1.3$，因此将

其合并为同一类状态概率表示。类似的，第 3、9 类状态，第 5、6、8、10、11、12 类状态采用同种方法处理。

进一步，假设船载燃油管路传输能力需求为 1.2t/min，则该燃油管路传输系统的瞬态可用度 $A(t,1.2)$ 为

$$A(t,1.2)=\sum_{i=1}^{4}p_i(t)+p_7(t)+p_9(t) \tag{3.51}$$

相关瞬态可用度时变曲线数值仿真结果如图 3.23 所示。

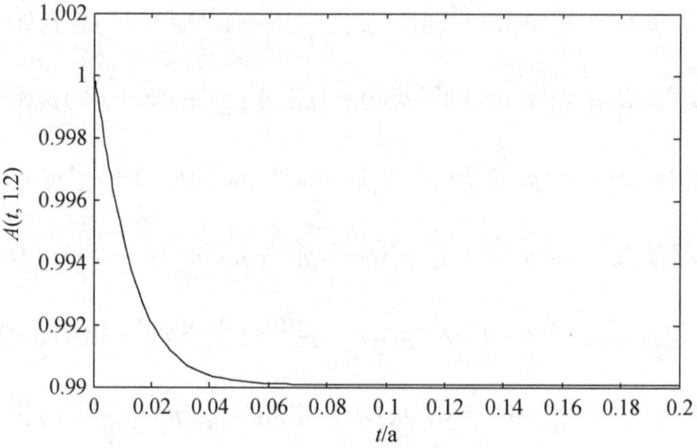

图 3.23　船载燃油管路传输系统的瞬态可用度

由图 3.23 可知，系统稳态可用度 $A(\infty,1.2)$ 约为

$$A(\infty,1.2)\approx A(0.2,1.2)=0.9901$$

同样，计算系统瞬态性能输出 $G_{\mathrm{E}}(t)$、瞬态性能失效 $D_{\mathrm{E}}(t,1.2)$ 为

$$G_{\mathrm{E}}(t)=\sum_{i=1}^{12}g_i p_i(t) \tag{3.52}$$

$$D_{\mathrm{E}}(t,1.2)=\sum_{i=1}^{12}p_i(t)\max\{1.2-g_i,0\} \tag{3.53}$$

相关时变曲线数值仿真结果如图 3.24 所示。

由图 3.24 可知，系统稳态期望性能输出 $G_{\mathrm{E}}(\infty)$、稳态期望性能失效 $D_{\mathrm{E}}(\infty,1.2)$ 约为

$$G_{\mathrm{E}}(\infty)\approx G_{\mathrm{E}}(0.2)=2.5048$$

$$D_{\mathrm{E}}(\infty,1.2)\approx D_{\mathrm{E}}(0.2,1.2)=0.0119$$

下面计算船载燃油管路传输系统的可靠度 $R_{1.2}(t)$。此时将系统燃油输送性能低于1.2t/min 的状态均纳入不可接受状态，统一记为收缩状态 0，系统输出状态一旦跃迁至收缩状态，将不再存在修复活动使其恢复至可接受状态，即以系统首次进入收缩状态为门限，判断系统是否可靠，并依此计算其可靠度 $R_{1.2}(t)$。由此，多

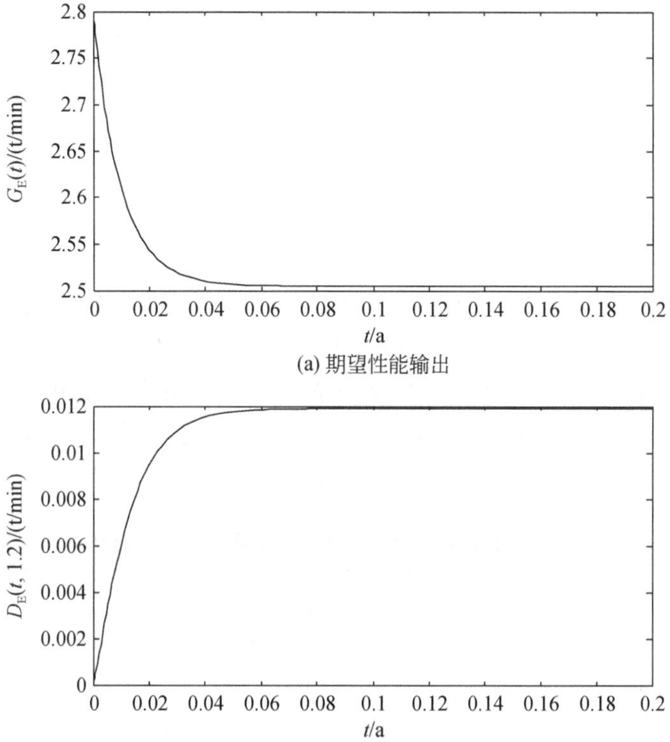

(a) 期望性能输出

(b) 期望性能失效

图 3.24　船载燃油管路传输系统期望性能输出和期望性能失效

状态船载燃油管路传输系统性能及状态跃迁分析表变更如表 3.3 所示。

表 3.3　多状态船载燃油管路传输系统可靠度计算状态跃迁分析表

s	G_1	G_2	G_3	G_s	1	2	3	4	⑤	⑥	7	⑧	9	⑩	⑪	⑫
1	1.3	1.5	3	2.8		$\lambda_{21}^{(1)}$	$\lambda_{21}^{(2)}$	$\lambda_{32}^{(3)}$	$\lambda_{31}^{(3)}$	0	0	0	0	0	0	0
2	0	1.5	3	1.5	$\mu_{12}^{(1)}$		0	0	0	$\underline{\lambda_{21}^{(2)}}$	$\lambda_{32}^{(3)}$	$\underline{\lambda_{31}^{(3)}}$	0	0	0	0
3	1.3	0	3	1.3	$\mu_{12}^{(2)}$	0		0	0	$\underline{\lambda_{21}^{(1)}}$	0	0	$\lambda_{32}^{(3)}$	$\underline{\lambda_{31}^{(3)}}$	0	0
4	1.3	1.5	1.4	1.4	$\mu_{23}^{(3)}$	0	0		$\lambda_{21}^{(3)}$	0	$\lambda_{21}^{(1)}$	0	$\lambda_{21}^{(2)}$	0	0	0
⑤	1.3	1.5	0	0	$\mu_{13}^{(3)}$	0	0	$\mu_{12}^{(3)}$		0	0	$\lambda_{21}^{(1)}$	0	$\lambda_{21}^{(2)}$	0	0
⑥	0	0	3	0	0	$\mu_{12}^{(2)}$	$\mu_{12}^{(1)}$	0	0		0	0	0	0	$\lambda_{32}^{(3)}$	$\lambda_{31}^{(3)}$
7	0	1.5	1.4	1.4	0	$\mu_{23}^{(3)}$	0	$\mu_{12}^{(1)}$	0	0		$\underline{\lambda_{21}^{(3)}}$	0	0	$\underline{\lambda_{21}^{(2)}}$	0
⑧	0	1.5	0	0	0	$\mu_{13}^{(3)}$	0	0	$\mu_{12}^{(1)}$	0	$\mu_{12}^{(3)}$		0	0	0	$\lambda_{21}^{(2)}$

续表

s	G_1	G_2	G_3	G_s	1	2	3	4	⑤	⑥	7	⑧	9	⑩	⑪	⑫
9	1.3	0	1.4	1.3	0	0	$\mu_{23}^{(3)}$	$\mu_{12}^{(2)}$	0	0	0	0		$\underline{\lambda_{21}^{(3)}}$	$\underline{\lambda_{21}^{(1)}}$	0
⑩	1.3	0	0	0	0	0	$\mu_{13}^{(3)}$	0	$\mu_{12}^{(2)}$	0	0	0	$\mu_{12}^{(3)}$		0	$\lambda_{21}^{(1)}$
⑪	0	0	1.4	0	0	0	0	0	0	$\mu_{23}^{(3)}$	$\mu_{12}^{(2)}$	0	$\mu_{12}^{(1)}$	0		$\lambda_{21}^{(3)}$
⑫	0	0	0	0	0	0	0	0	0	$\mu_{13}^{(3)}$	0	$\mu_{12}^{(2)}$	0	$\mu_{12}^{(1)}$	$\mu_{12}^{(3)}$	

如表 3.3 所示，表中 5、6、8、10、11、12 圈记状态编号，计算船载燃油管路传输系统可靠度时，均被纳入为收缩状态 0；鉴于收缩状态不可修复的假设，表中灰色背景填充单元格取值均应统一调整为 0；表中同行下划线标注单元格取值均应进行合并求和处理；表中反映不可接受状态之间互相跃迁的单元格取值也均应统一调整为 0。综上，表 3.3 又可进一步变更为表 3.4。

表 3.4　多状态船载燃油管路传输系统可靠度计算状态跃迁分析表

s	G_1	G_2	G_3	G_s	1	2	3	4	7	9	⓪
1	1.3	1.5	3	2.8		$\lambda_{21}^{(1)}$	$\lambda_{21}^{(2)}$	$\lambda_{32}^{(3)}$	0	0	$\lambda_{31}^{(3)}$
2	0	1.5	3	1.5	$\mu_{12}^{(1)}$		0	0	$\lambda_{32}^{(3)}$	0	$\underline{\lambda_{21}^{(2)}}+\underline{\lambda_{31}^{(3)}}$
3	1.3	0	3	1.3	$\mu_{12}^{(2)}$	0		0	0	$\lambda_{32}^{(3)}$	$\underline{\lambda_{21}^{(1)}}+\underline{\lambda_{31}^{(3)}}$
4	1.3	1.5	1.4	1.4	$\mu_{23}^{(3)}$	0	0		$\lambda_{21}^{(1)}$	$\lambda_{21}^{(2)}$	$\lambda_{21}^{(3)}$
7	0	1.5	1.4	1.4	0	$\mu_{23}^{(3)}$	0	$\mu_{12}^{(1)}$		0	$\underline{\lambda_{21}^{(3)}}+\underline{\lambda_{21}^{(2)}}$
9	1.3	0	1.4	1.3	0	0	$\mu_{23}^{(3)}$	$\mu_{12}^{(2)}$	0		$\underline{\lambda_{21}^{(3)}}+\underline{\lambda_{21}^{(1)}}$
⓪				0	0	0	0	0	0	0	

此时，船载燃油管路传输系统的状态跃迁图变更为图 3.25。

类似的，此时船载燃油管路传输系统的状态跃迁强度矩阵 $\boldsymbol{\zeta}$ 变更为

$$
\boldsymbol{\zeta}=\begin{matrix}1\\2\\3\\4\\7\\9\\0\end{matrix}\begin{bmatrix}
\zeta_{1,1} & \lambda_{21}^{(1)} & \lambda_{21}^{(2)} & \lambda_{32}^{(3)} & 0 & 0 & \lambda_{31}^{(3)}\\
\mu_{12}^{(1)} & \zeta_{2,2} & 0 & 0 & \lambda_{32}^{(3)} & 0 & \lambda_{21}^{(2)}+\lambda_{31}^{(3)}\\
\mu_{12}^{(2)} & 0 & \zeta_{3,3} & 0 & 0 & \lambda_{32}^{(3)} & \lambda_{21}^{(1)}+\lambda_{31}^{(3)}\\
\mu_{23}^{(3)} & 0 & 0 & \zeta_{4,4} & \lambda_{21}^{(1)} & \lambda_{21}^{(2)} & \lambda_{21}^{(3)}\\
0 & \mu_{23}^{(3)} & 0 & \mu_{12}^{(1)} & \zeta_{7,7} & 0 & \lambda_{21}^{(3)}+\lambda_{21}^{(2)}\\
0 & 0 & \mu_{23}^{(3)} & \mu_{12}^{(2)} & 0 & \zeta_{9,9} & \lambda_{21}^{(3)}+\lambda_{21}^{(1)}\\
0 & 0 & 0 & 0 & 0 & 0 & \zeta_{0,0}
\end{bmatrix}
$$

式中

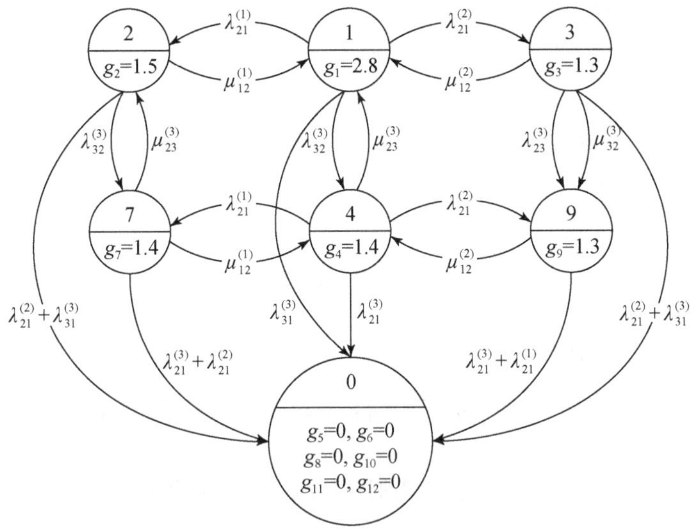

图 3.25　船载燃油管路传输系统可靠度计算状态跃迁图

$$\zeta_{1,1}=-(\lambda_{21}^{(1)}+\lambda_{21}^{(2)}+\lambda_{32}^{(3)}+\lambda_{31}^{(3)}),\quad \zeta_{2,2}=-(\mu_{12}^{(1)}+\lambda_{21}^{(2)}+\lambda_{32}^{(3)}+\lambda_{31}^{(3)})$$
$$\zeta_{3,3}=-(\mu_{12}^{(2)}+\lambda_{21}^{(1)}+\lambda_{32}^{(3)}+\lambda_{31}^{(3)}),\quad \zeta_{4,4}=-(\mu_{23}^{(3)}+\lambda_{21}^{(3)}+\lambda_{21}^{(1)}+\lambda_{21}^{(2)})$$
$$\zeta_{7,7}=-(\mu_{23}^{(3)}+\mu_{12}^{(1)}+\lambda_{21}^{(3)}+\lambda_{21}^{(2)}),\quad \zeta_{9,9}=-(\mu_{23}^{(3)}+\mu_{12}^{(2)}+\lambda_{21}^{(3)}+\lambda_{21}^{(1)})$$
$$\zeta_{0,0}=0$$

进而依据系统状态跃迁强度矩阵 $\boldsymbol{\zeta}$，确定系统可靠度解算状态概率微分方程组如下：

$$\begin{cases}\dfrac{\mathrm{d}p_1(t)}{\mathrm{d}t}=-(\lambda_{21}^{(1)}+\lambda_{21}^{(2)}+\lambda_{32}^{(3)}+\lambda_{31}^{(3)})p_1(t)+\mu_{12}^{(1)}p_2(t)+\mu_{12}^{(2)}p_3(t)+\mu_{23}^{(3)}p_4(t)\\[2mm] \dfrac{\mathrm{d}p_2(t)}{\mathrm{d}t}=\lambda_{21}^{(1)}p_1(t)-(\mu_{12}^{(1)}+\lambda_{21}^{(2)}+\lambda_{32}^{(3)}+\lambda_{31}^{(3)})p_2(t)+\mu_{23}^{(3)}p_7(t)\\[2mm] \dfrac{\mathrm{d}p_3(t)}{\mathrm{d}t}=\lambda_{21}^{(2)}p_1(t)-(\mu_{12}^{(2)}+\lambda_{21}^{(1)}+\lambda_{32}^{(3)}+\lambda_{31}^{(3)})p_3(t)+\mu_{23}^{(3)}p_9(t)\\[2mm] \dfrac{\mathrm{d}p_4(t)}{\mathrm{d}t}=\lambda_{32}^{(3)}p_1(t)-(\mu_{23}^{(3)}+\lambda_{21}^{(3)}+\lambda_{21}^{(1)}+\lambda_{21}^{(2)})p_4(t)+\mu_{12}^{(1)}p_7(t)+\mu_{12}^{(2)}p_9(t)\\[2mm] \dfrac{\mathrm{d}p_7(t)}{\mathrm{d}t}=\lambda_{32}^{(3)}p_2(t)+\lambda_{21}^{(1)}p_4(t)-(\mu_{23}^{(3)}+\mu_{12}^{(1)}+\lambda_{21}^{(3)}+\lambda_{21}^{(2)})p_7(t)\\[2mm] \dfrac{\mathrm{d}p_9(t)}{\mathrm{d}t}=\lambda_{32}^{(3)}p_3(t)+\lambda_{21}^{(2)}p_4(t)-(\mu_{23}^{(3)}+\mu_{12}^{(2)}+\lambda_{21}^{(3)}+\lambda_{21}^{(1)})p_9(t)\\[2mm] \dfrac{\mathrm{d}p_0(t)}{\mathrm{d}t}=\lambda_{31}^{(3)}p_1(t)+(\lambda_{21}^{(2)}+\lambda_{31}^{(3)})p_2(t)+(\lambda_{21}^{(1)}+\lambda_{31}^{(3)})p_3(t)+\lambda_{21}^{(3)}p_4(t)\\ \qquad +(\lambda_{21}^{(3)}+\lambda_{21}^{(2)})p_7(t)+(\lambda_{21}^{(3)}+\lambda_{21}^{(1)})p_9(t)\end{cases}\tag{3.54}$$

取初始状态条件为 $p_1(0)=1, p_i(0)=0(i=0,2,3,4,7,9)$，数值解算上述微分

方程组，则可得到图 3.26。

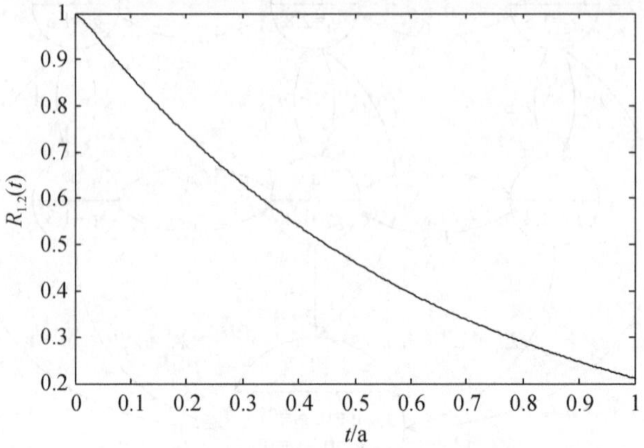

图 3.26　船载燃油管路传输系统可靠度函数

如图 3.26 所示，可靠度作为一类产品的固有属性，在不考虑任何修复活动的情况下，呈单调下降趋势。对于题中多状态船载燃油管路传输系统来说，在恒定燃油输出 1.2t/min 的需求下，0.2a 任务周期内，系统最低可靠度为 $R_{1.2}(0.2)=0.7430$。

3.4　马尔可夫报酬模型

3.3 节中详细阐述了如何利用马尔可夫模型进行多状态系统的可靠性建模与评估，给出的相关模型与解算方法，经由典型案例验证，对于评估多状态复杂装备系统的可用度 A、期望性能输出 G_E、期望性能失效 D_E、可靠度 R 四类参数指标来说，是行之有效的。本节将在此基础上，进一步探究除了前述几类常规可靠性评估参数指标以外，多状态系统寿命期内平均失效数 $\bar{N}_f(T)$、平均失效前时间 MTTF 等其他可靠性评估参数指标的有效解算方法。相关参数指标的评估解算，对于开展多状态复杂装备系统的寿命周期费用分析和成本优化决策分析，具有重要意义。为有效实现该类评估参数指标的解算，这里引入一类基于马尔可夫过程假设的改进解算模型——马尔可夫报酬模型[9,10]。

此处的报酬，范指符合马尔可夫过程特征的多状态复杂装备系统，处于某一特定状态 i 或由状态 i 跃迁至状态 j 的过程中，所需付出的既定成本。注意，报酬可正、可负，且不一定局限于经费，而是与特定模型中报酬所指代的具体物理意义密切相关。例如，对于发电系统来说，报酬可能为负，表示未能满足预期供电需求下的经济损失。一般把考虑状态驻留或状态跃迁期间报酬累积的马尔可夫数学模型统称为马尔可夫报酬模型，该模型多被用于解算多状态系统寿命周期成本分析问题和与可靠性相关的成本分析问题，具体数学表现形式描述如下。

3.4.1　模型假设

首先，假设多状态系统满足连续时间马尔可夫链特性，具有 K 种性能输出状态 $g_i(i=1,\cdots,K)$，且决定各状态间跃迁过程的跃迁强度矩阵为 $\boldsymbol{\zeta}=[\zeta_{ij}]_{K\times K}$，则可定义该多状态系统的报酬矩阵 $\boldsymbol{r}$ 为

$$\boldsymbol{r}=\begin{bmatrix} r_{11} & r_{12} & \cdots & r_{1K} \\ r_{21} & r_{22} & \cdots & r_{2K} \\ \vdots & \vdots & & \vdots \\ r_{K1} & r_{K2} & \cdots & r_{KK} \end{bmatrix}$$

式中，元素 $r_{ij}(i\neq j)$ 反映系统由状态 i 跃迁至状态 j 过程中产生的状态跃迁报酬；元素 r_{ii} 反映系统保持状态 i 过程中产生的状态保持报酬。需要注意的是，在模型实际使用过程中，状态保持报酬 r_{ii} 多以单位时间报酬作为计量单位，如 $r_{22}=50$ 美元/h，即系统每维持第 2 类状态性能 1h，将会产生 50 美元的报酬；状态跃迁报酬 $r_{ij}(i\neq j)$ 则多直接给出产生状态跃迁后导致的报酬量变值，如 $r_{32}=100$ 美元，即系统由第 3 类状态性能跃迁至第 2 类状态性能，将会产生 100 美元的报酬。

然后，假定初始状态 i 下，多状态系统 t 时间内的期望累计报酬由函数 $L_i(t)$ 确定。与式(3.34)类似，下面推导解算函数 $L_i(t)$ 时变数值的通用微分方程组。假定 $t=0$ 时，系统处于状态 i，历经 Δt(极短)时间间隔后，系统可能仍维持状态 i 或跳变至状态 $j(j\neq i)$，两类事件各自发生的概率为

$$\begin{cases} \Pr\{G(\Delta t)=g_i \mid G(0)=g_i\}=1-\sum\limits_{j\neq i}^{K}\zeta_{ij}\Delta t=1+\zeta_{ii}\Delta t \\ \Pr\{G(\Delta t)=g_j \mid G(0)=g_i\}=\zeta_{ij}\Delta t \end{cases} \tag{3.55}$$

式中，$G(t)$ 为多状态系统的瞬态性能输出函数。由此，$[0,\Delta t]$ 时间间隔内，系统产生的状态保持报酬或状态跃迁报酬分别为

$$\begin{cases} L_i(\Delta t)=(1+\zeta_{ii}\Delta t)r_{ii}\Delta t \\ L_i(\Delta t)=\zeta_{ij}\Delta t r_{ij} \end{cases} \tag{3.56}$$

接着，考虑 $[0,t+\Delta t]$ 时间间隔内系统期望累计报酬函数 $L_i(t+\Delta t)$，其取值由 $[0,\Delta t]$、$[\Delta t,t+\Delta t]$ 两段累计报酬求和确定，即

$$L_i(t+\Delta t)=L_i(\Delta t)+L_{i/j}(t) \tag{3.57}$$

联立式(3.55)～式(3.57)，有

$$L_i(t+\Delta t)=(1+\zeta_{ii}\Delta t)(r_{ii}\Delta t+L_i(\Delta t))+\zeta_{ij}\Delta t(r_{ij}+L_j(\Delta t)) \tag{3.58}$$

整理式(3.58)，并注意到 Δt 取值极小，因此可忽略其高阶幂次项，得到

$$\frac{L_i(t+\Delta t)-L_i(t)}{\Delta t}=r_{ii}+\sum_{j\neq i}^{K}\zeta_{ij}r_{ij}+\sum_{j=1}^{K}\zeta_{ij}L_j(t) \tag{3.59}$$

对式(3.59)两边取极限 $\Delta t\to 0$,则有

$$\frac{\mathrm{d}L_i(t)}{\mathrm{d}t}=r_{ii}+\sum_{j\neq i}^{K}\zeta_{ij}r_{ij}+\sum_{j=1}^{K}\zeta_{ij}L_j(t) \tag{3.60}$$

至此,推得多状态系统期望累计报酬函数 $L_i(t)$的通用解算微分方程,与解算多状态系统状态概率函数 $p_i(t)$的通用解算微分方程式(3.34)不同,式(3.60)解算的初始条件为 $L_i(0)=0,i=1,\cdots,K$。为便于记忆和实现计算机自动化解算,分别定义期望累计报酬向量 $\boldsymbol{L}(t)$和报酬过渡向量 $\boldsymbol{\mu}$ 如下:

$$\begin{cases}\boldsymbol{L}(t)=[L_1(t),\cdots,L_K(t)]^{\mathrm{T}}\\ \boldsymbol{\mu}=[\mu_1,\cdots,\mu_K]^{\mathrm{T}}\end{cases} \tag{3.61}$$

式中

$$\mu_i=r_{ii}+\sum_{j\neq i}^{K}\zeta_{ij}r_{ij}$$

此时,式(3.60)又可写为

$$\frac{\mathrm{d}\boldsymbol{L}(t)}{\mathrm{d}t}=\boldsymbol{\mu}+\boldsymbol{\zeta}\boldsymbol{L}(t) \tag{3.62}$$

若仅关注多状态系统稳态运行时的期望累计报酬,则式(3.60)又可退化为如下代数方程形式:

$$\boldsymbol{\theta}=\boldsymbol{\mu}+\boldsymbol{\zeta}\boldsymbol{L}(\infty) \tag{3.63}$$

[案例 3.7] 考虑某型装备通用国标(GB)零件自动生产线,假设其为二元状态系统,正常运行时,每小时生产零件 a 个,每个零件利润为 p 元;停机故障时,根据相关协议,每小时由于不能供应零件,将受到 q 元惩罚;此外,一次功能性恢复的平均维修费用为 c 元。已知该自动生产线的失效率为 λ,修复率为 μ,单位取为每年次,试建立解算该生产线年度期望累计报酬 $L(t)$的微分方程组。

解:由题意可知,自动生产线仅具备两类功能状态,分别为功能完好状态(记为状态 2)和功能失效状态(记为状态 1)。由此,可构造自动生产线的累计报酬矩阵 $\boldsymbol{r}$ 如下:

$$\boldsymbol{r}=\begin{bmatrix}r_{11} & r_{12}\\ r_{21} & r_{22}\end{bmatrix}$$

生产线处于完好状态 2 时,每小时生产零件 a 个,每个零件利润为 p 元,则有每小时报酬 $r_{22}=ap$;生产线处于功能失效状态 1 时,由于不能供应零件受到惩罚,每小时报酬 $r_{11}=-q$;生产线功能失效后,一次功能性恢复的平均维修费用为 c 元,则有 $r_{12}=-c$;生产线由功能完好状态跃迁至功能失效状态,不产生任何相关费用,由此,$r_{21}=0$。综上,累计报酬矩阵 $\boldsymbol{r}$ 量化后为

$$\boldsymbol{r}=\begin{bmatrix}-q & -c\\ 0 & ap\end{bmatrix}$$

进一步，构造自动生产线的跃迁强度矩阵 $\boldsymbol{\zeta}$。鉴于该生产线为二元功能状态系统，因此可得 $\boldsymbol{\zeta}$ 矩阵为

$$\boldsymbol{\zeta}=\begin{bmatrix}-\mu & \mu\\ \lambda & -\lambda\end{bmatrix}$$

进而可得计算报酬过渡向量 $\boldsymbol{\mu}$ 为

$$\begin{cases}\mu_1=r_{11}+\zeta_{12}r_{12}=-q-\mu c\\ \mu_2=r_{22}+\zeta_{21}r_{21}=ap\end{cases}\tag{3.64}$$

至此，根据式(3.62)，可得解算该自动生产线年度期望累计报酬的微分方程组为

$$\begin{bmatrix}\dfrac{\mathrm{d}L_1(t)}{\mathrm{d}t}\\ \dfrac{\mathrm{d}L_2(t)}{\mathrm{d}t}\end{bmatrix}=\begin{bmatrix}-q-\mu c\\ ap\end{bmatrix}+\begin{bmatrix}-\mu & \mu\\ \lambda & -\lambda\end{bmatrix}\begin{bmatrix}L_1(t)\\ L_2(t)\end{bmatrix}\tag{3.65}$$

整理后为

$$\begin{cases}\dfrac{\mathrm{d}L_1(t)}{\mathrm{d}t}=-q-\mu c-\mu L_1(t)+\mu L_2(t)\\ \dfrac{\mathrm{d}L_2(t)}{\mathrm{d}t}=ap+\lambda L_1(t)-\lambda L_2(t)\end{cases}\tag{3.66}$$

假设初始时刻自动生产线未累计任何报酬，则有 $L_1(0)=0, L_2(0)=0$。基于该初始条件，数值解算微分方程组(3.66)后，即可获得自动生产线的年度期望累计报酬估算结果。若自动生产线初始时刻处于功能完好状态，则其年度期望累计报酬估算结果为 $L_2(8760\mathrm{h})$。注意，这里采用小时作为基本计量单位，而传统上，失效率 λ 和修复率 μ 往往以年作为基本计量单位，因此在进行微分方程解算前，应注意统一计量单位。

3.4.2　基于报酬模型的多状态系统可靠性评估

本节利用前述马尔可夫报酬模型，通过恰当定义多状态系统报酬矩阵 $\boldsymbol{r}$，给出寿命周期 T 内，系统平均可用度 $\bar{A}(T)$、平均失效次数 $\bar{N}_f(T)$、平均失效前时间 MTTF、期望累计性能失效 $\bar{D}_{\mathrm{E}}(T)$、失效概率 P_f、可靠度 $R(T)$六类可靠性评估参数指标解算方法。相关参数指标，对于实施多状态复杂装备系统的寿命周期成本分析，以及与可靠性相关的成本优化分析，具有重要技术借鉴价值。

1) 基本解算思路

一般来说，利用马尔可夫报酬模型开展多状态系统可靠性评估分为五个步骤：

(1) 建立不同可靠性评估参数与系统不同状态间的物理关联；

(2) 量化可靠性评估参数与状态报酬间的数学关系；

(3) 建立反映可靠性评估参数变化的期望累计报酬微分方程组；

(4) 依据初始状态条件，解算期望累计报酬微分方程组；

(5) 参照期望累计报酬微分方程组解算结果，给出可靠性参数评估结果。

解算的核心环节是确定可靠性评估参数与状态报酬间的数学关系。下面将针对不同可靠性评估参数，分别进行说明。

2) 平均可用度 $\overline{A}(T)$

平均可用度 $\overline{A}(T)$ 是指寿命周期 T 内，多状态系统持续停留于可接受状态的平均时间，相关数学表达式如下：

$$\overline{A}(T)=\frac{1}{T}\int_0^T A(t)\mathrm{d}t$$

应用马尔可夫报酬模型解算平均可用度 $\overline{A}(T)$ 时，按照以下数学关联确立报酬矩阵 $\boldsymbol{r}$：

(1) 与可接受状态相关的报酬，均取数值 1；

(2) 与不可接受状态相关的报酬以及与状态跃迁相关的报酬，均取数值 0。

由此，初始时刻处于 i 状态的多状态系统平均可用度 $\overline{A}_i(T)$ 可由下式确定：

$$\overline{A}_i(T)=\frac{L_i(T)}{T}$$

3) 平均失效次数 $\bar{N}_f(T)$

平均失效次数 $\bar{N}_f(T)$ 是指寿命周期 T 内，多状态系统进入不可接受状态的次数。应用马尔可夫报酬模型解算平均失效次数时 $\bar{N}_f(T)$，按照以下数学关联确立报酬矩阵 $\boldsymbol{r}$：

(1) 每次由可接受状态跃迁至不可接受状态的相关报酬，取数值 1；

(2) 除上述情形之外，其他情形相关报酬，均取数值 0。

由此，初始时刻处于 i 状态的多状态系统平均失效次数 $\bar{N}_{fi}(T)$ 可由下式确定：

$$\bar{N}_{fi}(T)=L_i(T)$$

4) 平均失效前时间 MTTF

平均失效前时间 MTTF 是指寿命周期 T 内，多状态系统首次进入不可接受状态的累计运行时间。应用马尔可夫报酬模型解算平均失效前时间 MTTF 时，按照以下数学关联确立报酬矩阵 $\boldsymbol{r}$：

(1) 与可接受状态相关的报酬，均取数值 1；

(2) 与不可接受状态相关的报酬以及与跃迁状态相关的报酬，均取数值 0。

由此，初始时刻处于 i 状态的多状态系统平均失效前时间 MTTF_i 可由下式确定：

$$\mathrm{MTTF}_i = L_i(T)$$

5) 期望累计性能失效 $\bar{D}_{\mathrm{E}}(T)$

期望累计性能失效 $\bar{D}_{\mathrm{E}}(T)$ 是指寿命周期 T 内，多状态系统平均累计的失效性能。应用马尔可夫报酬模型解算期望累计性能失效 $\bar{D}_{\mathrm{E}}(T)$ 时，按照以下数学关联确立报酬矩阵 $\boldsymbol{r}$：

(1) 满足性能需求大于性能输出的相关状态报酬，取数值为需求欠缺值；

(2) 除上述情形之外，其他情形相关报酬，均取数值 0。

由此，初始时刻处于 i 状态的多状态系统期望累计性能失效 $\bar{D}_{\mathrm{E}i}(T)$ 可由下式确定：

$$\bar{D}_{\mathrm{E}i}(T) = L_i(T)$$

6)失效概率 P_f

失效概率 P_f 是指寿命周期 T 内，多状态系统进入不可接受状态的概率。应用马尔可夫报酬模型解算失效概率 P_f 时，按照以下数学关联确立报酬矩阵 $\boldsymbol{r}$：

(1) 每次跳变至不可接受状态的相关报酬，取数值 1；

(2) 除上述情形之外，其他情形相关报酬，均取数值 0。

由此，初始时刻处于 i 状态的多状态系统失效概率 P_{fi} 可由下式确定：

$$P_{fi}(T) = L_i(T)$$

7) 可靠度 $R(T)$

可靠度 $R(T)$ 是指寿命周期 T 内，多状态系统维持可接受状态的能力程度（概率）。该评估参数与失效概率 P_f 密切相关，初始时刻处于 i 状态时，可直接由下式确定：

$$R_i(T) = 1 - P_{fi}(T)$$

［案例 3.8］ 考虑某型发电系统，假设其瞬态电能输出 g 满足连续时间马尔可夫链特征，具备三类电能输出状态，分别为状态 $1 \to g_1 = 0\mathrm{kW}$、状态 $2 \to g_2 = 60\mathrm{kW}$ 和状态 $3 \to g_3 = 80\mathrm{kW}$，相应状态跃迁强度矩阵 $\boldsymbol{\zeta}^g$ 为

$$\boldsymbol{\zeta}^g = \begin{bmatrix} \zeta_{11}^g & \zeta_{12}^g & \zeta_{13}^g \\ \zeta_{21}^g & \zeta_{22}^g & \zeta_{23}^g \\ \zeta_{31}^g & \zeta_{32}^g & \zeta_{33}^g \end{bmatrix} = \begin{bmatrix} -400 & 0 & 400 \\ 0 & -800 & 800 \\ 0.8 & 8 & -8.8 \end{bmatrix}$$

式中，跃迁强度矩阵元素的计量单位为每年次。根据用电装备的实际使用时间阶段不同，相关电能需求分阶段变化，阶段电能需求分别为 $w_1 = 0\mathrm{kW}$、$w_2 = 50\mathrm{kW}$、$w_3 = 70\mathrm{kW}$。三类电能需求状态变更历程也满足连续时间马尔可夫链特征，且相

关阶段时变规律，如图 3.27 所示。

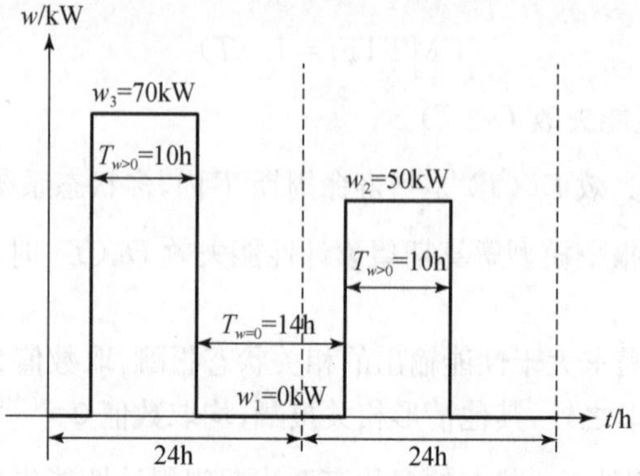

图 3.27　电能需求阶段时变示意图

由图 3.27 可知，每天用电装备电能需求 $w>0$ 的平均耗时为 10h，10h 内电能需求保持唯一水平，且前后两次不同电能需求 $w>0$ 事件出现的平均间隔时间为 14h。此外，分析该型发电系统的长期统计数据可知，每固定周期内，$w=50\text{kW}$ 事件与 $w=70\text{kW}$ 事件发生的概率比为 3∶5，且电能需求变更历程与发电系统电能输出历程相互独立，不存在电能需求和电能输出同时变更的可能。试应用马尔可夫报酬模型估算该型发电系统每季度、每年度内的平均失效次数 $\bar{N}_f(T)$。

解：由题意可知，本案例与书中前述多状态系统可靠性评估常规案例不同，判别系统功能状态是否可接受的需求变量 w 并非恒值，而是随时间阶段变化的多状态值。根据题中假设，阶段变化的电能需求 w 满足连续时间马尔可夫链特征，相关状态跃迁强度矩阵 $\boldsymbol{\zeta}^w$ 可写为如下形式：

$$\boldsymbol{\zeta}^w=\begin{bmatrix}\zeta_{11}^w & \zeta_{12}^w & \zeta_{13}^w\\ \zeta_{21}^w & \zeta_{22}^w & \zeta_{23}^w\\ \zeta_{31}^w & \zeta_{32}^w & \zeta_{33}^w\end{bmatrix}$$

式中

$$\zeta_{12}^w=\frac{3}{8}\times\frac{1}{T_{w=0}}=\frac{3}{8}\times\frac{1}{14}=\frac{3}{112}(\text{h}^{-1})=235(\text{a}^{-1})$$

$$\zeta_{13}^w=\frac{5}{8}\times\frac{1}{T_{w=0}}=\frac{5}{8}\times\frac{1}{14}=\frac{5}{112}(\text{h}^{-1})=391(\text{a}^{-1})$$

$$\zeta_{21}^w=\zeta_{31}^w=\frac{1}{T_{w>0}}=\frac{1}{10}(\text{h}^{-1})=876(\text{a}^{-1})$$

$$\zeta_{23}^w=\zeta_{32}^w=0$$

进一步，为便于测算变需求 w 下多状态发电系统的平均失效次数 $\bar{N}_f(T)$，构造如下多状态解算变量 ν：

$$\nu = g - w \tag{3.67}$$

鉴于电能输出变量 g 和电能需求变量 w 均为多状态值，且状态跃迁历程均满足连续时间马尔可夫链特征并相互独立，则由马尔可夫过程的自身特性易知，变量 ν 亦为满足连续时间马尔可夫链特征的多状态值，相关状态取值及跃迁强度如表 3.5 所示。

表 3.5　变需求下多状态发电系统状态跃迁强度分析表

s	G_ν	G_g	G_w	1	2	3	4	5	6	7	8	9
1	0	0	0		ζ_{12}^w	ζ_{13}^w	0	0	0	ζ_{13}^g	0	0
2	−50	0	50	ζ_{21}^w		0	0	0	0	0	ζ_{13}^g	0
3	−70	0	70	ζ_{31}^w	0		0	0	0	0	0	ζ_{13}^g
4	60	60	0	0	0	0		ζ_{12}^w	ζ_{13}^w	ζ_{23}^g	0	0
5	10	60	50	0	0	0	ζ_{21}^w		0	0	ζ_{23}^g	0
6	−10	60	70	0	0	0	ζ_{31}^w	0		0	0	ζ_{23}^g
7	80	80	0	ζ_{31}^g	0	0	ζ_{32}^g	0	0		ζ_{12}^w	ζ_{13}^w
8	30	80	50	0	ζ_{31}^g	0	0	ζ_{32}^g	0	ζ_{21}^w		0
9	10	80	70	0	0	ζ_{31}^g	0	0	ζ_{32}^g	ζ_{31}^w	0	

如表 3.5 所示，新构造的解算变量 ν 具备 9 类输出状态性能，各状态间的跃迁图如图 3.28 所示。

图 3.28 中，灰底覆盖状态 2、3、6 为不可接受状态，此时状态变量 ν 取值小于 0，发电系统电能输出 g 不能满足用电装备的电能需求 w，将影响相关装备的日常使用，甚至导致任务事件执行失败。

下面，给出与状态变量 ν 对应的状态跃迁强度矩阵 $\boldsymbol{\zeta}^\nu$，即

$$\boldsymbol{\zeta}^\nu = \begin{matrix} 1\\2\\3\\4\\5\\6\\7\\8\\9 \end{matrix} \begin{bmatrix} \zeta_{11}^\nu & \zeta_{12}^w & \zeta_{13}^w & 0 & 0 & 0 & \zeta_{13}^g & 0 & 0 \\ \zeta_{21}^w & \zeta_{22}^\nu & 0 & 0 & 0 & 0 & 0 & \zeta_{13}^g & 0 \\ \zeta_{31}^w & 0 & \zeta_{33}^\nu & 0 & 0 & 0 & 0 & 0 & \zeta_{13}^g \\ 0 & 0 & 0 & \zeta_{44}^\nu & \zeta_{12}^w & \zeta_{13}^w & \zeta_{23}^g & 0 & 0 \\ 0 & 0 & 0 & \zeta_{21}^w & \zeta_{55}^\nu & 0 & 0 & \zeta_{23}^g & 0 \\ 0 & 0 & 0 & \zeta_{31}^w & 0 & \zeta_{66}^\nu & 0 & 0 & \zeta_{23}^g \\ \zeta_{31}^g & 0 & 0 & \zeta_{32}^g & 0 & 0 & \zeta_{77}^\nu & \zeta_{12}^w & \zeta_{13}^w \\ 0 & \zeta_{31}^g & 0 & 0 & \zeta_{32}^g & 0 & \zeta_{21}^w & \zeta_{88}^\nu & 0 \\ 0 & 0 & \zeta_{31}^g & 0 & 0 & \zeta_{32}^g & \zeta_{31}^w & 0 & \zeta_{99}^\nu \end{bmatrix}$$

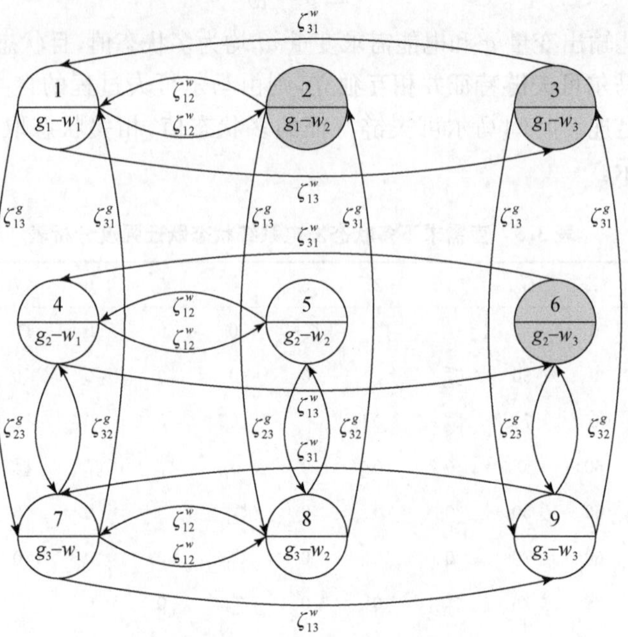

图 3.28　变需求下多状态发电系统状态跃迁图

式中

$$\zeta_{11}^{v}=-(\zeta_{12}^{w}+\zeta_{13}^{w}+\zeta_{13}^{g}),\quad \zeta_{22}^{v}=-(\zeta_{21}^{w}+\zeta_{13}^{g})$$

$$\zeta_{33}^{v}=-(\zeta_{31}^{w}+\zeta_{13}^{g}),\quad \zeta_{44}^{v}=-(\zeta_{12}^{w}+\zeta_{13}^{w}+\zeta_{23}^{g})$$

$$\zeta_{55}^{v}=-(\zeta_{21}^{w}+\zeta_{23}^{g}),\quad \zeta_{66}^{v}=-(\zeta_{31}^{w}+\zeta_{23}^{g})$$

$$\zeta_{77}^{v}=-(\zeta_{31}^{g}+\zeta_{32}^{g}+\zeta_{12}^{w}+\zeta_{13}^{w}),\quad \zeta_{88}^{v}=-(\zeta_{31}^{g}+\zeta_{32}^{g}+\zeta_{21}^{w})$$

$$\zeta_{99}^{v}=-(\zeta_{31}^{g}+\zeta_{32}^{g}+\zeta_{31}^{w})$$

下面应用马尔可夫报酬模型解算发电系统的平均失效次数 $\bar{N}_f(T)$ 。首先，定义累计报酬矩阵 $\boldsymbol{r}$ 为

$$\boldsymbol{r}=\begin{matrix}1\\2\\3\\4\\5\\6\\7\\8\\9\end{matrix}\begin{bmatrix}0&1&1&0&0&0&0&0&0\\0&0&0&0&0&0&0&0&0\\0&0&0&0&0&0&0&0&0\\0&0&0&0&0&1&0&0&0\\0&0&0&0&0&0&0&0&0\\0&0&0&0&0&0&0&0&0\\0&0&0&0&0&0&0&0&0\\0&1&0&0&0&0&0&0&0\\0&0&1&0&0&1&0&0&0\end{bmatrix}$$

然后，利用式(3.62)建立解算系统期望累计报酬 $L_i(t)$ 的微分方程组，即

$$\begin{cases}\dfrac{\mathrm{d}L_1(t)}{\mathrm{d}t}=(\zeta_{12}^{w}+\zeta_{13}^{w})+\zeta_{11}^{\nu}L_1(t)+\zeta_{12}^{w}L_2(t)+\zeta_{13}^{w}L_3(t)+\zeta_{13}^{g}L_7(t)\\ \dfrac{\mathrm{d}L_2(t)}{\mathrm{d}t}=\zeta_{21}^{w}L_1(t)+\zeta_{22}^{\nu}L_2(t)+\zeta_{13}^{g}L_8(t)\\ \dfrac{\mathrm{d}L_3(t)}{\mathrm{d}t}=\zeta_{31}^{w}L_1(t)+\zeta_{33}^{\nu}L_3(t)+\zeta_{13}^{g}L_9(t)\\ \dfrac{\mathrm{d}L_4(t)}{\mathrm{d}t}=\zeta_{13}^{w}+\zeta_{44}^{\nu}L_4(t)+\zeta_{12}^{w}L_5(t)+\zeta_{13}^{w}L_6(t)+\zeta_{23}^{g}L_7(t)\\ \dfrac{\mathrm{d}L_5(t)}{\mathrm{d}t}=\zeta_{21}^{w}L_4(t)+\zeta_{55}^{\nu}L_5(t)+\zeta_{23}^{g}L_8(t)\\ \dfrac{\mathrm{d}L_6(t)}{\mathrm{d}t}=\zeta_{31}^{w}L_4(t)+\zeta_{66}^{\nu}L_6(t)+\zeta_{23}^{g}L_9(t)\\ \dfrac{\mathrm{d}L_7(t)}{\mathrm{d}t}=\zeta_{31}^{g}L_1(t)+\zeta_{32}^{g}L_4(t)+\zeta_{77}^{\nu}L_7(t)+\zeta_{12}^{w}L_8(t)+\zeta_{13}^{w}L_9(t)\\ \dfrac{\mathrm{d}L_8(t)}{\mathrm{d}t}=\zeta_{31}^{g}+\zeta_{31}^{g}L_2(t)+\zeta_{32}^{g}L_5(t)+\zeta_{21}^{w}L_7(t)+\zeta_{88}^{\nu}L_8(t)\\ \dfrac{\mathrm{d}L_9(t)}{\mathrm{d}t}=\zeta_{31}^{g}+\zeta_{32}^{g}+\zeta_{31}^{g}L_3(t)+\zeta_{32}^{g}L_6(t)+\zeta_{31}^{w}L_7(t)+\zeta_{99}^{\nu}L_9(t)\end{cases}\tag{3.68}$$

为便于实现计算机的自动化求解，将式(3.68)整理为

$$\begin{bmatrix}\dfrac{\mathrm{d}L_1(t)}{\mathrm{d}t}\\ \dfrac{\mathrm{d}L_2(t)}{\mathrm{d}t}\\ \dfrac{\mathrm{d}L_3(t)}{\mathrm{d}t}\\ \dfrac{\mathrm{d}L_4(t)}{\mathrm{d}t}\\ \dfrac{\mathrm{d}L_5(t)}{\mathrm{d}t}\\ \dfrac{\mathrm{d}L_6(t)}{\mathrm{d}t}\\ \dfrac{\mathrm{d}L_7(t)}{\mathrm{d}t}\\ \dfrac{\mathrm{d}L_8(t)}{\mathrm{d}t}\\ \dfrac{\mathrm{d}L_9(t)}{\mathrm{d}t}\end{bmatrix}=\begin{bmatrix}(\zeta_{12}^{\nu}+\zeta_{13}^{\nu})\\ 0\\ 0\\ \zeta_{46}^{\nu}\\ 0\\ 0\\ 0\\ \zeta_{82}^{\nu}\\ \zeta_{93}^{\nu}+\zeta_{96}^{\nu}\end{bmatrix}+\begin{bmatrix}\zeta_{11}^{\nu}&\zeta_{12}^{\nu}&\zeta_{13}^{\nu}&0&0&0&\zeta_{17}^{\nu}&0&0\\ \zeta_{21}^{\nu}&\zeta_{22}^{\nu}&0&0&0&0&0&\zeta_{28}^{\nu}&0\\ \zeta_{31}^{\nu}&0&\zeta_{33}^{\nu}&0&0&0&0&0&\zeta_{39}^{\nu}\\ 0&0&0&\zeta_{44}^{\nu}&\zeta_{45}^{\nu}&\zeta_{46}^{\nu}&\zeta_{47}^{\nu}&0&0\\ 0&0&0&\zeta_{54}^{\nu}&\zeta_{55}^{\nu}&0&0&\zeta_{58}^{\nu}&0\\ 0&0&0&\zeta_{64}^{\nu}&0&\zeta_{66}^{\nu}&0&0&\zeta_{69}^{\nu}\\ \zeta_{71}^{\nu}&0&0&\zeta_{74}^{\nu}&0&0&\zeta_{77}^{\nu}&\zeta_{78}^{\nu}&\zeta_{79}^{\nu}\\ 0&\zeta_{82}^{\nu}&0&0&\zeta_{85}^{\nu}&0&\zeta_{87}^{\nu}&\zeta_{88}^{\nu}&0\\ 0&0&\zeta_{93}^{\nu}&0&0&\zeta_{96}^{\nu}&\zeta_{97}^{\nu}&0&\zeta_{99}^{\nu}\end{bmatrix}\begin{bmatrix}L_1(t)\\ L_2(t)\\ L_3(t)\\ L_4(t)\\ L_5(t)\\ L_6(t)\\ L_7(t)\\ L_8(t)\\ L_9(t)\end{bmatrix}\tag{3.69}$$

假设初始时刻发电系统未累计任何报酬，则有 $L_i(t)=0, i=1,\cdots,9$。基于该初始条件，数值解算微分方程组(3.69)后，即可获得该型发电系统的平均失效次数

$\bar{N}_{fi}(T)$ 的估算结果。其中,每年度和每季度平均失效次数 $\bar{N}_{fi}(T)$ 的数值估算结果如图 3.29 所示。

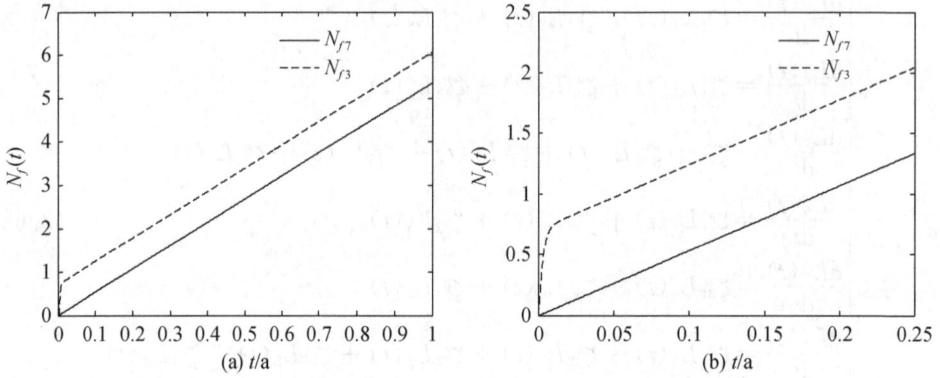

图 3.29 多状态发电系统每年度和每季度平均失效次数测算曲线

图 3.29 中,实线为状态变量 ν 初期自最优状态水平 7($g_3=80\text{kW}$,$w_1=0\text{kW}$)触发后的解算结果,此时每年度发电系统的平均失效次数上限测算为 6 次;点划线为状态变量 ν 初期自最恶劣状态水平 3($g_1=0\text{kW}$,$w_3=70\text{kW}$)触发后的解算结果,此时每年度发电系统的平均失效次数上限测算为 7 次。此外,观察图 3.29(b)中曲线可知,每季度内发电系统的平均失效次上限测算为 2、3 次,具体情况取决于每季度初期发电系统所处工作状态(含发电性能和电能需求);若每季度发电系统均由最优工作状态触发运行,则首次出现功能失效状态(发电性能不能满足电能需求)的时间约为 1643h。

综上分析可知,利用马尔可夫报酬模型解算变需求下多状态复杂系统的可靠性参数评估问题,具有建模简洁、解算方便、评估有效等特点;且通过针对不同可靠性评估参数的解算需求,定义多类报酬矩阵,可确保该建模解算方法具备良好的鲁棒特性;此外,解算给出的多状态系统寿命期内平均可用度 $\bar{A}(T)$、平均失效次数 $\bar{N}_f(T)$、平均失效前时间 MTTF 对可靠性工程决策与优化具有重要参考价值。例如,案例 3.8 的测算结果表明,该型发电系统在用电装备日常电能需求约束下,年度平均功能失效次数上限为 7,由此,在经过重要度分析,确定与功能失效关联度较大的发电系统元器件后,可将基数 7 作为其年度备件资源筹措目标(不考虑替换件再修复情况);同时,测算结果反映出约每 1643h 会发生 1 次功能失效事件,因此可建议每两个月左右,针对发电系统关重部件开展 1 次预防性检修活动;测算给出的每季度、每年度平均失效次数曲线基本反映了发电系统不计维修活动下的完好性走势,相关量化数据可作为安排季度、年度训练任务和决策重大任务实施的重要信息输入。

3.5　半马尔可夫模型

前述章节，无论是离散时间马尔可夫链、连续时间马尔可夫链等常规马尔可夫模型，还是考虑状态报酬的马尔可夫报酬模型，都基于同一假设前提，即多状态系统各状态间的跃迁历程符合马尔可夫过程特征。若用随机变量 T_{ij} 表征多状态系统各状态间的跃迁时间间隔，则其概率分布应满足指数分布要求。相关数学描述如图 3.30 所示。

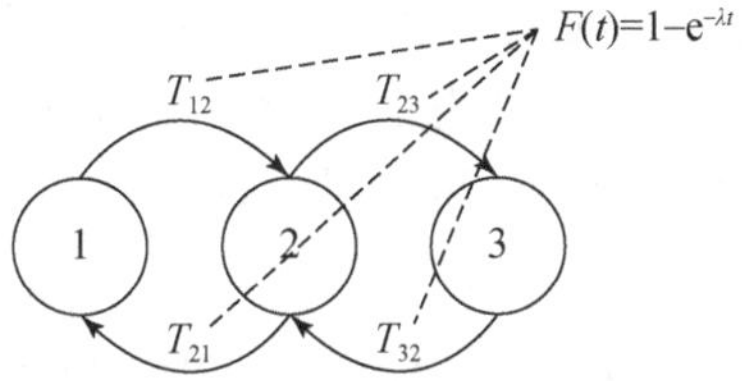

图 3.30　多状态系统马尔可夫跃迁历程

然而，在马尔可夫模型的实际应用过程中，遭遇的多状态系统可靠性评估对象可能千差万别，相关状态跃迁历程并不一定能够严格符合马尔可夫过程特征，有时甚至相差甚远。因此，有必要在前述几类常规马尔可夫模型解算理论基础上，进一步发展一类状态跃迁时间历程不受指数分布约束的，适用范围更广、通用性更强的类马尔可夫过程模型，用于多状态系统可靠性评估。

有关该方面的研究工作，一直是可靠性理论研究与工程应用的热点和难点。自 20 世纪 90 年代起，已出现部分萌芽成果。21 世纪初，研究工作进入高潮，但受自动化解算能力所限，工程应用成效遭遇瓶颈。近年来，随着计算机解算技术的迅猛发展和解算能力的大幅度提升，类马尔可夫模型研究工作取得突飞猛进，形成的阶段成果颇多。本节将重点介绍众多类马尔可夫过程模型中，研究成果较为成熟并已有较多可靠性评估成功应用案例的半马尔可夫过程模型[11]。

3.5.1　模型假设

假设任意多状态系统 t 时刻的状态性能可由连续时间离散状态的随机过程 $G(t)$ 确定，且有

$$G(t) \in \{g_1, g_2, \cdots, g_K\} \tag{3.70}$$

式中，$g_1, g_2, \cdots, g_K$ 为多状态系统的 K 类状态性能取值。聚焦随机过程 $G(t)$ 演化过程中的 $t_1, t_2, \cdots, t_n$ 时刻，则可得离散时间状态链 $\{G(t_n)\}$。鉴于相关状态链由嵌入在随机过程 $G(t)$ 连续时间历程中的各离散时刻状态构成，因此也将其称为嵌入式马尔可夫链。这里，针对离散时间状态链 $\{G(t_n)\}$ 的任意两类状态性能间的跃迁

历程(状态 $j\rightarrow$状态 i),分别定义单步状态跃迁概率 ξ_{ji} ,以及平均条件驻留时间 $\bar{T}_{ji}$ 的概率分布函数 $F_{ji}(t)$、概率密度函数 $f_{ji}(t)$如下:

$$\{\xi_{ji}=\Pr\{G(t_n)=g_i\,|\,G(t_{n-1})=g_j\},\quad i,j\in\{1,\cdots,K\};\ t_n\in[0,+\infty)\tag{3.71}$$

$$F_{ji}(t)=\Pr\{\bar{T}_{ij}\leqslant t\}=\int_{-\infty}^{t}f_{ji}(u)\mathrm{d}u\tag{3.72}$$

注意,式(3.72)定义的随机变量 $\bar{T}_{ji}$ 可以服从任意形式的概率分布。若全部随机变量 $\bar{T}_{ji}$ 均服从指数形式的概率分布,则离散时间状态链$\{G(t_n)\}$退化为离散时间马尔可夫链。进一步,若离散时间状态链$\{G(t_n)\}$表征的状态跃迁过程,每下一状态的确定及其当前状态驻留时间的确定均独立于该过程的历史状态,则称其为半马尔可夫过程,并称该离散时间状态链$\{G(t_n)\}$为半马尔可夫链。

数学上,为便于量化描述半马尔可夫过程,引入核向量函数 $\boldsymbol{Q}(t)$,其表达式为

$$\boldsymbol{Q}(t)=\begin{bmatrix}Q_{11}(t) & Q_{12}(t) & \cdots & Q_{1K}(t)\\ Q_{21}(t) & Q_{22}(t) & \cdots & Q_{2K}(t)\\ \vdots & \vdots & & \vdots\\ Q_{K1}(t) & Q_{K2}(t) & \cdots & Q_{KK}(t)\end{bmatrix}\tag{3.73}$$

并给出了以下关系式:

$$\begin{cases}\xi_{ji}=\lim\limits_{t\to\infty}Q_{ji}(t)\\ F_{ji}(t)=\dfrac{Q_{ji}(t)}{\xi_{ji}}\end{cases}\tag{3.74}$$

式中,$Q_{ij}(t)$为任意时间间隔$[0,t]$内,半马尔可夫过程由 j 状态跃迁至 i 状态的单步跃迁概率。相关证明过程较为复杂、繁琐,Limnios 和 Oprisan[12]给出了详细论述,此处不再赘述。下面给出平均无条件驻留时间 $\bar{T}_j$ 的概率分布函数 $F_j(t)$、概率密度函数 $f_j(t)$如下:

$$\begin{cases}F_j(t)=\sum\limits_{i=1}^{K}Q_{ji}(t)=\sum\limits_{i=1}^{K}\xi_{ji}F_{ji}(t)\\ f_j(t)=\sum\limits_{i=1}^{K}\xi_{ji}f_{ji}(t)\\ \bar{T}_j=\sum\limits_{i=1}^{K}\xi_{ji}\bar{T}_{ji}(t)\end{cases}\tag{3.75}$$

综上,确定核向量函数 $\boldsymbol{Q}(t)$和初始状态条件后,任意半马尔可夫过程的随机特征均可被完全刻画。求解核向量函数 $\boldsymbol{Q}(t)$是分析多状态系统半马尔可夫过程的核心工作,也是较为困难的一项工作,这里仅给出一类便于理解、使用的解算方法。

如图 3.31 所示，假设某多状态系统状态跃迁过程符合半马尔可夫过程特征，t_n时刻系统位于 j 状态，t_{n+1}时刻系统可能位于 p 状态、q 状态和 o 状态，且有

$$\begin{cases} F_{jp}(t)=\Pr\{\bar{T}_{jp}\leqslant t\} \\ F_{jq}(t)=\Pr\{\bar{T}_{jq}\leqslant t\} \\ F_{jo}(t)=\Pr\{\bar{T}_{jo}\leqslant t\} \end{cases} \tag{3.76}$$

则有

$$\begin{cases} Q_{jp}(t)=\Pr\{\bar{T}_{jp}\leqslant t,\bar{T}_{jq}>t,\bar{T}_{jo}>t\}=\int_0^t(1-F_{jq}(u))(1-F_{jo}(u))\mathrm{d}F_{jp}(u) \\ Q_{jq}(t)=\Pr\{\bar{T}_{jq}\leqslant t,\bar{T}_{jp}>t,\bar{T}_{jo}>t\}=\int_0^t(1-F_{jp}(u))(1-F_{jo}(u))\mathrm{d}F_{jq}(u) \\ Q_{jo}(t)=\Pr\{\bar{T}_{jo}\leqslant t,\bar{T}_{jp}>t,\bar{T}_{jq}>t\}=\int_0^t(1-F_{jp}(u))(1-F_{jq}(u))\mathrm{d}F_{jo}(u) \end{cases} \tag{3.77}$$

上述有关半马尔可夫状态跃迁过程核向量函数 $\boldsymbol{Q}(t)$ 的解算方法，可推广应用于任意可数多状态数目的情形。

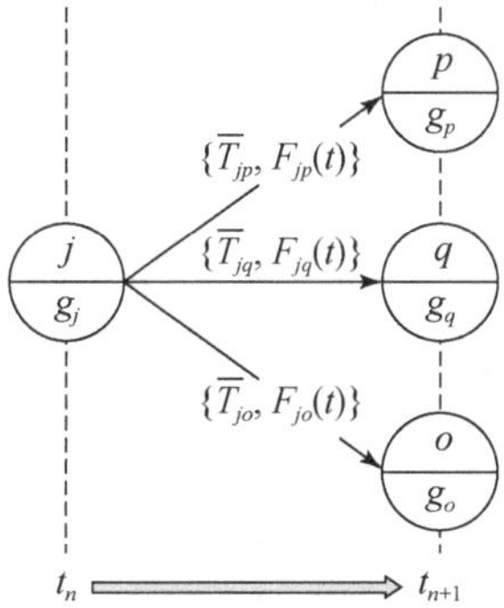

图 3.31　半马尔可夫状态跃迁 $j\rightarrow p,q,o$

［案例 3.9］　仍以图 3.31 所示 $t_n\sim t_{n+1}$ 阶段半马尔可夫状态跃迁过程为例，若状态 j 的平均条件驻留时间 $\bar{T}_{jp}$、$\bar{T}_{jq}$、$\bar{T}_{jo}$ 分别服从以下概率分布：

$$F_{jp}(t)=\begin{cases}0, & t<T_c \\ 1, & t\geqslant T_c\end{cases}$$

$$F_{jq}(t)=\begin{cases}0, & t<0 \\ 1-\exp(-\lambda_q t), & t\geqslant 0\end{cases}$$

$$F_{jo}(t)=\begin{cases}0, & t<0 \\ 1-\exp(-\lambda_o t), & t\geqslant 0\end{cases}$$

$$\psi_{ji}(t)=\delta_{ji}(1-F_j(t))+\sum_{r=1}^{K}\int_0^t\sigma_{jr}(\tau)\psi_{ri}(t-\tau)\mathrm{d}\tau \tag{3.78}$$

式中

$$\delta_{ji}=\begin{cases}1, & i=j\\0, & i\neq j\end{cases}$$

$$F_j(t)=\sum_{i=1}^{K}Q_{ji}(t),\quad \sigma_{jr}(\tau)=\frac{\mathrm{d}Q_{jr}(\tau)}{\mathrm{d}\tau}$$

这里,$Q_{jr}(t)$、$F_j(t)$的符号含义与 3.5.1 节一致。同样,式(3.78)的推导过程复杂、繁琐[14],此处不做详细说明,直接给出计算结论。

分析式(3.78)可知,给定半马尔可夫状态跃迁过程的核向量函数 $Q_{ji}(t)$后,即可通过解算 K 个非线性积分方程,实现系统任意瞬时所处状态水平概率 $\psi_{ji}(t)$的求解。需要说明的是,一般情况下,含有卷积形式的非线性积分方程解析求解十分困难,有时甚至无法实现,因此工程上通常仅对其进行数值解算。此外,含有卷积形式的非线性积分方程往往在时域范围内,较难实现解析分析,此时,可尝试采用傅里叶变换、拉普拉斯变换等,将其映射到频域范围内,开展解析分析工作。

进一步,假设多状态系统任意瞬时所处状态水平概率 $\psi_{ji}(t)$已知,且 K 种状态性能 g_i和性能需求 w 满足如下数学关系:

$$\begin{cases}g_1<g_2<\cdots<g_{K-1}<g_K\\g_{n-1}<w\leqslant g_n,\quad n\in\{1,2,\cdots,K\}\end{cases} \tag{3.79}$$

若系统初始处于最优状态,则其瞬态可用度 $A(t,w)$为

$$A(t,w)=\sum_{i=n}^{K}\psi_{Ki}(t) \tag{3.80}$$

瞬态期望性能输出 $G_{\mathrm{E}}(t)$为

$$G_{\mathrm{E}}(t)=\sum_{i=1}^{K}g_i\psi_{Ki}(t) \tag{3.81}$$

瞬态期望失效 $D_{\mathrm{E}}(t,w)$为

$$D_{\mathrm{E}}(t,w)=\sum_{i=1}^{n-1}\psi_{Ki}(t)(w-g_i) \tag{3.82}$$

2. 非线性积分方程频域解算

式(3.78)作为一类内含卷积运算的非线性积分方程,一般情况下时域范围内的解析求解较为困难。考虑到时域内卷积运算与频域内乘法运算的对应关系,可尝试通过特定数学变换,将时域内内含卷积形式的非线性积分方程映射到频域内寻求相关问题的封闭形式解析解。此时,即便频域内仍无法直接给出封闭形式的解析解,多数情况下也会将问题求解难度大大简化。可供选择的时域与频域间数

学变换方式众多，如傅里叶变换、拉普拉斯变换、欧拉变换等，这里以傅里叶变换为例进行说明，其余变换求解方法类似。

首先，定义如下傅里叶变换函数[15]：

$$\begin{cases} F(\omega)=\Upsilon[f(t)]=\int_{-\infty}^{\infty} f(t)\exp(-\mathrm{j}\omega t)\mathrm{d}t \\ f(t)=\Upsilon^{-1}[F(\omega)]=\dfrac{1}{2\pi}\int_{-\infty}^{\infty} F(\omega)\exp(\mathrm{j}\omega t)\mathrm{d}\omega \end{cases} \tag{3.83}$$

式中，$f(t)$为时域内的原函数；$F(\omega)$为频域内的像函数。几类常见函数的傅里叶变换及其基本变换特性如表 3.6 所示。

表 3.6 常见函数傅里叶变换及其变换特性

序号	时域原函数	频域像函数	备注
1	$\delta(t)$	1	
2	$\delta(t-t_0)$	$\exp(-\mathrm{j}\omega t_0)$	
3	1	$2\pi\delta(\omega)$	
4	$\exp(\mathrm{j}\omega_0 t)$	$2\pi\delta(\omega-\omega_0)$	
5	$\alpha f_1(t)+\beta f_2(t)$	$\alpha\Upsilon[f_1(t)]+\beta\Upsilon[f_2(t)]$	线性性质
6	$\int_{-\infty}^{\infty} f_1(\tau)f_2(t-\tau)\mathrm{d}\tau$	$\Upsilon[f_1(t)]\Upsilon[f_2(t)]$	时域卷积定理
7	$f_1(t)f_2(t)$	$\frac{1}{2\pi}\int_{-\infty}^{\infty}\Upsilon[f_1(\tau)]\Upsilon[f_2(t-\tau)]\mathrm{d}\tau$	频域卷积定理

然后，对式(3.78)两边同时取傅里叶变换，则有

$$\begin{cases} \Upsilon[\psi_{jj}(t)]=\Upsilon[1-F_j(t)]+\sum_{r=1}^{K}\Upsilon[\sigma_{jr}(t)]\Upsilon[\psi_{rj}(t)], & i=j \\ \Upsilon[\psi_{ji}(t)]=\sum_{r=1}^{K}\Upsilon[\sigma_{jr}(t)]\Upsilon[\psi_{ri}(t)], & i\neq j \end{cases} \tag{3.84}$$

接着，假设系统仅具备两类状态性能，则式(3.84)可整理为

$$\begin{cases} \Upsilon[\psi_{11}(t)]=\Upsilon[1-F_1(t)]+\Upsilon[\sigma_{11}(t)]\Upsilon[\psi_{11}(t)]+\Upsilon[\sigma_{12}(t)]\Upsilon[\psi_{21}(t)] \\ \Upsilon[\psi_{12}(t)]=\Upsilon[\sigma_{11}(t)]\Upsilon[\psi_{12}(t)]+\Upsilon[\sigma_{12}(t)]\Upsilon[\psi_{22}(t)] \\ \Upsilon[\psi_{21}(t)]=\Upsilon[\sigma_{21}(t)]\Upsilon[\psi_{11}(t)]+\Upsilon[\sigma_{22}(t)]\Upsilon[\psi_{21}(t)] \\ \Upsilon[\psi_{22}(t)]=\Upsilon[1-F_2(t)]+\Upsilon[\sigma_{21}(t)]\Upsilon[\psi_{12}(t)]+\Upsilon[\sigma_{22}(t)]\Upsilon[\psi_{22}(t)] \end{cases} \tag{3.85}$$

式中，$\Upsilon[\psi_{11}(t)]$、$\Upsilon[\psi_{12}(t)]$、$\Upsilon[\psi_{21}(t)]$、$\Upsilon[\psi_{22}(t)]$ 为未知欲求频域函数，其余相关频域函数均可由核向量函数 $\boldsymbol{Q}(t)$确定。联立式(3.85)中 4 个代数方程，完成未知频域函数的解析或数值求解后，实施相应频域函数的傅里叶反变换，即可获得所关注概率函数 $\psi_{ji}(t)$的时域响应特性。类似的，推广至具备 K 类状态性能的半马尔

可夫跃迁历程系统。此时，仅需解算 $K \times K$ 个代数方程，即可完成状态概率函数 $\psi_{ji}(t)$ 的频域、时域求解。

3. 半马尔可夫过程稳态分析

有关半马尔可夫跃迁历程下多状态系统的稳定状态概率 $\psi_{ji}(\infty)$ 解算方法极其复杂，需要大量高等统计学、高等泛函、应用数理统计知识，此处直接给出相关解算结论。鉴于稳态情况下多状态系统的状态概率取值不再依赖于其初始状态条件，因此将稳定状态概率 $\psi_{ji}(\infty)$ 简写为 ψ_i，相关数学表达式如下：

$$\psi_i = \frac{\kappa_i \bar{T}_i}{\sum_{i=1}^{K} \kappa_i \bar{T}_i} \tag{3.86}$$

式中，$\bar{T}_i$ 为状态 i 的平均无条件驻留时间；κ_i 为嵌入式马尔可夫链 $\{G(t_n)\}$ 的稳态概率，满足如下代数关系式：

$$\kappa_i = \sum_{j=1}^{K} \kappa_j \xi_{ji}, \quad i = 1, \cdots, K \tag{3.87}$$

注意，单步跃迁概率 ξ_{ji} 内含如下约束关系：

$$\sum_{i=1}^{K} \xi_{ji} = 1 \tag{3.88}$$

因此，式(3.88)中，K 个代数方程实际上是线性相关的，必须再补充其他反映 κ_i 关系的代数方程，才能实现封闭求解。这里，依据 κ_i 的物理意义以及概率论的基本常识，补充如下辅助代数方程：

$$\sum_{i=1}^{K} \kappa_i = 1 \tag{3.89}$$

至此，嵌入式马尔可夫链 $\{G(t_n)\}$ 的稳态概率 κ_i 和半马尔可夫跃迁历程下多状态系统的稳态状态概率 ψ_i，均可实现封闭求解。

4. 案例说明

[案例 3.10] 某船用发电系统具有四类电能输出性能，分别为 $g_4 = 120\text{kW}$、$g_3 = 100\text{kW}$、$g_2 = 60\text{kW}$、$g_1 = 0\text{kW}$；初始瞬时，系统处于最优状态性能；系统使用过程中，状态性能跃迁历程仅存在小失效和小修复可能，如图 3.32 所示；系统各状态 j 的平均条件驻留时间 $\bar{T}_{ji}$ 满足如下概率分布：状态失效间的条件驻留时间 $\bar{T}_{ji}(j > i)$ 服从指数分布，状态修复间的条件驻留时间 $\bar{T}_{ji}(j < i)$ 服从正态分布，详见表 3.7。

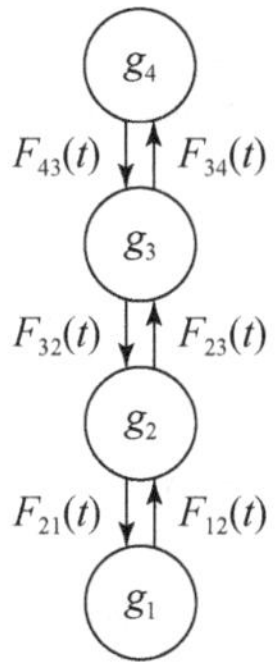

图 3.32　船用发电系统状态跃迁图

表 3.7　平均条件驻留时间 $\bar{T}_{ji}$ 概率分布函数 $F_{ji}(t)$

序号	$\bar{T}_{ji}$	$F_{ji}(t)$	参数取值	备注
1	$\bar{T}_{43}$	$1-\exp(-\lambda_{43}t)$	$\lambda_{43}=8\times10^{-4}/\text{h}$	
2	$\bar{T}_{32}$	$1-\exp(-\lambda_{32}t)$	$\lambda_{32}=6\times10^{-4}/\text{h}$	
3	$\bar{T}_{21}$	$1-\exp(-\lambda_{21}t)$	$\lambda_{21}=3\times10^{-4}/\text{h}$	
4	$\bar{T}_{12}$	$\frac{1}{\sqrt{2\pi}\sigma_{12}}\int_0^t \exp\left[-\frac{(u-\bar{\mu}_{12})^2}{2\sigma_{12}^2}\right]\mathrm{d}u$	$\sigma_{12}=100\text{h}, \bar{\mu}_{12}=640\text{h}$	
5	$\bar{T}_{23}$	$\frac{1}{\sqrt{2\pi}\sigma_{23}}\int_0^t \exp\left[-\frac{(u-\bar{\mu}_{23})^2}{2\sigma_{23}^2}\right]\mathrm{d}u$	$\sigma_{23}=40\text{h}, \bar{\mu}_{23}=420\text{h}$	
6	$\bar{T}_{34}$	$\frac{1}{\sqrt{2\pi}\sigma_{34}}\int_0^t \exp\left[-\frac{(u-\bar{\mu}_{34})^2}{2\sigma_{34}^2}\right]\mathrm{d}u$	$\sigma_{34}=12\text{h}, \bar{\mu}_{34}=200\text{h}$	

假定船用日常电能需求为恒定值 $w=80\text{kW}$，试解算该发电系统的稳态可用度 $A(\infty,80)$、稳态期望性能输出 $G_{\text{E}}(\infty)$ 和稳态期望性能失效 $D_{\text{E}}(\infty,80)$；假定该发电系统任务周期为 720h，试解算其任务可靠度 $R_{80\text{kW}}(720\text{h})$。

解：由题意可知，发电系统自最优状态触发，各阶段的状态跃迁历程如图 3.33 所示。

鉴于各状态间的条件驻留时间 $\bar{T}_{ji}$ 并非完全服从指数分布，因此题中发电系统的状态跃迁历程应视为半马尔可夫状态跃迁历程处理。由此，定义发电系统半马尔可夫状态跃迁历程的核函数矩阵 $Q(t)$ 为

$$\boldsymbol{Q}(t)=\begin{matrix}1\\2\\3\\4\end{matrix}\begin{bmatrix}0 & Q_{12}(t) & 0 & 0\\ Q_{21}(t) & 0 & Q_{23}(t) & 0\\ 0 & Q_{32}(t) & 0 & Q_{34}(t)\\ 0 & 0 & Q_{43}(t) & 0\end{bmatrix}$$

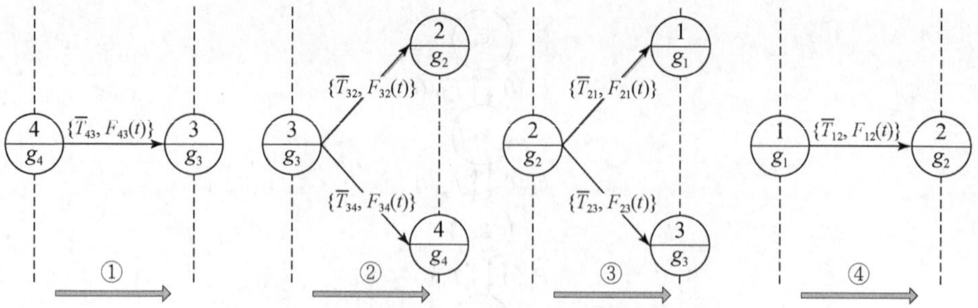

图 3.33　船用发电系统半马尔可夫状态跃迁历程

式中

$$Q_{12}(t)=\int_0^t \mathrm{d}F_{12}(u)=F_{12}(t)-F_{12}(0)=F_{12}(t)$$

$$\begin{aligned}Q_{21}(t)&=\int_0^t (1-F_{23}(u))\mathrm{d}F_{21}(u)\\&=\int_0^t \left\{1-\frac{1}{\sqrt{2\pi}\,\sigma_{23}}\int_0^u \exp\left[-\frac{(u_1-\bar{\mu}_{23})^2}{2\sigma_{23}^2}\right]\mathrm{d}u_1\right\}\mathrm{d}(1-\exp(-\lambda_{21}u))\end{aligned}$$

为便于利用计算机实现数值积分运算，进一步将上式整理为

$$\begin{aligned}Q_{21}(t)&=(1-F_{23}(u))F_{21}(u)\big|_0^t-\int_0^t F_{21}(u)\mathrm{d}(1-F_{23}(u))\\&=(1-\exp(-\lambda_{21}u))\left[1-\int_0^u \frac{1}{\sqrt{2\pi}\,\sigma_{23}}\exp\left[-\frac{(u_1-\bar{\mu}_{23})^2}{2\sigma_{23}^2}\right]\mathrm{d}u_1\right]\Bigg|_0^t\\&\quad+\int_0^t (1-\exp(-\lambda_{21}u))\frac{1}{\sqrt{2\pi}\,\sigma_{23}}\exp\left[-\frac{(u-\bar{\mu}_{23})^2}{2\sigma_{23}^2}\right]\mathrm{d}u\end{aligned}$$

类似的，有

$$Q_{23}(t)=\int_0^t (1-F_{21}(u))\mathrm{d}F_{23}(u)\,,\quad Q_{32}(t)=\int_0^t (1-F_{34}(u))\mathrm{d}F_{32}(u)$$

$$Q_{34}(t)=\int_0^t (1-F_{32}(u))\mathrm{d}F_{34}(u)\,,\quad Q_{43}(t)=F_{43}(t)$$

上述各个核函数 $Q_{ji}(t)$ 的数值解算结果如图 3.34 所示。

进一步可求得状态 j 的单步状态跃迁概率 ξ_{ji} 为

$$\boldsymbol{\xi}=\lim_{t\to\infty}\boldsymbol{Q}(t)=\begin{bmatrix}0 & \xi_{12}(t) & 0 & 0\\ \xi_{21}(t) & 0 & \xi_{23}(t) & 0\\ 0 & \xi_{32}(t) & 0 & \xi_{34}(t)\\ 0 & 0 & \xi_{43}(t) & 0\end{bmatrix}$$

式中

$$\xi_{12}=\lim_{t\to\infty}Q_{12}(t)=F_{12}(\infty)=1$$

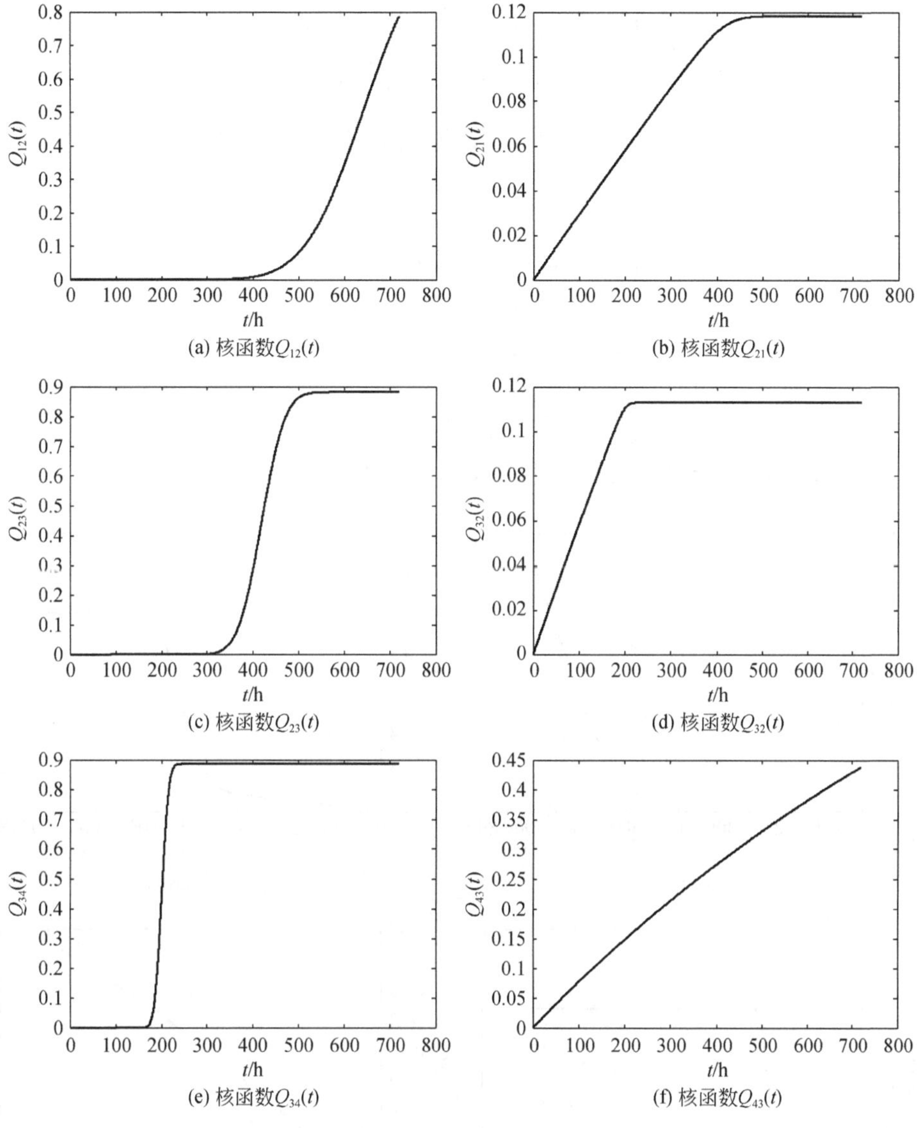

图 3.34　发电系统核函数 $Q_{ji}(t)$

$$\xi_{21}=\lim_{t\to\infty}Q_{21}(t)=\int_0^{\infty}(1-F_{23}(u))\mathrm{d}F_{21}(u)=0.1183$$

$$\xi_{23}=\lim_{t\to\infty}Q_{23}(t)=\int_0^{\infty}(1-F_{21}(u))\mathrm{d}F_{23}(u)=0.8817$$

$$\xi_{32}=\lim_{t\to\infty}Q_{32}(t)=\int_0^{\infty}(1-F_{34}(u))\mathrm{d}F_{32}(u)=0.1131$$

$$\xi_{34}=\lim_{t\to\infty}Q_{34}(t)=\int_0^{\infty}(1-F_{32}(u))\mathrm{d}F_{34}(u)=0.8869$$

$$\xi_{43}=\lim_{t\to\infty}Q_{43}(t)=F_{43}(\infty)=1$$

同时,解算平均无条件驻留时间 $\bar{T}_j$ 的概率分布函数 $F_j(t)$、概率密度函数 $f_j(t)$为

$$\begin{cases}F_1(t)=Q_{12}(t)\\ F_2(t)=Q_{21}(t)+Q_{23}(t)\\ F_3(t)=Q_{32}(t)+Q_{34}(t)\\ F_4(t)=Q_{43}(t)\\ f_j(t)=\dfrac{\mathrm{d}F_j(t)}{\mathrm{d}t},\quad j=1,2,3,4\end{cases}$$

相关数值解算结果如图 3.35 和图 3.36 所示。

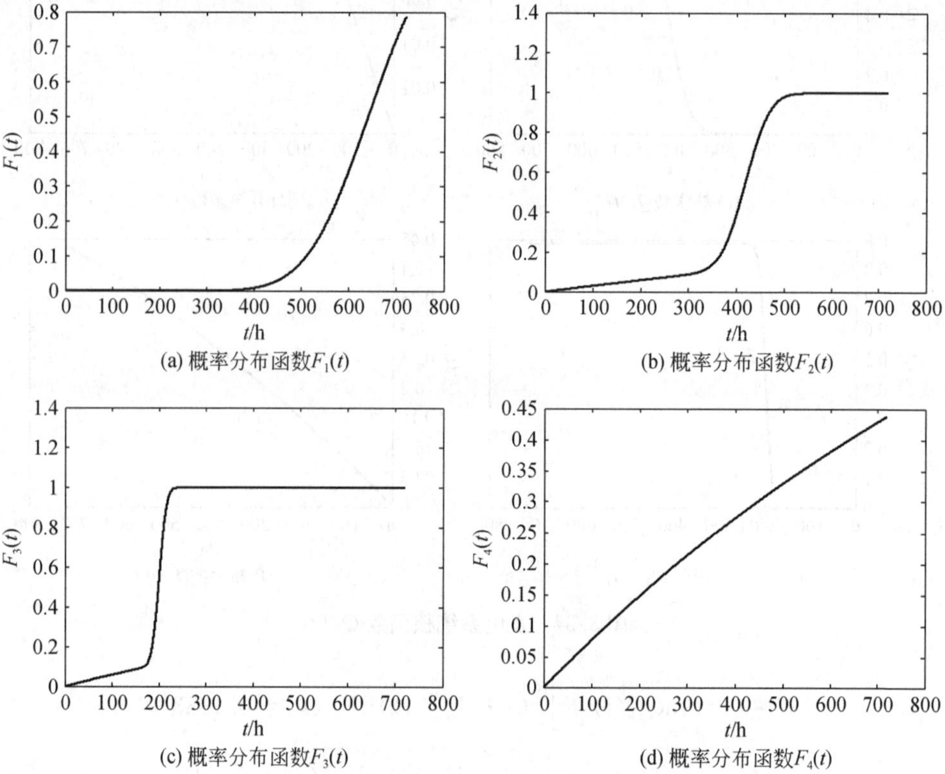

(a) 概率分布函数$F_1(t)$　(b) 概率分布函数$F_2(t)$

(c) 概率分布函数$F_3(t)$　(d) 概率分布函数$F_4(t)$

图 3.35　发电系统无条件驻留时间 $\bar{T}_j$ 的概率分布函数 $F_j(t)$

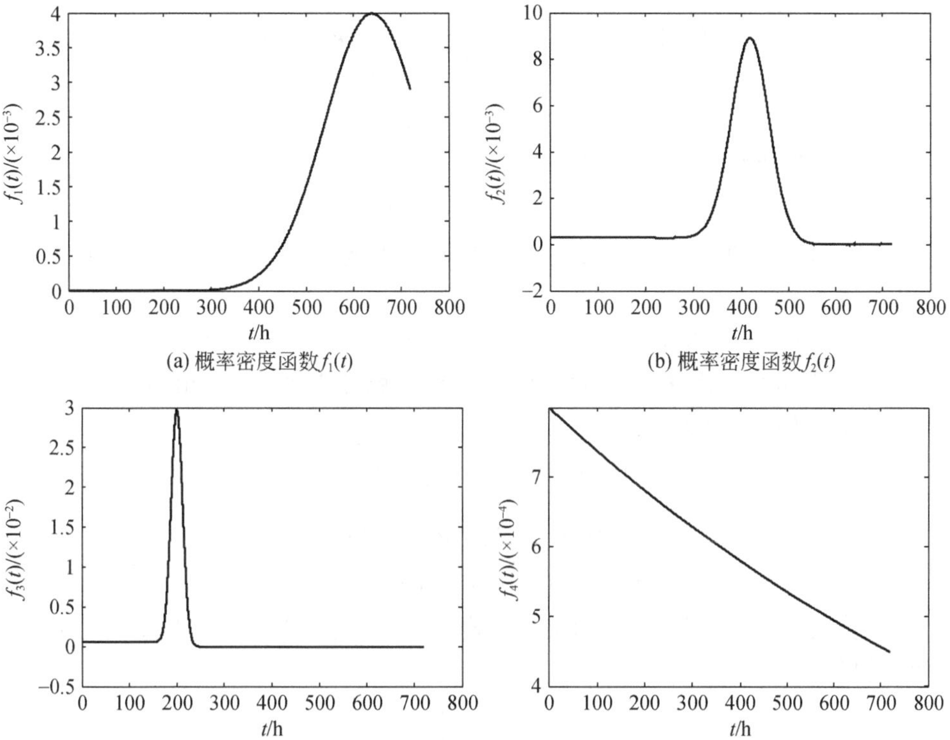

(a) 概率密度函数$f_1(t)$　(b) 概率密度函数$f_2(t)$

(c) 概率密度函数$f_3(t)$　(d) 概率密度函数$f_4(t)$

图 3.36　发电系统无条件驻留时间 $\bar{T}_j$ 的概率密度函数 $f_j(t)$

利用上述 $F_j(t)$、$f_j(t)$的数值解算结果，依据式(3.90)解算发电系统无条件驻留时间 $\bar{T}_j$：

$$\bar{T}_j=\sum_{i=1}^{K}\xi_{ji}\int_0^{\infty}tf_i(t)\mathrm{d}t,\quad j=1,2,3,4 \tag{3.90}$$

可得

$$\bar{T}_1=640\mathrm{h},\quad \bar{T}_2=752\mathrm{h},\quad \bar{T}_3=366\mathrm{h},\quad \bar{T}_4=1250\mathrm{h}$$

进一步，解算与发电系统半马尔可夫状态跃迁历程对应的嵌入式马尔可夫链$\{G(t_n)\}$的稳态概率 κ_i，由式(3.87)有

$$\begin{cases}\kappa_1=\kappa_2\xi_{21}\\ \kappa_2=\kappa_1\xi_{12}+\kappa_3\xi_{32}\\ \kappa_3=\kappa_2\xi_{23}+\kappa_4\xi_{43}\\ \kappa_4=1-\kappa_1-\kappa_2-\kappa_3\end{cases}$$

整理为矩阵形式，有

$$\begin{bmatrix} 1 & -\xi_{21} & 0 & 0 \\ -\xi_{12} & 1 & -\xi_{32} & 0 \\ 0 & -\xi_{23} & 1 & -\xi_{43} \\ 1 & 1 & 1 & 1 \end{bmatrix} \begin{bmatrix} \kappa_1 \\ \kappa_2 \\ \kappa_3 \\ \kappa_4 \end{bmatrix} = \begin{bmatrix} 0 \\ 0 \\ 0 \\ 1 \end{bmatrix}$$

利用矩阵特性，解线性代数方程有

$$\kappa_1 = 0.0075,\quad \kappa_2 = 0.0632,\quad \kappa_3 = 0.4925,\quad \kappa_3 = 0.4368$$

将κ_i、$\bar{T}_i$解算数值代入式(3.86)中，可得发电系统半马尔可夫跃迁历程下的稳定状态概率ψ_i为

$$\psi_1 = 0.0061,\quad \psi_2 = 0.0611,\quad \psi_3 = 0.2315,\quad \psi_4 = 0.7013$$

由此，计算发电系统稳态可用度$A(\infty,80)$、稳态期望性能输出$G_{\mathrm{E}}(\infty)$、稳态期望性能失效$D_{\mathrm{E}}(\infty,80)$如下：

$$A(\infty,80) = \psi_3 + \psi_4 = 0.9328$$

$$G_{\mathrm{E}}(\infty) = \sum_{j=1}^{4} g_j \psi_j = 110.97$$

$$D_{\mathrm{E}}(\infty,80) = (80-0)\psi_1 + (80-60)\psi_2 = 1.71$$

计算任务可靠度$R_{80\mathrm{kW}}(720\mathrm{h})$时，发电系统的状态跃迁历程等价变更为图3.37所示的形式。

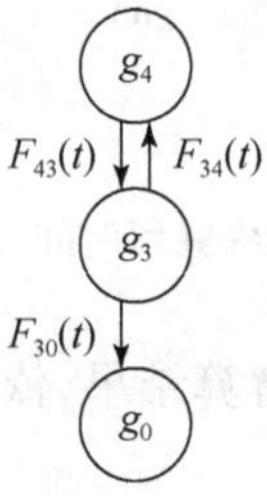

图3.37　计算可靠度时船用发电系统状态跃迁图

图3.37中，0状态为收缩状态，一旦进入收缩状态，将不再存在依赖修复活动使其恢复至可接受状态的可能。由此，有$F_{30}(t)=F_{32}(t)$，且相应核函数矩阵$\boldsymbol{Q}(t)$变更为

$$\boldsymbol{Q}(t) = \begin{matrix} 0 \\ 3 \\ 4 \end{matrix} \begin{bmatrix} 0 & 0 & 0 \\ Q_{30}(t) & 0 & Q_{34}(t) \\ 0 & Q_{43}(t) & 0 \end{bmatrix}$$

类似的，有

$$
\begin{cases}
Q_{30}(t)=\int_0^t(1-F_{34}(u))\mathrm{d}F_{32}(u)\\
Q_{34}(t)=\int_0^t(1-F_{32}(u))\mathrm{d}F_{34}(u)\\
Q_{43}(t)=F_{43}(t)
\end{cases}
$$

$$
\begin{cases}
F_4(t)=Q_{43}(t)\\
F_3(t)=Q_{30}(t)+Q_{34}(t)\\
F_0(t)=0
\end{cases}
$$

进一步，依据式(3.78)，有

$$
\begin{cases}
\psi_{40}(t)=\int_0^t\sigma_{43}(\tau)\psi_{30}(t-\tau)\mathrm{d}\tau\\
\psi_{30}(t)=\int_0^t\sigma_{34}(\tau)\psi_{40}(t-\tau)\mathrm{d}\tau+\int_0^t\sigma_{30}(\tau)\psi_{00}(t-\tau)\mathrm{d}\tau\\
\psi_{00}(t)=1
\end{cases}
\tag{3.91}
$$

式中，$\psi_{ji}(t)$为系统自 j 状态水平触发 t 瞬时处于 i 状态水平的概率，且有

$$
\sigma_{jr}(\tau)=\frac{\mathrm{d}Q_{jr}(\tau)}{\mathrm{d}\tau},\quad j,r=4,3;3,4;3,0
$$

利用傅里叶变换解算式(3.91)积分方程组，有

$$
\begin{cases}
\Upsilon[\psi_{40}(t)]=\Upsilon[\sigma_{43}(t)]\Upsilon[\psi_{30}(t)]\\
\Upsilon[\psi_{30}(t)]=\Upsilon[\sigma_{34}(t)]\Upsilon[\psi_{40}(t)]+\Upsilon[Q_{32}(t)-Q_{32}(0)]
\end{cases}
\tag{3.92}
$$

整理后可得

$$
\Upsilon[\psi_{40}(t)]=\frac{\Upsilon[\sigma_{43}(t)]\,\Upsilon[Q_{32}(t)-Q_{32}(0)]}{1-\Upsilon[\sigma_{34}(t)]\Upsilon[\sigma_{43}(t)]}
\tag{3.93}
$$

将式(3.93)进行傅里叶反变换，则有

$$
\psi_{40}(t)=\Upsilon^{-1}\left\{\frac{\Upsilon[\sigma_{43}(t)]\Upsilon[Q_{32}(t)-Q_{32}(0)]}{1-\Upsilon[\sigma_{34}(\tau)]\Upsilon[\sigma_{43}(t)]}\right\}
$$

因此，该发电系统任务周期内的任务可靠度 $R_{80\mathrm{kW}}(t)$为

$$
R_{80\mathrm{kW}}(t)=1-\psi_{40}(t)
$$

$\psi_{40}(t)$ 和 $R_{80\mathrm{kW}}(t)$的数值仿真结果如图 3.38、图 3.39 所示。由这两个图可知，发电系统自最优状态 4($g_4=120\mathrm{kW}$)触发后，720h 任务周期内，可靠度呈逐渐下降趋势，但至 720h 任务周期结束，任务可靠度仍可保持在 0.9557 以上。

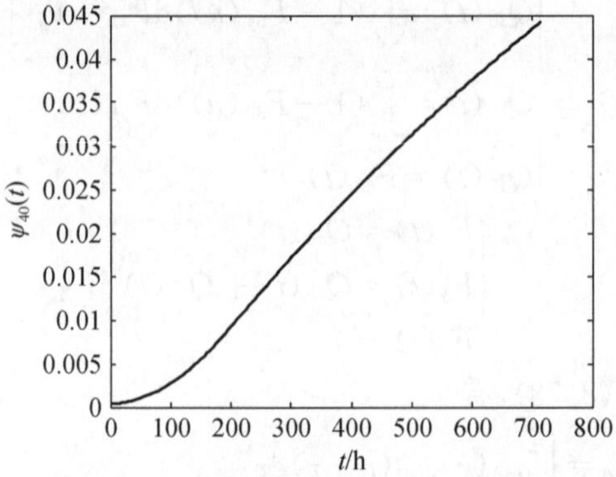

图 3.38　发电系统最优状态触发前提下状态失效概率

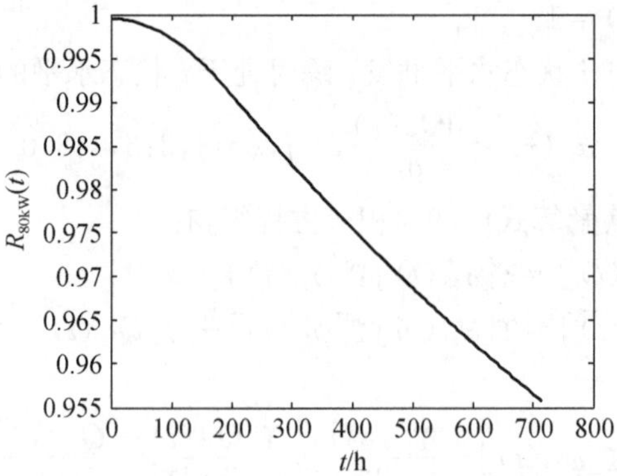

图 3.39　发电系统 720h 任务周期内可靠度

3.6　马尔可夫模型优劣性分析

马尔可夫模型作为一类经典的随机统计模型，在本章中被应用于多状态装备复杂系统的可靠性评估研究。理论演绎和案例解算均表明，基于马尔可夫模型的多状态系统可靠性分析与评估方法，具备程式化高、适用度好、便于计算机自动化求解等特点。尤其是给出考虑状态跃迁报酬和半马尔可夫跃迁历程的两类马尔可夫变异模型后，更是大大扩展了基于马尔可夫模型解算多状态复杂系统可靠性评估问题的适用范围。因此，仅从解决多状态复杂系统可靠性评估问题的有效性来看，该模型可作为一类优选模型，在实际工程应用中可考虑选用。

实际上，应用马尔可夫模型解算多状态复杂系统的可靠性评估问题，也存在自身短板。如 3.3 节所述，应用马尔可夫模型程式化解算多状态系统可靠性的两项核心工作分别为绘制多状态系统时变状态跃迁图和解算多状态系统时变状态概率微分方程组。以案例 3.6 为例，如图 3.40 所示，具备 12 类状态性能的复杂系统时变状态跃迁图绘制工作已相当复杂，如果系统的状态性能维度再继续增加，那么相关跃迁图的绘制工作将极难完成。类似的，考虑多状态系统时变状态概率微分方程组的解算工作，如果系统具备 K 类状态水平，那么就需要解算 K 个 K 元微分方程组。由式(2.6)易知，K 的取值由系统所含多状态组件的状态数 k_i 叠乘确定。对于大型装备复杂系统来说，通常内含组件众多且状态复杂，相应 K 的取值很可能达到几百，甚至成千，此时即便是利用计算机自动化数值解算，也存在极大难度。

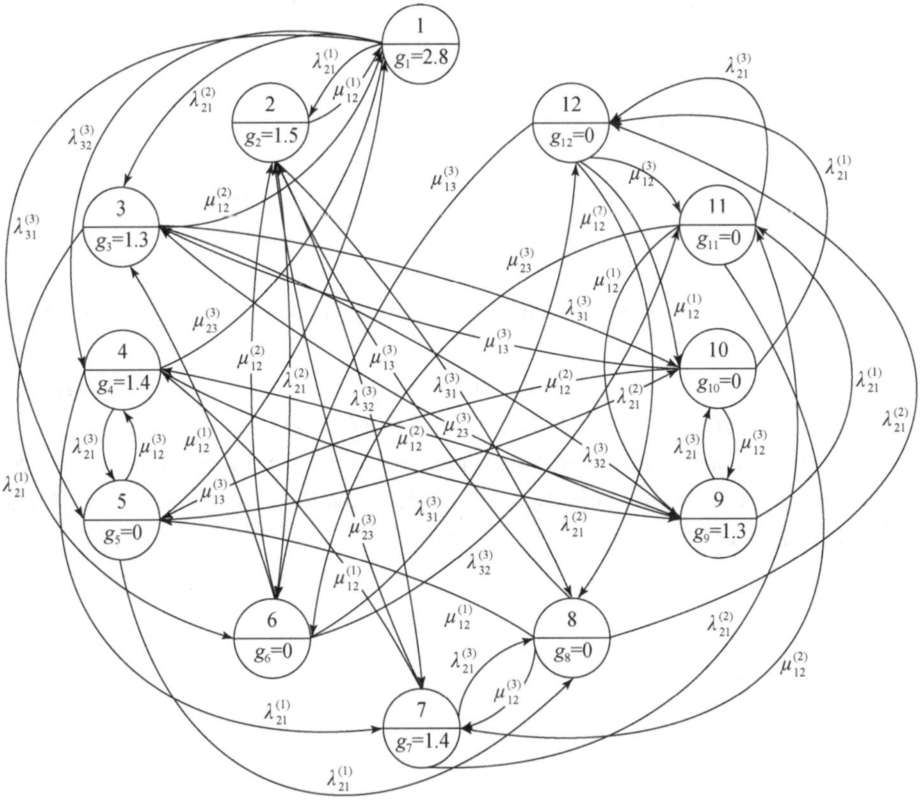

图 3.40　12 类状态性能对应的时变状态跃迁图

综上，虽然基于马尔可夫模型解算多状态装备复杂系统的可靠性分析与评估问题，具备程式化高、适用度好、便于计算机自动化求解等优势，然而对于存在大量级状态维度(K>30)的大型装备复杂系统而言，完全依赖该模型实施系统的可靠性评估解算，存在解算精度低或无法解算、计算机硬件资源要求高等技术风险。

参 考 文 献

[1] 汪荣鑫．随机过程[M]．西安：西安交通大学出版社，1987.
[2] Stroock D W. An Introduction to Markov Processes[M]. Berlin: Springer-Verlag, 2005.
[3] Aven T, Jensen U. Stochastic Models in Reliability[M]. New York: Springer-Verlag, 2013.
[4] 王梓坤．马尔可夫过程论基础[M]．哈尔滨：哈尔滨工业大学出版社，2015.
[5] Stewart W J. Probability, Markov Chain, Queues, and Simulation[M]. Princeton: Princeton University Press, 2008.
[6] Murthy P, Rausand M. Product Reliability[M]. London: Springer-Verlag, 2008.
[7] 王沫然．Matlab 6.0 与科学计算[M]．北京：电子工业出版社，2001.
[8] Lotfi T M, Soumaya Y. Replacement Models with Minimal Repair[M]. London: Springer-Verlag, 2011.
[9] David E. New Computational Methods in Power System Reliability[M]. Berlin: Springer-Verlag, 2008.
[10] Lisnianski A, Frenkel I. Non-homogeneous Markov reward model for aging multi-state system under minimal repair[J]. International Journal of Performability Engineering, 2009, 5(4):303-312.
[11] Limnios N, Janssen J. Semi-Markov Models and Applications[M]. Dordrecht: Kluwer Academic Publishers, 1999.
[12] Limnios N, Oprisan G. Semi-Markov Processes and Reliability[M]. Boston: Birkhauser, 2001.
[13] 同济大学数学教研室．高等数学[M]．北京：高等教育出版社，1996.
[14] Janssen J, Manca R. Applied Semi-Markov Processes[M]. New York: Springer-Verlag, 2006.
[15] Oppenheim A V, Willsky A S, Nawab S H. Signal and Systems[M]. New York: Pearson Education Inc, 2015.

第 4 章　基于通用生成函数的多状态系统可靠性分析与评估

第 3 章运用马尔可夫常规模型、报酬模型以及半马尔可夫模型，成功解决了装备复杂系统的时变状态刻画问题，并给出了系列可靠性评估成功应用案例。但从可靠性评估解算的全流程看，对于存在大量级状态维度($K>30$)的复杂系统而言，完全依赖马尔可夫模型解算时变状态概率，面临解算精度低、计算资源要求高等技术风险。就现实中的装备复杂系统而言，内构组件繁多、耦合关联复杂、状态维度量级高是其不可避免的固有特征，因此相关技术风险必须正面面对。

本章将遵循“化繁为简，分割大维度状态为小维度状态，分级嵌套、递归迭算”的基本研究思路，通过引入通用生成函数模型及其配套数学算法，实现多状态装备复杂系统的合理切分与有效拼接，能够规避直接运用马尔可夫模型可能遭遇的大状态维度困境难题，科学展现各级组件与复杂系统间的耦合关联与状态继承。与马尔可夫模型综合使用后，可有效解决装备系统由于结构复杂、运行状态复杂、性能刻画复杂等特征而伴生的相关可靠性建模、分析与评估技术难题。

4.1　通用生成函数模型

通用生成函数模型作为一类生成序列模型，能够较好地解决各型多状态系统的可靠性分析与计算问题，尤其适用于复杂装备系统的多状态可靠性分析，近年来已被广泛应用于各型多状态系统的可靠性分析领域[1~4]。通用生成函数模型通过引入 z 变换函数、通用生成算子、通用生成函数等数学工具，将多状态复杂装备系统的可靠性分析问题，解化为各组成构件的可靠性分析问题，具有通用性强、程式化高、解算速度快、解算资源要求低等优点。

4.1.1　z 变换函数

考虑一具备 k_i 类状态性能的组件单元 i，相关状态性能 $G_i(t)$ 作为随机变量，服从以下概率分布：

$$\Pr\{G_i(t)=g_{ij}\}=p_{ij}(t),\quad j=1,2,\cdots,k_i \tag{4.1}$$

式中，g_{ij} 为单元 i 第 j 状态的性能取值；$p_{ij}(t)$ 为 t 时刻单元 i 处于第 j 状态的概率取值。这里，定义单元 i 的 z 变换函数如下：

$$\psi_{G_i(t)}(z)=\sum_{j=1}^{k_i}p_{ij}(t)z^{g_{ij}(t)} \tag{4.2}$$

注意,式(4.2)仅是为便于计算而构造的一类生成序列表现形式,并不内含确切的物理意义。

进一步,将上述 z 变换函数定义拓展至由 n 个组件单元构成的多状态系统。假设 n 个组件单元的状态性能分布相互独立,则多状态系统的 z 变换函数为

$$\psi_{G(t)}(z)=\sum_{j_1=1}^{k_1}\sum_{j_2=1}^{k_2}\cdots\sum_{j_n=1}^{k_n}p_{1j_1}(t)p_{2j_2}(t)\cdots p_{nj_n}(t)z^{f(g_{1j_1}(t),g_{2j_2}(t),\cdots,g_{nj_n}(t))} \tag{4.3}$$

式中,$f(\cdot)$为反映组件单元与系统间性能关联的物理构型函数;g_{ij_i} 为第 i 组件单元位于第 j_i 状态的性能取值,$i=1,2,\cdots,n,j_i=1,2,\cdots,k_i$;$k_i$为第 i 组件单元状态性能数;$p_{ij_i}(t)$ 为 t 时刻第 i 组件单元位于第 j_i 状态的概率取值。有关式(4.3)的证明如下。

如图 4.1 所示,多状态系统任意瞬时 t 的状态性能 $G(t)$,可由该瞬时系统各组成单元 i 的状态性能 $G_i(t)$ 及物理构型函数 $f(\cdot)$唯一确定。

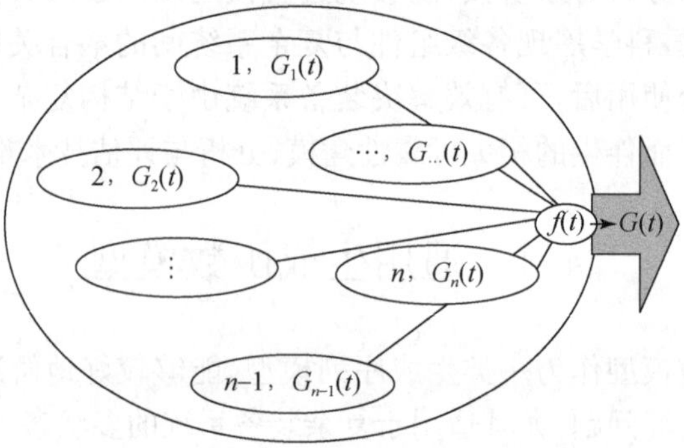

图 4.1 组件单元状态性能与系统状态性能物理关联示意图

假设 t 瞬时,多状态系统的状态性能 $G(t)$输出值为 $g_m(t)$,则由 2.1 节易知

$$\begin{cases}g_m(t)=f(g_{1p_1}(t),g_{2p_2}(t),\cdots,g_{np_n}(t))\\ p_i\in\{1,2,\cdots,k_i\},\quad i=1,2,\cdots,n\\ m=1,2,\cdots,K,\quad K=k_1k_2\cdots k_n\end{cases} \tag{4.4}$$

进而由 z 变换函数的基本定义易知,多状态系统的 z 变换函数总可写为

$$\psi_{G(t)}(z)=\sum_{m=1}^{K}p_m(t)z^{g_m(t)} \tag{4.5}$$

注意到,系统各组成单元的状态性能作为随机变量是相互独立的,则有

$$p_m(t)=p_{1p_1}(t)p_{2p_2}(t)\cdots p_{np_n}(t) \tag{4.6}$$

联立式(4.4)~式(4.6),有

$$\psi_{G(t)}(z)=\sum_{m=1}^{K}p_{1p_1}(t)p_{2p_2}(t)\cdots p_{np_n}(t)z^{f(g_{1p_1}(t),g_{2p_2}(t),\cdots,g_{np_n}(t))} \tag{4.7}$$

进一步，考虑 p_i 取值的任意性以及相关定义域内取值的遍历性可知，式(4.7)与式(4.3)在数学意义上是完全等价的，只是同一数学模型的不同表达形式，至此证明完毕。

需要说明的是，引入 z 变换函数的重要意义在于，给定 z 变换函数后，与其对应的随机变量的概率分布也可唯一确定。由此，对于某些存在大量级状态维度($K>30$)的复杂装备系统，可尝试直接获取其状态输出的 z 变换函数，再反过来求各级状态的概率分布，以规避直接利用马尔可夫模型解算存在的技术风险。

4.1.2　通用生成算子

延续 4.1.1 节中的假设与符号定义，多状态系统的状态性能 $G(t)$ 可由 n 个组件单元的状态性能 $G_i(t)$ 唯一确定，两者间的数学关联如下：

$$G(t)=f(G_1(t),G_2(t),\cdots,G_n(t))$$

这里，通过定义一类数学算子——通用生成算子 Ω_f，确定系统级 z 变换函数 $\psi_{G(t)}(z)$ 与组件级 z 变换函数 $\psi_{G_i(t)}(z)$ 的数学关联，如式(4.8)所示。

$$\begin{aligned}\psi_{G(t)}(z)&=\Omega_f(\psi_{G_1(t)}(z),\psi_{G_2(t)}(z),\cdots,\psi_{G_n(t)}(z))\\&=\sum_{j_1=1}^{k_1}\sum_{j_2=1}^{k_2}\cdots\sum_{j_n=1}^{k_n}p_{1j_1}(t)p_{2j_2}(t)\cdots p_{nj_n}(t)z^{f(g_{1j_1}(t),g_{2j_2}(t),\cdots,g_{nj_n}(t))}\end{aligned} \tag{4.8}$$

有关通用生成算子 Ω_f 的表达形式多种多样，既可为函数映射形式，也可为序列映射形式，式(4.8)也可写为

$$\begin{aligned}\psi_{G(t)}(z)&=\Omega_f(\psi_{G_1(t)}(z),\psi_{G_2(t)}(z),\cdots,\psi_{G_n(t)}(z))\\&=\{p_{1j_1}(t)p_{2j_2}(t)\cdots p_{nj_n}(t),f(g_{1j_1}(t),g_{2j_2}(t),\cdots,g_{nj_n}(t))\}\end{aligned} \tag{4.9}$$

需要说明的是，通用生成算子 Ω_f 同步继承给定多状态系统物理构型函数 $f(\cdot)$ 的全部运算特性。在现实工程应用中，多状态系统物理构型函数 $f(\cdot)$ 往往满足交换、结合、迭代等优良运算特性，因此较易实现计算过程的程式化，且非常可能实现计算资源的优化。

4.1.3　通用生成函数

对于给定的组件单元状态性能 $G_i(t)$ 和多状态系统状态性能 $G(t)$，若反映两者 z 变换函数关联的通用生成算子 Ω_f 被定义，则又称 z 变换函数 $\psi_{G_i(t)}(z)$、$\psi_{G(t)}(z)$ 为通用生成函数[5]，相关数学表达式如下：

$$\begin{cases}\psi_{G_i(t)}(z)=\sum\limits_{j=1}^{k_i}p_{ij}(t)z^{g_{ij}(t)}, & i=1,2,\cdots,n\\ \psi_{G(t)}(z)=\Omega_f(\psi_{G_1(t)}(z),\psi_{G_2(t)}(z),\cdots,\psi_{G_n(t)}(z))\end{cases} \tag{4.10}$$

与 z 变换函数具备的解算特性相同，确定系统级或组件级的通用生成函数后，即可反向同步确定其状态性能的概率分布。

[案例 4.1] 某多状态装备系统由 A_1 单元、A_2 单元和 A_3 单元组成，各单元状态性能 $G_i(t)$ 满足如表 4.1 所示的概率分布，且系统物理构型函数如式(4.11)所示，试解算该系统及其各组成单元的通用生成函数。

表 4.1 系统组成单元状态性能 $G_i(t)$ 的概率分布表

j	1	2	3	4
$\Pr\{G_1(t)=g_{1j}\}$	0.2	0.8	—	—
$\Pr\{G_2(t)=g_{2j}\}$	0.1	0.3	0.6	—
$\Pr\{G_3(t)=g_{3j}\}$	0.05	0.15	0.4	0.4

$$f(G_1(t),G_2(t),G_3(t))=G_1(t)+G_2(t)-G_3(t) \tag{4.11}$$

解：由通用生成函数的基本定义可知，A_1 单元通用生成函数为

$$\psi_{G_1(t)}(z)=\sum_{j=1}^{2}p_{1j}(t)z^{g_{1j}(t)}=0.2z^{g_{11}(t)}+0.8z^{g_{12}(t)}$$

A_2 单元通用生成函数为

$$\psi_{G_2(t)}(z)=\sum_{j=1}^{3}p_{2j}(t)z^{g_{2j}(t)}=0.1z^{g_{21}(t)}+0.3z^{g_{22}(t)}+0.6z^{g_{23}(t)}$$

A_3 单元通用生成函数为

$$\psi_{G_3(t)}(z)=\sum_{j=1}^{4}p_{3j}(t)z^{g_{3j}(t)}=0.05z^{g_{31}(t)}+0.15z^{g_{32}(t)}+0.4z^{g_{33}(t)}+0.4z^{g_{34}(t)}$$

进一步，由式(4.8)可知，该多状态系统的通用生成函数为

$$\begin{aligned}
\psi_{G(t)}(z)&=\Omega_f(\psi_{G_1(t)}(z),\psi_{G_2(t)}(z),\psi_{G_3(t)}(z))\\
&=\sum_{j_1=1}^{2}\sum_{j_2=1}^{3}\sum_{j_3=1}^{4}p_{1j_1}(t)p_{2j_2}(t)p_{3j_3}(t)z^{g_{1j_1}(t)+g_{2j_2}(t)-g_{3j_3}(t)}\\
&=0.001z^{g_{11}(t)+g_{21}(t)-g_{31}(t)}+0.003z^{g_{11}(t)+g_{21}(t)-g_{32}(t)}+0.008z^{g_{11}(t)+g_{21}(t)-g_{33}(t)}\\
&\quad+0.008z^{g_{11}(t)+g_{21}(t)-g_{34}(t)}+0.003z^{g_{11}(t)+g_{22}(t)-g_{31}(t)}+0.009z^{g_{11}(t)+g_{22}(t)-g_{32}(t)}\\
&\quad+0.024z^{g_{11}(t)+g_{22}(t)-g_{33}(t)}+0.024z^{g_{11}(t)+g_{22}(t)-g_{34}(t)}+0.006z^{g_{11}(t)+g_{23}(t)-g_{31}(t)}\\
&\quad+0.018z^{g_{11}(t)+g_{23}(t)-g_{32}(t)}+0.048z^{g_{11}(t)+g_{23}(t)-g_{33}(t)}+0.048z^{g_{11}(t)+g_{23}(t)-g_{34}(t)}\\
&\quad+0.004z^{g_{12}(t)+g_{21}(t)-g_{31}(t)}+0.012z^{g_{12}(t)+g_{21}(t)-g_{32}(t)}+0.032z^{g_{12}(t)+g_{21}(t)-g_{33}(t)}\\
&\quad+0.032z^{g_{12}(t)+g_{21}(t)-g_{34}(t)}+0.012z^{g_{12}(t)+g_{22}(t)-g_{31}(t)}+0.036z^{g_{12}(t)+g_{22}(t)-g_{32}(t)}\\
&\quad+0.096z^{g_{12}(t)+g_{22}(t)-g_{33}(t)}+0.096z^{g_{12}(t)+g_{22}(t)-g_{34}(t)}+0.024z^{g_{12}(t)+g_{23}(t)-g_{31}(t)}\\
&\quad+0.072z^{g_{12}(t)+g_{23}(t)-g_{32}(t)}+0.192z^{g_{12}(t)+g_{23}(t)-g_{33}(t)}+0.192z^{g_{12}(t)+g_{23}(t)-g_{34}(t)}
\end{aligned}$$

进而，依据通用生成函数的基本定义，反向确定该多状态系统的概率分布如表 4.2 所示。

表 4.2　多状态系统状态性能 $G(t)$ 概率分布表

序号 j	状态性能 g_j	状态概率 p_j	序号 j	状态性能 g_j	状态概率 p_j
1	$g_{11}(t)+g_{21}(t)-g_{31}(t)$	0.001	13	$g_{12}(t)+g_{21}(t)-g_{31}(t)$	0.004
2	$g_{11}(t)+g_{21}(t)-g_{32}(t)$	0.003	14	$g_{12}(t)+g_{21}(t)-g_{32}(t)$	0.012
3	$g_{11}(t)+g_{21}(t)-g_{33}(t)$	0.008	15	$g_{12}(t)+g_{21}(t)-g_{33}(t)$	0.032
4	$g_{11}(t)+g_{21}(t)-g_{34}(t)$	0.008	16	$g_{12}(t)+g_{21}(t)-g_{34}(t)$	0.032
5	$g_{11}(t)+g_{22}(t)-g_{31}(t)$	0.003	17	$g_{12}(t)+g_{22}(t)-g_{31}(t)$	0.012
6	$g_{11}(t)+g_{22}(t)-g_{32}(t)$	0.009	18	$g_{12}(t)+g_{22}(t)-g_{32}(t)$	0.036
7	$g_{11}(t)+g_{22}(t)-g_{33}(t)$	0.024	19	$g_{12}(t)+g_{22}(t)-g_{33}(t)$	0.096
8	$g_{11}(t)+g_{22}(t)-g_{34}(t)$	0.024	20	$g_{12}(t)+g_{22}(t)-g_{34}(t)$	0.096
9	$g_{11}(t)+g_{23}(t)-g_{31}(t)$	0.006	21	$g_{12}(t)+g_{23}(t)-g_{31}(t)$	0.024
10	$g_{11}(t)+g_{23}(t)-g_{32}(t)$	0.018	22	$g_{12}(t)+g_{23}(t)-g_{32}(t)$	0.072
11	$g_{11}(t)+g_{23}(t)-g_{33}(t)$	0.048	23	$g_{12}(t)+g_{23}(t)-g_{33}(t)$	0.192
12	$g_{11}(t)+g_{23}(t)-g_{34}(t)$	0.048	24	$g_{12}(t)+g_{23}(t)-g_{34}(t)$	0.192

4.2　通用生成函数运算特性

鉴于通用生成算子 Ω_f 可同步继承多状态系统物理构型函数 $f(\cdot)$ 的代数运算特性，因此对于由 n 个组件单元构成的多状态系统，通用生成函数 $\psi_{G(t)}(z)$ 的解算具有如下运算特性。

1) 递推性

如果给定系统的物理构型函数 $f(\cdot)$ 满足如下递推特性：

$$f(G_1(t),G_2(t),\cdots,G_i(t)) = f(f(G_1(t),G_2(t),\cdots,G_{i-1}(t)),G_i(t)),\quad 2<i\leqslant n \tag{4.12}$$

则系统通用生成函数 $\psi_{G(t)}(z)$ 的解算满足如下递推特性：

$$\begin{aligned}\psi_{G(t)}(z) &= \Omega_f(\psi_{G_1(t)}(z),\psi_{G_2(t)}(z),\cdots,\psi_{G_n(t)}(z))\\ &= \Omega_f(\Omega_f(\psi_{G_1(t)}(z),\psi_{G_2(t)}(z),\cdots,\psi_{G_{n-1}(t)}(z)),\psi_{G_n(t)}(z))\end{aligned} \tag{4.13}$$

2) 结合性

如果给定系统的物理构型函数 $f(\cdot)$ 满足如下结合特性：

$$f(G_1(t),G_2(t),\cdots,G_n(t)) = f(f(G_1(t),\cdots,G_{i-1}(t)),f(G_i(t),\cdots,G_n(t))),\quad 2\leqslant i\leqslant n \tag{4.14}$$

则系统通用生成函数 $\psi_{G(t)}(z)$ 的解算满足如下结合特性：

$$\begin{aligned}\psi_{G(t)}(z) &= \Omega_f(\psi_{G_1(t)}(z), \psi_{G_2(t)}(z), \cdots, \psi_{G_n(t)}(z)) \\ &= \Omega_f(\Omega_f(\psi_{G_1(t)}(z), \cdots, \psi_{G_{i-1}(t)}(z)), \Omega_f(\psi_{G_i(t)}(z), \cdots, \psi_{G_n(t)}(z)))\end{aligned} \tag{4.15}$$

3）交换性

如果给定系统的物理构型函数 $f(\cdot)$满足如下交换特性：

$$f(G_1(t), \cdots, G_i(t), G_{i+1}(t), \cdots, G_n(t)) = f(G_1(t), \cdots, G_{i+1}(t), G_i(t), \cdots, G_n(t)), \quad 1 \leqslant i \leqslant n-1 \tag{4.16}$$

则系统通用生成函数 $\psi_{G(t)}(z)$ 的解算满足如下交换特性：

$$\begin{aligned}\psi_{G(t)}(z) &= \Omega_f(\psi_{G_1(t)}(z), \cdots, \psi_{G_i(t)}(z), \psi_{G_{i+1}(t)}(z), \cdots, \psi_{G_n(t)}(z)) \\ &= \Omega_f(\psi_{G_1(t)}(z), \cdots, \psi_{G_{i+1}(t)}(z), \psi_{G_i(t)}(z), \cdots, \psi_{G_n(t)}(z))\end{aligned} \tag{4.17}$$

[案例 4.2]　某多状态电子装备任务系统由 n 个信息子单元组成，全系统及各子单元均以信息处理速度作为其状态性能评判指标，相关物理构型函数为

$$f(G_1(t), G_2(t), \cdots, G_n(t)) = \frac{1}{\sum_{i=1}^{n} G_i^{-1}(t)}$$

设任意子单元 i 的通用生成函数 $\psi_{G_i(t)}(z)$ 为

$$\psi_{G_i(t)}(z) = (1-p_i)z^0 + p_i z^{g_i}, \quad 1 \leqslant i \leqslant n$$

试利用通用生成函数的运算特性，解算该多状态电子装备任务系统的通用生成函数 $\psi_{G(t)}(z)$。

解：首先，考察全系统物理构型函数 $f(\cdot)$的运算特性，当 $n=2$ 时，有

$$\begin{aligned}f(G_1(t), G_2(t)) &= \frac{1}{G_1^{-1}(t) + G_2^{-1}(t)} \\ &= \frac{1}{f^{-1}(G_1(t)) + G_2^{-1}(t)} \\ &= f(f(G_1(t)), G_2(t))\end{aligned}$$

当 $n=3$ 时，有

$$\begin{aligned}f(G_1(t), G_2(t), G_3(t)) &= \frac{1}{G_1^{-1}(t) + G_2^{-1}(t) + G_3^{-1}(t)} \\ &= \frac{1}{f^{-1}(G_1(t), G_2(t)) + G_3^{-1}(t)} \\ &= f(f(G_1(t), G_2(t)), G_3(t))\end{aligned}$$

类似的，由数学归纳法，易证明全系统物理构型函数 $f(\cdot)$满足如下递推关系：

$$f(G_1(t), G_2(t), \cdots, G_n(t)) = f(f(G_1(t), G_2(t), \cdots, G_{n-1}(t)), G_n(t))$$

由此可知，全系统通用生成函数 $\psi_{G(t)}(z)$ 满足如下递推关系：

$$\begin{aligned}\psi_{G(t)}(z) &= \Omega_f(\psi_{G_1(t)}(z), \psi_{G_2(t)}(z), \cdots, \psi_{G_n(t)}(z)) \\ &= \Omega_f(\Omega_f(\psi_{G_1(t)}(z), \psi_{G_2(t)}(z), \cdots, \psi_{G_{n-1}(t)}(z)), \psi_{G_n(t)}(z))\end{aligned}$$

进而，可由单元 i 的通用生成函数 $\psi_{G_i(t)}(z)$ 递推解算全系统的通用生成函数 $\psi_{G(t)}(z)$，即有

$$\psi_{G_1(t)}(z)=(1-p_1)z^0+p_1z^{g_1}$$

$$\psi_{G_2(t)}(z)=(1-p_2)z^0+p_2z^{g_2}$$

$$\Omega_f(\psi_{G_1(t)}(z),\psi_{G_2(t)}(z))=(1-p_1p_2)z^0+p_1p_2z^{(g_1^{-1}+g_2^{-1})^{-1}}$$

$$\begin{aligned}\Omega_f(\psi_{G_1(t)}(z),\psi_{G_2(t)}(z),\psi_{G_3(t)}(z))&=\Omega_f(\Omega_f(\psi_{G_1(t)}(z),\psi_{G_2(t)}(z)),\psi_{G_3(t)}(z))\\&=(1-\prod_{i=1}^{3}p_i)z^0+\prod_{i=1}^{3}p_iz^{\left(\sum_{i=1}^{3}g_i^{-1}\right)^{-1}}\end{aligned}$$

最终，递推可得全系统的通用生成函数 $\psi_{G(t)}(z)$ 为

$$\begin{aligned}\psi_{G(t)}(z)&=\Omega_f(\psi_{G_1(t)}(z),\psi_{G_2(t)}(z),\cdots,\psi_{G_n(t)}(z))\\&=(1-\prod_{i=1}^{n}p_i)z^0+\prod_{i=1}^{n}p_iz^{\left(\sum_{i=1}^{n}g_i^{-1}\right)^{-1}}\end{aligned}$$

4.3　复杂系统通用生成函数

工程上的装备复杂系统一般多具有元件构成多、逻辑关联结构复杂、状态性能多变等特征。直接面向全系统实施可靠性建模、分析与评估，无论是马尔可夫模型法，还是其他传统可靠性评估方法，求解难度往往都很大，甚至根本无法求解。因此，行业工程师在处理装备复杂系统的可靠性解算问题前，通常试图将复杂系统构架等价解化为几类易于解算的经典可靠性构架，如串联、并联、串并混联、桥联等[6]。本节旨在给出串联、并联、串并混联、桥联等经典可靠性构架下的通用生成函数解算方法，该方法是有效解算多状态复杂装备系统通用生成函数的技术基础，也是规避大状态维度困境陷阱后，有效解算多状态复杂装备系统可靠性的根本手段。

4.3.1　串联子系统

常规的装备串联子系统大致可分为两类：一类为流体传输串联子系统；另一类为任务处理串联子系统。对于由 n 个单元组成的多状态系统，相关可靠性构架如图 4.2 所示。

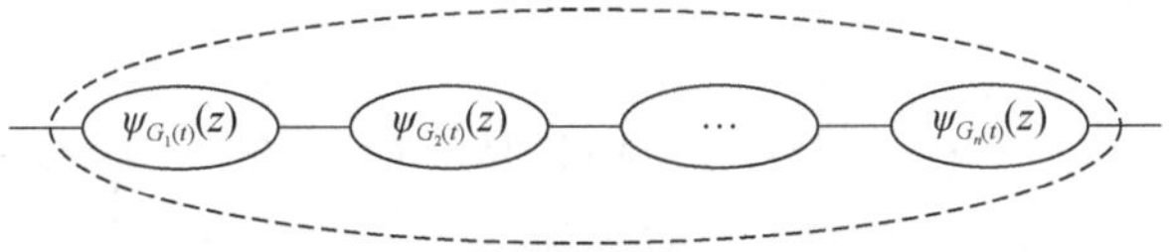

图 4.2　串联子系统可靠性构架

1) 流体传输串联子系统

流体传输串联子系统通常以流量或传输能力作为状态性能定义，此时系统的状态性能取决于各组成单元中的最低状态性能单元，相关物理构型函数为

$$f_{\text{ser}}^{(1)}(G_1(t),G_2(t),\cdots,G_n(t))=\min\{G_1(t),G_2(t),\cdots,G_n(t)\} \tag{4.18}$$

式中，$G_i(t)$为第 i 个单元的传输能力；下标 ser 代表串联子系统；上标(1)代表第 1 类串联子系统。

2) 任务处理串联子系统

任务处理串联子系统通常以任务处理速度作为状态性能定义，一般假设系统执行任务期间，只有第 i 个单元完成任务处理后，第 $i+1$ 个单元才会后继启动任务处理，相关物理构型函数为

$$f_{\text{ser}}^{(2)}(G_1(t),G_2(t),\cdots,G_n(t))=\frac{1}{\sum\limits_{i=1}^{n}T_i(t)}=\frac{1}{\sum\limits_{i=1}^{n}G_i^{-1}(t)} \tag{4.19}$$

式中，$G_i(t)$为第 i 个单元的任务处理速度；$T_i(t)$为第 i 个单元的任务处理时长；上标 2 代表第 2 类串联子系统。

综上，在明确串联子系统的各物理构型函数后，即可解算串联子系统的通用生成函数 $\psi_{G(t)}^{\text{ser}}(z)$：

$$\begin{aligned}\psi_{G(t)}^{\text{ser}}(z)&=\Omega_f(\psi_{G_1(t)}(z),\psi_{G_2(t)}(z),\cdots,\psi_{G_n(t)}(z))\\&=\sum_{j_1=1}^{k_1}\sum_{j_2=1}^{k_2}\cdots\sum_{j_n=1}^{k_n}p_{1j_1}(t)p_{2j_2}(t)\cdots p_{nj_n}(t)z^{f_{\text{ser}}^{(m)}(g_{1j_1}(t),g_{2j_2}(t),\cdots,g_{nj_n}(t))}\end{aligned} \tag{4.20}$$

式中，$\psi_{G_i(t)}(z)$ 为组成单元 i 的通用生成函数；Ω_f 为通用生成算子；m 为串联子系统物理构型函数决定因子(取值为 1 时代表第 1 类串联子系统，取值为 2 时代表第 2 类串联子系统)；其他符号含义同式(4.3)，此处不再赘述。

[案例 4.3]　某燃油传输子系统由 n 段管路单元串联构成。已知各段管路单元的通用生成函数为

$$\psi_{G_i(t)}(z)=(1-p_i)z^0+p_iz^{g_i},\quad i=1,2,\cdots,n$$

试解算该燃油管路传输系统的通用生成函数 $\psi_{G(t)}^{\text{ser}}(z)$。

解：由题意可知，该燃油管路传输系统可视为由 n 个单元构成的第 1 类串联子系统。因此，由式(4.18)可得，燃油管路传输系统的物理构型函数为

$$f_{\text{ser}}^{(1)}(G_1(t),G_2(t),\cdots,G_n(t))=\min\{G_1(t),G_2(t),\cdots,G_n(t)\}$$

注意到

$$f_{\text{ser}}^{(1)}(G_1(t),G_2(t),\cdots,G_n(t))=f_{\text{ser}}^{(1)}(f_{\text{ser}}^{(1)}(G_1(t),G_2(t),\cdots,G_{n-1}(t)),G_n(t))$$

则有

$$\begin{aligned}\psi_{G(t)}^{\text{ser}}(z)&=\Omega_{f_{\text{ser}}^{(1)}}(\psi_{G_1(t)}(z),\psi_{G_2(t)}(z),\cdots,\psi_{G_n(t)}(z))\\&=\Omega_{f_{\text{ser}}^{(1)}}(\Omega_{f_{\text{ser}}^{(1)}}(\psi_{G_1(t)}(z),\psi_{G_2(t)}(z),\cdots,\psi_{G_{n-1}(t)}(z)),\psi_{G_n(t)}(z))\end{aligned}$$

$$=(1-\prod_{i=1}^{n} p_i)z^0+\prod_{i=1}^{n} p_i z^{f_{\text{ser}}^{(1)}(g_1,g_2,\cdots,g_n)}$$

$$=(1-\prod_{i=1}^{n} p_i)z^0+\prod_{i=1}^{n} p_i z^{\min\{g_1,g_2,\cdots,g_n\}}$$

4.3.2　并联子系统

与装备串联子系统类似，装备并联子系统也可分为流体传输并联子系统和任务处理并联子系统两类。对于由 n 个单元组成的多状态系统，相关可靠性构架如图 4.3 表示。

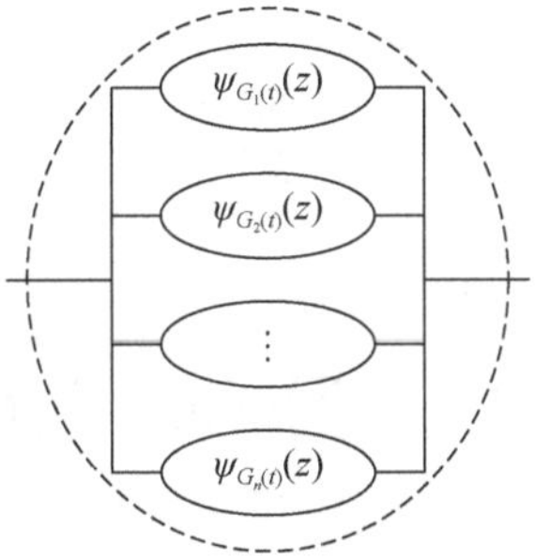

图 4.3　并联子系统可靠性构架

1）流体传输并联子系统

流体传输并联子系统通常以流量或传输能力作为状态性能定义，当各组成单元相互独立且允许同时工作时，系统状态性能取决于各组成单元状态性能总和，相关物理构型函数为

$$f_{\text{par}}^{(1)}(G_1(t),G_2(t),\cdots,G_n(t))=\sum_{i=1}^{n} G_i(t) \tag{4.21}$$

当各组成单元中仅允许唯一最大状态性能单元工作时，系统状态性能取决于最大状态性能单元，此时，相关物理构型函数为

$$f_{\text{par}}^{(2)}(G_1(t),G_2(t),\cdots,G_n(t))=\max\{G_1(t),G_2(t),\cdots,G_n(t)\} \tag{4.22}$$

式(4.21)和式(4.22)中，$G_i(t)$为第 i 个单元的传输能力；下标 par 代表并联子系统；上标(1)代表第 1 类并联系统；上标(2)代表第 2 类并联系统。

2）任务处理并联子系统

任务处理串联子系统通常以任务处理速度作为状态性能定义，若假设系统执行任务期间各组成单元不共享任务内容，以竞争方式选择唯一单元实施任务处理，则系统状态性能取决于各组成单元中最优状态性能单元，相关物理构型函数为

$$f_{\text{par}}^{(3)}(G_1(t),G_2(t),\cdots,G_n(t))=\max\{G_1(t),G_2(t),\cdots,G_n(t)\} \tag{4.23}$$

若系统执行任务期间各组成单元共享任务内容，则系统状态性能取决于各组

成单元中最劣状态性能单元。注意，在确定其物理构型函数前，需做几点补充说明：

(1) 任务内容可在各单元间按照任意比例分配；

(2) 有关任务途径规划工作均在任务执行前完成，不再占用任务执行时间；

(3) 忽略任务执行期间各单元的失效事件。

基于以上补充说明，对于系统总任务工作量 y，各单元 i 分享任务量 y_i，则单元 i 的任务处理时长为 $y_i/G_i(t)$，全系统的任务处理时长为 $\max\{y_1/G_1(t), y_2/G_2(t), \cdots, y_n/G_n(t)\}$。通过优化解算易知，当 y_i 取 y^* 时，可确保全系统任务处理时长最短。

$$y^* = \frac{yG_i(t)}{\sum_{i=1}^{n} G_i(t)} \tag{4.24}$$

此时，全系统任务处理时长为

$$T = \frac{y^*}{G_i(t)} = \frac{yG_i(t)}{\sum_{i=1}^{n} G_i(t)} = \frac{y}{\sum_{i=1}^{n} G_i(t)} \tag{4.25}$$

至此，可得物理构型函数为

$$f_{\text{par}}^{(4)}(G_1(t), G_2(t), \cdots, G_n(t)) = G(t) = \frac{y}{T} = \sum_{i=1}^{n} G_i(t) \tag{4.26}$$

式(4.23)、式(4.26)中，$G_i(t)$为第 i 个单元的任务处理速度；$G(t)$为全系统的任务处理速度；上标(3)代表第 3 类并联子系统；上标(4)代表第 4 类并联子系统。

需要注意的是，第 1 类并联子系统与第 4 类并联子系统、第 2 类并联子系统与第 3 类并联子系统的物理构型函数表达式虽然完全相同，但具体物理意义不同，不应混为一谈。

综上，在明确并联子系统的各型物理构型函数后，即可解算并联子系统的通用生成函数 $\psi_{G(t)}^{\text{par}}(z)$：

$$\begin{aligned}\psi_{G(t)}^{\text{par}}(z) &= \Omega_f(\psi_{G_1(t)}(z), \psi_{G_2(t)}(z), \cdots, \psi_{G_n(t)}(z)) \\ &= \sum_{j_1=1}^{k_1}\sum_{j_2=1}^{k_2}\cdots\sum_{j_n=1}^{k_n} p_{1j_1}(t)p_{2j_2}(t)\cdots p_{nj_n}(t) z^{f_{\text{par}}^{(m)}(g_{1j_1}(t), g_{2j_2}(t), \cdots, g_{nj_n}(t))}\end{aligned} \tag{4.27}$$

式中，m 为并联子系统物理构型函数决定因子(取值 1、2、3、4 时，分别代表第 1、2、3、4 类并联子系统)；其他符号含义同式(4.20)，此处不再赘述。

[案例 4.4] 某燃油传输子系统由 3 段管路单元并联构成，正常工作时，选择燃油传输能力最优管路作为燃油输送实际载体。已知各管路单元的通用生成函数为

$$\psi_{G_i(t)}(z) = (1-p_i)z^0 + p_i z^{g_i}, \quad i = 1, 2, 3$$

试解算该并联燃油管路传输系统的通用生成函数 $\psi_{G(t)}^{\mathrm{par}}(z)$ 。

解：由题意可知，该燃油管路传输系统可视为由 3 个组成单元构成的第 3 类并联子系统。因此，由式(4.22)可得，燃油管路传输系统的物理构型函数为

$$f_{\mathrm{par}}^{(2)}(G_1(t),G_2(t),G_3(t))=\max\{G_1(t),G_2(t),G_3(t)\}$$

注意到

$$f_{\mathrm{par}}^{(2)}(G_1(t),G_2(t),G_3(t))=f_{\mathrm{par}}^{(2)}(f_{\mathrm{par}}^{(2)}(G_1(t),G_2(t)),G_3(t))$$

则有

$$\begin{aligned}
\psi_{G(t)}^{\mathrm{par}}(z)&=\Omega_{f_{\mathrm{par}}^{(2)}}(\psi_{G_1(t)}(z),\psi_{G_2(t)}(z),\psi_{G_3(t)}(z))\\
&=\Omega_{f_{\mathrm{par}}^{(2)}}(\Omega_{f_{\mathrm{par}}^{(2)}}(\psi_{G_1(t)}(z),\psi_{G_2(t)}(z)),\psi_{G_3(t)}(z))\\
&=\prod_{i=1}^{3}(1-p_i)z^0+(1-p_2)(1-p_3)z^{g_1}\\
&\quad+(1-p_1)(1-p_3)z^{g_2}+p_1p_2(1-p_3)z^{\max\{g_1,g_2\}}\\
&\quad+(1-p_1)(1-p_2)p_3z^{g_3}+(1-p_1)p_2p_3z^{\max\{g_2,g_3\}}\\
&\quad+(1-p_2)p_1p_3z^{\max\{g_1,g_3\}}+\prod_{i=1}^{3}p_iz^{\max\{g_1,g_2,g_3\}}
\end{aligned}$$

4.3.3　串并混联子系统

装备复杂系统结构复杂，各单元间耦合方式多样，且在多数情况下，并不以单一的串联或并联结构形式存在，而是以串并混联结构形式存在。这里，为便于描述串并混联子系统的通用生成函数解算方法，给出一类最为经典的串并混联可靠性构架如图 4.4 所示。其余形式的串并混联可靠性构架均可采用恰当技术方法，将其转化为该经典构架。

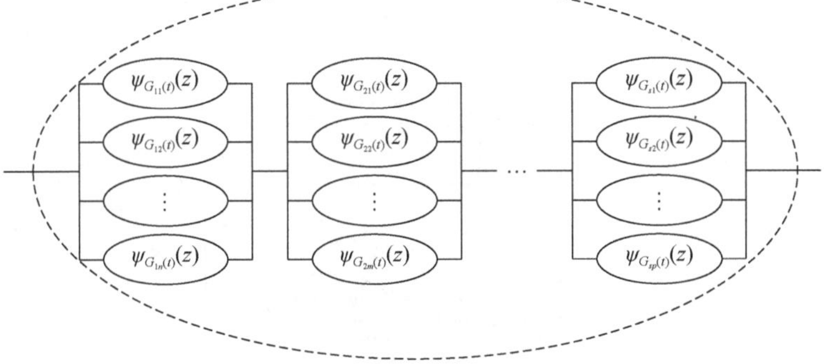

图 4.4　串并混联子系统可靠性构架

观察图 4.4 可知，串并混联可靠性构架经局部割分后，均可回归为某类单一串联可靠性构架或单一并联可靠性构架。由此，串并混联子系统的通用生成函数解

算,可按如下步骤实施:

(1) 局部割分串并混联可靠性构架至单一串联或并联可靠性子构架;

(2) 利用串联或并联可靠性子构架的通用生成算子 $\Omega_{f_{ser}}/\Omega_{f_{par}}$,解算串联或并联可靠性子构架的通用生成函数 $\psi^{ser}(z)/\psi^{par}(z)$;

(3) 将解算后的串联或并联可靠性子构架等价替换为串并混联可靠性构架的独立组成单元;

(4) 等价替换后,若串并混联可靠性构架内仍存有串联或并联可靠性子构架,则跳转至第(1)步;

(5) 等价替换后,若串并混联可靠性构架内再无串联或并联可靠性子构架,则利用串并混联可靠性构架的通用生成算子 Ω_f,解算串并混联可靠性构架的通用生成函数 $\psi(z)$ 。

[案例 4.5] 某武器装备系统的可靠性构架模型如图 4.5 所示。假设其各组成单元的通用生成函数 $\psi_{G_i(t)}(z)$ 已知,且串联、并联结构物理构型函数分别以 ser、par 符号标记,试推导该武器装备系统的通用生成函数 $\psi_{G(t)}(z)$ 解算公式。

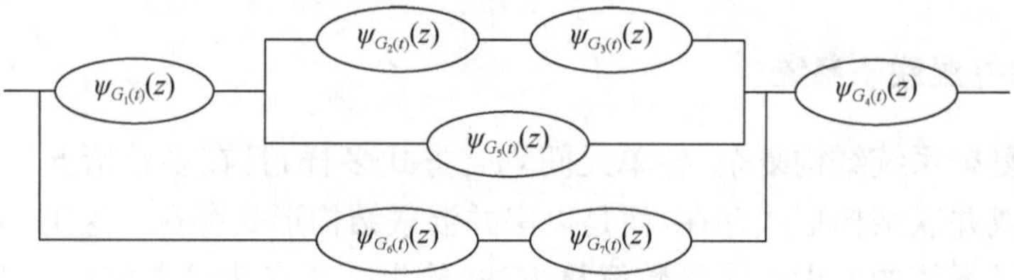

图 4.5 某武器装备系统可靠性构架

解:观察图 4.5 可知,该武器装备系统的可靠性构架为串并混联构架。由此,可遵照下面给出的步骤,推导舰载武器系统通用生成函数 $\psi_{G(t)}(z)$ 。

(1) 1 次局部割分:

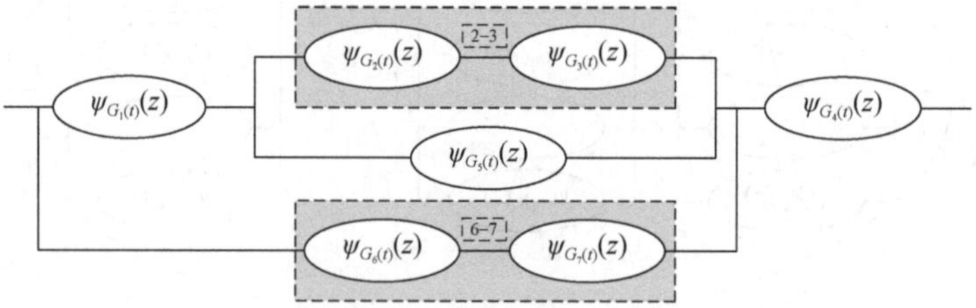

(2) 解算串联可靠性子构架通用生成函数:

$$\psi_{G_{2-3}(t)}(z)=\Omega_{f_{ser}}(\psi_{G_2(t)}(z),\psi_{G_3(t)}(z)),\quad \psi_{G_{6-7}(t)}(z)=\Omega_{f_{ser}}(\psi_{G_6(t)}(z),\psi_{G_7(t)}(z))$$

(3) 等价替换：

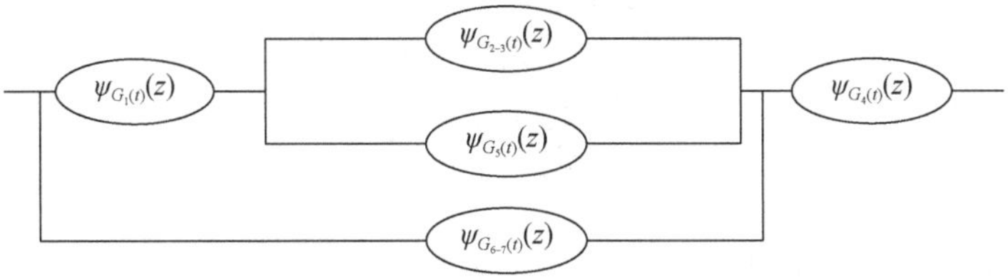

(4) 2 次局部割分：

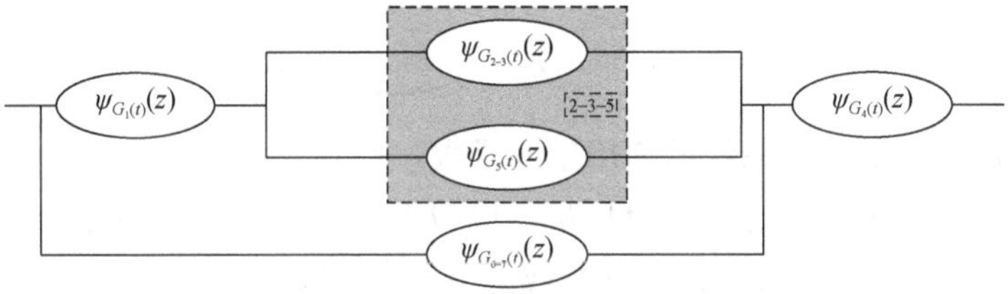

(5) 解算并联可靠性子结构通用生成函数：

$$\psi_{G_{2-3-5}(t)}(z)=\Omega_{f_{\text{par}}}(\psi_{G_{2-3}(t)}(z),\psi_{G_5(t)}(z))$$

(6) 等价替换：

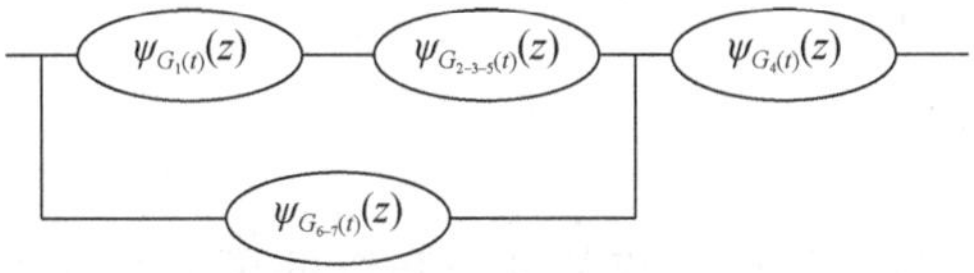

(7) 3 次局部割分：

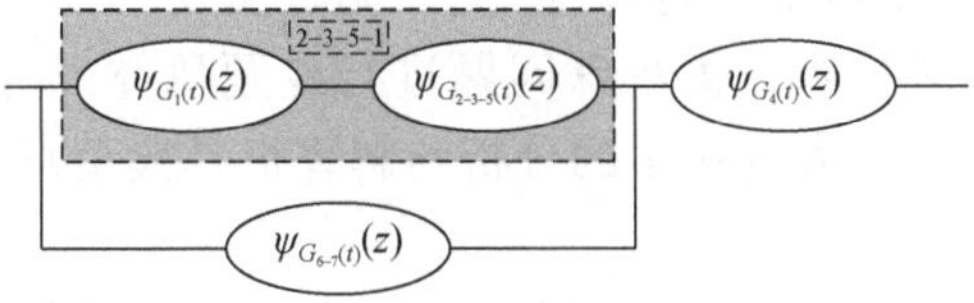

(8) 解算串联可靠性子结构通用生成函数：

$$\psi_{G_{2-3-5-1}(t)}(z)=\Omega_{f_{\text{ser}}}(\psi_{G_{2-3-5}(t)}(z),\psi_{G_1(t)}(z))$$

(9) 等价替换：

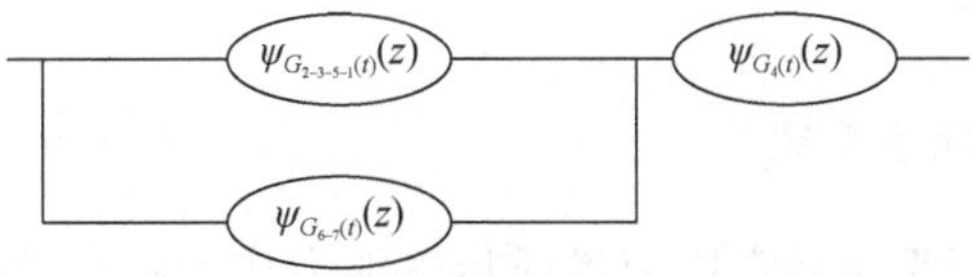

(10) 4 次局部割分：

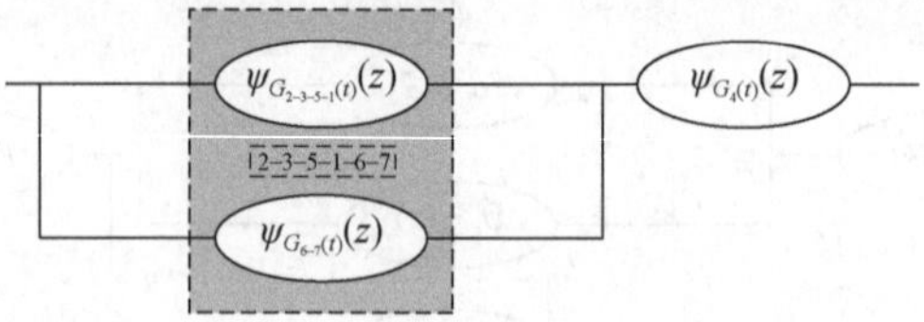

(11) 解算并联可靠性子结构通用生成函数：

$$\psi_{G_{2-3-5-1-6-7}(t)}(z)=\Omega_{f_{\text{par}}}(\psi_{G_{2-3-5-1}(t)}(z),\psi_{G_{6-7}(t)}(z))$$

(12) 等价替换：

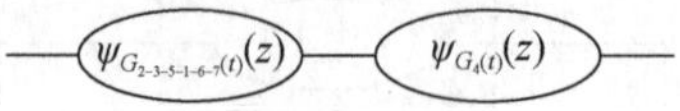

(13) 解算武器装备系统的通用生成函数：

$$\begin{aligned}\psi_{G(t)}(z)&=\Omega_{f_{\text{par}}}(\psi_{G_{2-3-5-1-6-7}(t)}(z),\psi_{G_4(t)}(z))\\&=\Omega_{f_{\text{par}}}(\Omega_{f_{\text{par}}}(\psi_{G_{2-3-5-1}(t)}(z),\psi_{G_{6-7}(t)}(z)),\psi_{G_4(t)}(z))\\&=\Omega_{f_{\text{par}}}(\Omega_{f_{\text{par}}}(\Omega_{f_{\text{ser}}}(\psi_{G_{2-3-5}(t)}(z),\psi_{G_1(t)}(z)),\psi_{G_{6-7}(t)}(z)),\psi_{G_4(t)}(z))\\&=\Omega_{f_{\text{par}}}(\Omega_{f_{\text{par}}}(\Omega_{f_{\text{ser}}}(\Omega_{f_{\text{par}}}(\psi_{G_{2-3}(t)}(z),\psi_{G_5(t)}(z)),\\&\quad\psi_{G_1(t)}(z)),\psi_{G_{6-7}(t)}(z)),\psi_{G_4(t)}(z))\\&=\Omega_{f_{\text{par}}}(\Omega_{f_{\text{par}}}(\Omega_{f_{\text{ser}}}(\Omega_{f_{\text{par}}}(\Omega_{f_{\text{ser}}}(\psi_{G_2(t)}(z),\psi_{G_3(t)}(z)),\psi_{G_5(t)}(z)),\\&\quad\psi_{G_1(t)}(z)),\Omega_{f_{\text{ser}}}(\psi_{G_6(t)}(z),\psi_{G_7(t)}(z))),\psi_{G_4(t)}(z))\end{aligned}$$

4.3.4　桥联子系统

工程实际中，大多数情况下，装备复杂系统的可靠性原始构架均可通过适当技术手段，等价转换为串联、并联或串并混联可靠性构架。但也存在少数情况，系统各组成单元间的结构耦合特殊性，使其无法实现与前述几类可靠性构架的等价转换。这里，将其作为一类特殊问题进行专题研究。与之相关的系列可靠性构架中，桥联子系统可靠性构架的分析与解算极具典型意义，本节将进行详细介绍。

典型的桥联子系统可靠性构架如图 4.6 所示。整个可靠性构架由 5 个独立单元组成，分别分布于两条并行干路（$a-c-b$、$a-d-b$）和一条桥联支路（$c-d$），去除桥联支路，则桥联子系统可靠性构架可直接等价为并联子系统可靠性构架。

与串联、并联子系统类似，桥联子系统也大致分为流体传输桥联子系统和任务处理桥联子系统两类。

1. 流体传输桥联子系统

流体传输桥联子系统通常以流量或传输能力作为状态性能定义，当各组成单

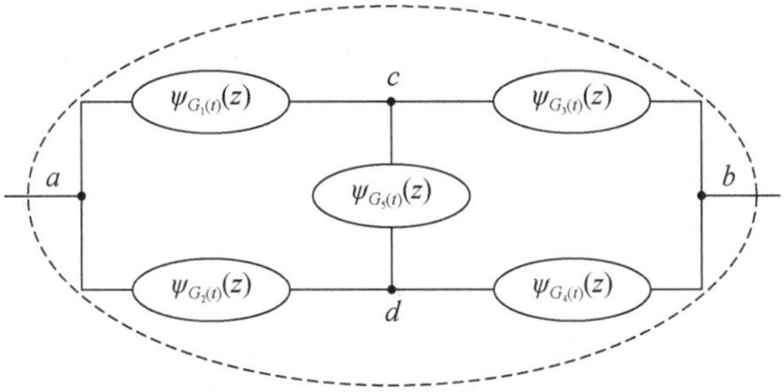

图 4.6　桥联子系统可靠性构架

元相互独立且允许同时工作时，系统状态性能可由如下物理构型函数 $f_{\mathrm{bri}}^{(1)}$ 确定：

$$\begin{aligned} f_{\mathrm{bri}}^{(1)}(G_1(t),G_2(t),\cdots,G_5(t)) = & \min\{G_1(t),G_3(t)\}+\min\{G_2(t),G_4(t)\} \\ & +\chi(\Delta)\min\{|G_1(t)-G_3(t)|, \\ & |G_2(t)-G_4(t)|,G_5(t)\} \end{aligned} \tag{4.28}$$

式中

$$\chi(\Delta)=\begin{cases}1, & (G_1(t)-G_3(t))(G_2(t)-G_4(t))<0 \\ 0, & (G_1(t)-G_3(t))(G_2(t)-G_4(t))\geqslant 0\end{cases}$$

式中，$G_i(t)$ 为第 i 个单元的传输能力；下标 bri 代表桥联子系统；上标(1)代表第 1 类桥联系统。

式(4.28)的证明过程为：首先，假设桥联子系统内流体流向如图 4.7 所示。一路自 $a-c$ 干路流入 c 节点，$c-b$ 干路、$c-d$ 支路流出 c 节点；另一路自 $a-d$ 干路、$c-d$ 支路流入 d 节点，$d-b$ 干路流出 d 节点。

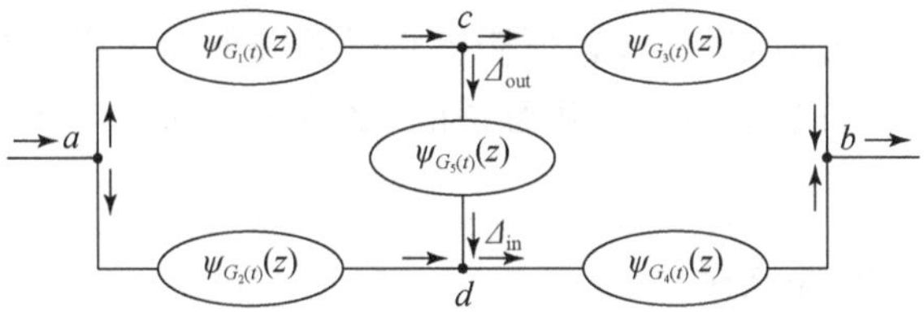

图 4.7　流体传输桥联子系统可靠性构架示意图

因此，由流体流向的任意性及实际问题的物理意义有

$$\begin{cases}\Delta_{\mathrm{out}}=\max\{(G_1(t)-G_3(t)),(G_2(t)-G_4(t)),0\} \\ \Delta_{\mathrm{in}}=\max\{(G_3(t)-G_1(t)),(G_4(t)-G_2(t)),0\}\end{cases} \tag{4.29}$$

分析式(4.29)可知，仅当$(G_1(t)-G_3(t))(G_2(t)-G_4(t))<0$ 时，$c-d$ 支路内才可能存在流体流动，且相关流量 $G_5^{c-d}(t)$ 应满足

$$G_5^{c-d}(t)=\min\{\Delta_{\mathrm{out}},\Delta_{\mathrm{in}},G_5(t)\} \tag{4.30}$$

进一步，计算流体传输桥联子系统的总流量 $G(t)$，可由两条并行干路流量 $G_{13}^{a-c-b}(t)$ 、$G_{24}^{a-d-b}(t)$ 和一条桥联支路流量 $G_5^{c-d}(t)$ 求和确定，即

$$G(t)=G_{13}^{a-c-b}(t)+G_{24}^{a-d-b}(t)+G_5^{c-d}(t) \tag{4.31}$$

式中

$$\begin{cases}G_{13}^{a-c-b}(t)=\min\{G_1(t),G_3(t)\}\\ G_{24}^{a-d-b}(t)=\min\{G_2(t),G_4(t)\}\end{cases} \tag{4.32}$$

综上，联立式(4.30)～式(4.32)，可证明式(4.28)成立。

当流体传输桥联子系统仅允许处于最优状态性能通路(最大传输流量)上的组成单元工作时，系统状态性能可由如下物理构型函数 $f_{\text{bri}}^{(2)}$ 确定：

$$f_{\text{bri}}^{(2)}(G_1(t),G_2(t),\cdots,G_5(t))=\max\begin{Bmatrix}\min\{G_1(t),G_3(t)\},\min\{G_2(t),G_4(t)\},\\ \min\{G_1(t),G_5(t),G_4(t)\},\min\{G_2(t),G_5(t),G_3(t)\}\end{Bmatrix} \tag{4.33}$$

式中，上标(2)代表第 2 类桥联系统。

式(4.33)的证明过程为(仍以图 4.7 为例进行说明)：流体传输桥联子系统 $a\to b$ 流向共包含 4 条通路，分别为 $a\to c\to b$、$a\to d\to b$、$a\to c\to d\to b$、$a\to d\to c\to b$。相关通路流经单元满足第 1 类串联子系统特征，因此对应的通路流量分别为 $\min\{G_1(t)、G_3(t)\}$、$\min\{G_2(t),G_4(t)\}$、$\min\{G_1(t),G_5(t),G_4(t)\}$、$\min\{G_2(t),G_5(t),G_3(t)\}$；又由于仅允许选择最优状态性能通路实现流体传输，因此就 $a\to b$ 流向流体传输而言，应选择最大流量通路，式(4.33)证毕。

需要注意的是，由于桥联子系统各组成单元间的状态性能耦合，且并不完全相互独立，例如 $G_5^{c-d}(t)$ 的取值与 $G_1(t)$、$G_2(t)$、$G_3(t)$、$G_4(t)$、$G_5(t)$均相关，因此无法像串并混联子系统那样，利用“局部割分、逐层递推”方法，实现系统的通用生成函数解算。为此，遭遇类似问题时，必须从桥联子系统整体考虑，综合各组成单元的状态性能，逐一解算桥联子系统的状态性能，之后参照通用生成函数的基本定义，实现问题求解。

2. 任务处理桥联子系统

任务处理桥联子系统通常以任务处理速度作为状态性能定义，各组成单元自前至后逐个按序启动工作任务。假设系统执行任务期间，各单元间不共享任务内容，以竞争方式选择最优性能路径(最快执行速度)实现任务处理。此时，系统状态性能可由如下物理构型函数 $f_{\text{bri}}^{(3)}$ 确定：

$$f_{\text{bri}}^{(3)}(G_1(t),G_2(t),\cdots,G_5(t))=\max\left\{\frac{1}{t_1+t_3},\frac{1}{t_2+t_4},\frac{1}{t_1+t_5+t_4},\frac{1}{t_2+t_5+t_3}\right\} \tag{4.34}$$

式中

$$t_i = \frac{1}{G_i(t)}, \quad i=1,2,3,4,5$$

式中，$G_i(t)$为第 i 个单元的任务处理速度；t_i为第 i 个单元的任务处理时间；上标(3)代表第 3 类桥联系统。

式(4.34)的证明过程为：仍以图 4.7 为例进行说明。任务处理桥联子系统共含 4 条执行路径，分别为 $a \to c \to b$、$a \to d \to b$、$a \to c \to d \to b$、$a \to d \to c \to b$，相关执行路径载置单元满足第 2 类串联子系统特征，因此对应的任务执行时间为 t_1+t_3，t_2+t_4，$t_1+t_5+t_4$，$t_2+t_5+t_3$；又由于仅允许选择最优性能路径实现任务处理，因此应选择最短任务执行时间，即最快执行速度路径，式(4.34)证毕。

假设系统执行任务期间，各单元间可共享任务内容，此时，系统状态性能可由如下物理构型函数 $f_{\text{bri}}^{(4)}$ 确定：

$$\begin{aligned} & f_{\text{bri}}^{(4)}(G_1(t),G_2(t),\cdots,G_5(t)) \\ & = \max\left\{ \begin{aligned} & \frac{1}{\dfrac{G_2(t)+G_5(t)}{G_1(t)G_2(t)+G_1(t)G_5(t)+G_2(t)G_5(t)} + \dfrac{G_4(t)+G_5(t)}{G_3(t)G_4(t)+G_3(t)G_5(t)+G_4(t)G_5(t)}}, \\ & \frac{1}{\dfrac{G_1(t)+G_5(t)}{G_1(t)G_2(t)+G_1(t)G_5(t)+G_2(t)G_5(t)} + \dfrac{G_3(t)+G_5(t)}{G_3(t)G_4(t)+G_3(t)G_5(t)+G_4(t)G_5(t)}} \end{aligned} \right\} \end{aligned} \tag{4.35}$$

式中，上标(4)代表第 4 类桥联系统。

式(4.35)的证明过程为：仍以图 4.7 为例进行说明。首先，假设系统任务工作量 y 分前后两个阶段执行任务，$a \to c/d$ 为第 1 阶段，$c/d \to b$ 为第 2 阶段；然后，取任务分配系数 α，鉴于相关任务单元处理速度不同，第 1 阶段系统可能存在两个任务结束点，若结束于节点 c，则第 1 阶段执行任务花费时间 t_{1c}为

$$t_{1c} = \max\{t_1, t_2+t_5\} = \max\left\{\frac{(1-\alpha)y}{G_1(t)}, \frac{\alpha y}{G_2(t)} + \frac{\alpha y}{G_5(t)}\right\} \tag{4.36}$$

通过优化解算易知，当 α 取 α^* 时，可确保 t_{1c}取值最小。

$$\alpha^* = \frac{G_2(t)G_5(t)}{G_1(t)G_2(t)+G_1(t)G_5(t)+G_2(t)G_5(t)} \tag{4.37}$$

此时有

$$t_{1c} = \frac{y(G_2(t)+G_5(t))}{G_1(t)G_2(t)+G_1(t)G_5(t)+G_2(t)G_5(t)}$$

类似的，若结束于节点 d，则第 1 阶段执行任务花费时间 t_{1d}为

$$t_{1d} = \max\{t_2, t_1+t_5\} = \frac{y(G_1(t)+G_5(t))}{G_1(t)G_2(t)+G_1(t)G_5(t)+G_2(t)G_5(t)} \tag{4.38}$$

下面考虑第 2 阶段任务。同样，取任务分配系数 β，若自节点 c 触发，则第 2 阶段执行任务花费时间 t_{2c}为

(3) 设备各级状态性能间的跃迁过程满足连续时间离散状态马尔可夫过程特征；

(4) 反映不同设备工作性能的状态变量为相互独立的随机变量。

2. 设备多状态模型

1) 锅炉

锅炉设备 A_1 和 A_2 的状态性能分布一致，均含 3 类运行状态：2 类常态化运行状态，分别按照设计功率的 90％和 60％运行；1 类故障运行状态，此时运行功率低于设计功率的 60％，无法继续使用。由此，锅炉状态向量 $\boldsymbol{g}^{(A_i)}$ 记为

$$\boldsymbol{g}^{(A_i)}=[g_1^{(A_i)},g_2^{(A_i)},g_3^{(A_i)}]=[0,0.6,0.90],\quad i=1,2 \tag{4.43}$$

相关状态跃迁图如图 4.9 所示。

图 4.9 中，$\lambda_{nm}^{(A_i)}$、$\mu_{nm}^{(A_i)}$ 分别为 A_i 设备由 n 级状态向 m 级状态跃迁的失效率和修复率，相关取值为

$$\begin{cases}\lambda_{3,2}^{(A_i)}=1\text{a}^{-1}, & \lambda_{2,1}^{(A_i)}=0.8\text{a}^{-1}\\ \mu_{1,2}^{(A_i)}=120\text{a}^{-1}, & \mu_{2,3}^{(A_i)}=150\text{a}^{-1}\end{cases} \tag{4.44}$$

2) 汽轮机

与锅炉设备类似，主发电汽轮机 B_1 内含 3 类运行状态：2 类常态化运行状态，分别按照设计功率的 100％和 80％运行；1 类故障运行状态，此时运行功率低于设计功率的 80％，无法继续使用。由此，主发电汽轮机状态向量 $\boldsymbol{g}^{(B_1)}$ 记为

$$\boldsymbol{g}^{(B_1)}=[g_1^{(B_1)},g_2^{(B_1)},g_3^{(B_1)}]=[0,0.8,1.0] \tag{4.45}$$

相关状态跃迁图如图 4.10 所示。

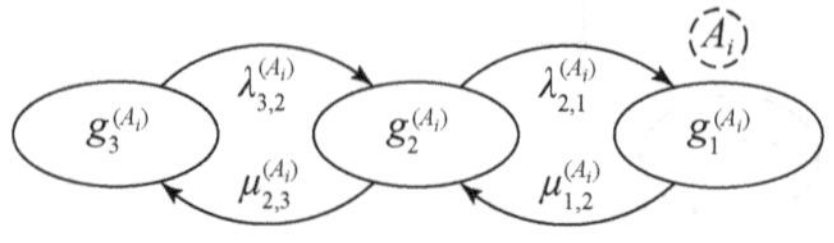

图 4.9　锅炉状态跃迁图

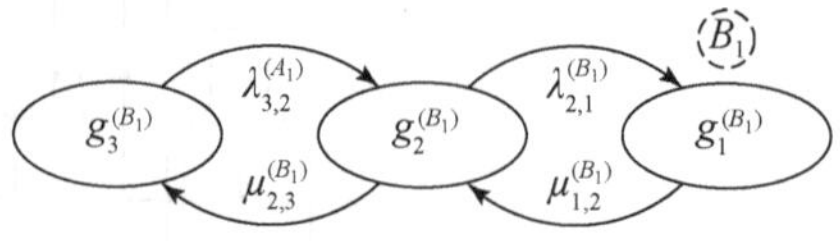

图 4.10　主发电汽轮机状态跃迁图

图 4.10 中，$\lambda_{nm}^{(B_1)}$、$\mu_{nm}^{(B_1)}$ 分别为 B_1 设备由 n 级状态向 m 级状态跃迁的失效率和修复率，相关取值为

$$\begin{cases}\lambda_{3,2}^{(B_1)}=2\text{a}^{-1}, & \lambda_{2,1}^{(B_1)}=1.5\text{a}^{-1}\\ \mu_{1,2}^{(B_1)}=100\text{a}^{-1}, & \mu_{2,3}^{(B_1)}=120\text{a}^{-1}\end{cases} \tag{4.46}$$

与主发电汽轮机 B_1 不同，辅发电汽轮机 B_2 性能较低，仅含 2 类运行状态，分别为按照设计功率的 85％运行和故障失效状态。由此，辅发电汽轮机状态向量 $\boldsymbol{g}^{(B_2)}$ 记为

$$\boldsymbol{g}^{(B_2)}=[g_1^{(B_2)},g_2^{(B_2)}]=[0,0.85] \tag{4.47}$$

相关状态跃迁图如图 4.11 所示。

图 4.11 中，$\lambda_{nm}^{(B_2)}$、$\mu_{nm}^{(B_2)}$ 分别为 B_2 设备由 n 级状态向 m 级状态跃迁的失效率和修复率，相关取值为

$$\lambda_{2,1}^{(B_2)}=1\text{a}^{-1},\quad \mu_{1,2}^{(B_2)}=120\text{a}^{-1} \tag{4.48}$$

3) 发电机

发电机 C_1 和 C_2 的状态性能分布一致，且性能较为稳定，很难发生失效，可将其视为二元状态部件。由此，发电机状态向量 $\boldsymbol{g}^{(C_i)}$ 记为

$$\boldsymbol{g}^{(C_i)}=[g_1^{(C_i)},g_2^{(C_i)}]=[0,1.0],\quad i=1,2 \tag{4.49}$$

相关状态跃迁图如图 4.12 所示。

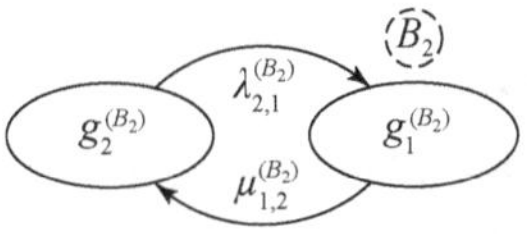

图 4.11　辅发电汽轮机状态跃迁图

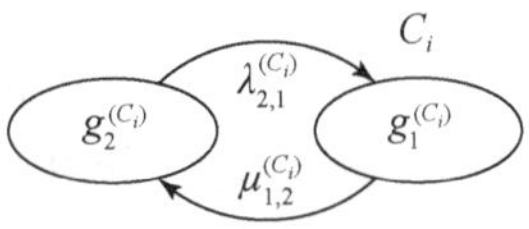

图 4.12　发电机状态跃迁图

图 4.12 中，$\lambda_{nm}^{(C_i)}$、$\mu_{nm}^{(C_i)}$ 分别为 C_i 设备由 n 级状态向 m 级状态跃迁的失效率和修复率，相关取值为

$$\lambda_{2,1}^{(C_i)}=0.3\text{a}^{-1},\quad \mu_{1,2}^{(C_i)}=100\text{a}^{-1} \tag{4.50}$$

4.4.2　通用生成函数解算

基于前述案例说明，将船用汽轮发电系统的瞬态输出性能 $G(t)$ 视为满足连续时间离散状态的随机变量，由通用生成函数的基本定义可知，求得汽轮发电系统的通用生成函数 $\psi_{G(t)}(z)$ 后，即可直接获取系统任意运行瞬时的多态性能及其发生概率。下面解算多状态汽轮发电系统的通用生成函数 $\psi_{G(t)}(z)$。

首先，分析图 4.8 可知，多状态汽轮发电系统的可靠性构架可归并于经典的串并混联系统可靠性构架。

图 4.13 中，$\psi_{G_{A_{1/2}}(t)}(z)$、$\psi_{G_{B_{1/2}}(t)}(z)$、$\psi_{G_{C_{1/2}}(t)}(z)$ 分别为反映锅炉、汽轮机、发电机状态性能的通用生成函数，$U_1(z,t)$、$U_2(z,t)$、$U_3(z,t)$ 分别为依据串并混联可靠性构架特点局部割分后的供汽单元、主发电单元、辅发电单元通用生成函数。

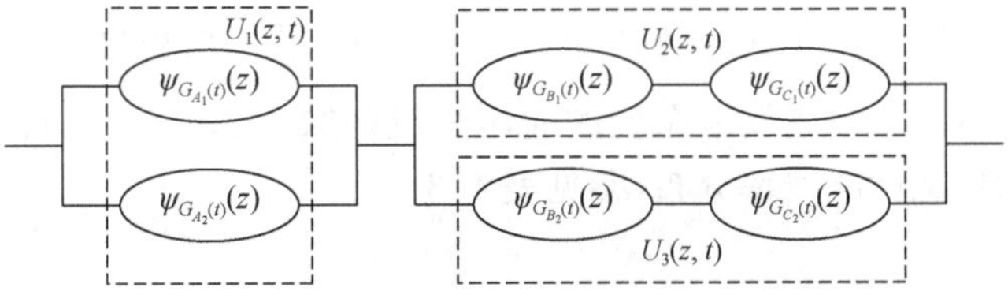

图 4.13　汽轮发电系统串并混联可靠性构架

然后，依据不同组成单元间的耦合关联，定义不同种类通用生成算子 Ω_f 后，有

$$\psi_{G(t)}(z)=\Omega_{f_{\text{ser}}^{U_1\rightarrow}}[U_1(z,t),\Omega_{f_{\text{par}}^{U_2U_3}}(U_2(z,t),U_3(z,t))] \tag{4.51}$$

式中

$$U_1(z,t)=\Omega_{f_{\text{par}}^{A_1A_2}}(\psi_{G_{A_1}(t)}(z),\psi_{G_{A_2}(t)}(z))$$

$$U_{i+1}(z,t)=\Omega_{f_{\text{ser}}^{B_iC_i}}(\psi_{G_{B_i}(t)}(z),\psi_{G_{C_i}(t)}(z)),\quad i=1,2$$

这里，结合船用电力系统功率换算惯例，明确相关物理构型函数 $f(\cdot)$ 如下：

$$f_{\text{par}}^{A_1A_2}(\cdot)=\frac{\sum(\cdot)}{2},\quad f_{\text{ser}}^{B_iC_i}(\cdot)=\min\{\cdot\}$$

$$f_{\text{par}}^{U_2U_3}(\cdot)=\max\{\cdot\},\quad f_{\text{ser}}^{U_1\rightarrow}(\cdot)=\min\{\cdot\}$$

最后，假定汽轮发电系统初始时刻各设备均处于最优状态水平，则可基于案例描述中给出的各设备失效率和修复率，以及本节给出的各类通用生成算子和物理构型函数，解算汽轮发电系统各设备、单元以及本系统的时变状态性能与概率取值，进而获得各设备、单元以及本系统的通用生成函数。鉴于实际工程应用中，多关注系统或设备的稳态状态性能，因此此处直接给出稳态概率下的通用生成函数解算结果：

$$\begin{cases}\psi_{G_{A_i}(\infty)}(z)=0.0001z^0+0.0066z^{0.6}+0.9933z^{0.9}\\ \psi_{G_{B_1}(\infty)}(z)=0.0002z^0+0.0164z^{0.8}+0.9834z^{1.0}\\ \psi_{G_{B_2}(\infty)}(z)=0.0083z^0+0.9917z^{0.85}\\ \psi_{G_{C_i}(\infty)}(z)=0.0030z^0+0.9970z^{1.0}\end{cases} \tag{4.52}$$

$$\begin{cases}U_1(z,\infty)=1\times10^{-8}z^0+1.3\times10^{-6}z^{0.3}+2\times10^{-4}z^{0.45}+4.4\times10^{-5}z^{0.6}\\ \qquad\qquad +0.0132z^{0.75}+0.9866z^{0.9}\\ U_2(z,\infty)=0.0032z^0+0.0164z^{0.8}+0.9804z^{1.0}\\ U_3(z,\infty)=0.0113z^0+0.9887z^{0.85}\end{cases} \tag{4.53}$$

$$\begin{aligned}\psi_{G(\infty)}(z)\approx\ &1.7\times10^{-5}z^0+2.0\times10^{-4}z^{0.45}+0.0132z^{0.75}\\ &+1.83\times10^{-4}z^{0.8}+0.0191z^{0.85}+0.9673z^{0.9}\end{aligned} \tag{4.54}$$

求得稳态概率下汽轮发电系统的通用生成函数 $\psi_{G(\infty)}(z)$ 后，即可反向确定汽轮发电系统的稳态性能概率分布，参见表 4.3。

表 4.3　多状态汽轮发电系统稳态性能 $G(\infty)$ 概率分布表

序号 j	状态性能 g_j	稳态状态概率 $\widetilde{p}_j$	系统通用生成函数
1	0	1.7×10^{-5}	
2	0.45	2.0×10^{-4}	
3	0.75	0.0132	$\psi_{G(\infty)}(z)=\sum_{j=1}^{6}\widetilde{p}_j z^{g_j}$
4	0.8	1.83×10^{-4}	
5	0.85	0.0191	
6	0.9	0.9673	

4.4.3　可靠性评估分析

本节重点关注指定性能需求 w 下，多状态系统的可用度 $A(t,w)$、期望性能输出 $G_E(t)$、期望性能失效 $D_E(t,w)$ 三类可靠性评估参数指标，并从稳态和瞬态两个方面进行量化分析。

1) 稳态分析

(1) 可用度 $A(\infty,w)$：

$$A(\infty,w)=\delta_A\left(\sum_{j=1}^{6}\widetilde{p}_j z^{g_j},w\right)=\sum_{j=1}^{6}\widetilde{p}_j H(F(g_j,w)) \tag{4.55}$$

式中，δ_A为可用度算子；$H(\cdot)$为门域函数；$F(\cdot)$为接受度函数。算子及函数的具体构成均视系统正常运行时的性能要求而定。对于本节汽轮发电系统案例，有

$$H(y)=\begin{cases}1, & y\geqslant 0\\ 0, & y<0\end{cases},\quad F(g_j,w)=|g_j-w|$$

若取 $w=0.8$，则有

$$A(\infty,0.8)=\sum_{j=4}^{6}\widetilde{p}_j=0.9866$$

若取 $w=0.85$，则有

$$A(\infty,0.85)=\sum_{j=5}^{6}\widetilde{p}_j=0.9864$$

(2) 期望性能输出 $G_E(\infty)$：

$$G_E(\infty)=\delta_E\left(\sum_{j=1}^{6}\widetilde{p}_j z^{g_j}\right)=\sum_{j=1}^{6}\widetilde{p}_j g_j=0.9025 \tag{4.56}$$

式中，δ_E为期望性能输出算子。

(3) 期望性能失效 $D_E(\infty,w)$：

$$D_E(\infty,w)=\delta_D\left(\sum_{i=1}^{6}\widetilde{p}_j z^{g_j},w\right)=\sum_{i=1}^{6}\widetilde{p}_j\max\{w-g_j,0\} \tag{4.57}$$

式中，δ_D为期望性能失效算子。若取 $w=0.8$，则有

$$D_E(\infty,0.8)=\sum_{i=1}^{2}\tilde{p}_i(w-g_i)=0.0051$$

若取 $w=0.85$，则有

$$D_E(\infty,0.85)=\sum_{i=1}^{3}\tilde{p}_i(w-g_i)=0.0064$$

2) 瞬态分析

瞬态分析前，需首先明确汽轮发电系统的瞬态通用生成函数 $\psi_{G(t)}(z)$，可写为如下数学表达形式：

$$\psi_{G(t)}(z)=\sum_{j=1}^{6}p_j(t)z^{g_j} \tag{4.58}$$

鉴于该函数的解析表达形式较为繁琐，这里仅给出 $p_1(t)z^{g_1}$ 项的解算结果

$$p_1(t)z^{g_1}=2p_2^{(A_1)}(t)p_3^{(A_1)}(t)p_3^{(B_1)}(t)p_2^{(B_2)}(t)p_2^{(C_1)}(t)p_2^{(C_1)}(t)z^{0.45} \tag{4.59}$$

进而，参照式(4.55)～式(4.57)，可解算汽轮发电系统的瞬态可用度 $A(t,w)$、瞬态期望性能输出 $G_E(t)$、瞬态期望性能失效 $D_E(t,w)$。相关时变仿真结果如图 4.14～图 4.16 所示。

观察图 4.14～图 4.16 可知：①船用多状态汽轮发电系统的可靠性指标自设备运行伊始，迅速呈现单调收敛状态，约至 18d 后，系统各项可靠性指标趋于稳定。其中，瞬态可用度 $A(t,0.8)$逼近 0.9866、瞬态期望性能输出 $G_E(t)$逼近 0.9025、瞬态期望性能失效 $D_E(t,0.8)$逼近 0.0051，均与稳态分析结果保持一致；②船用多状态汽轮发电系统寿命期内的期望功率输出约为设计功率的 90%，即期望状态性能

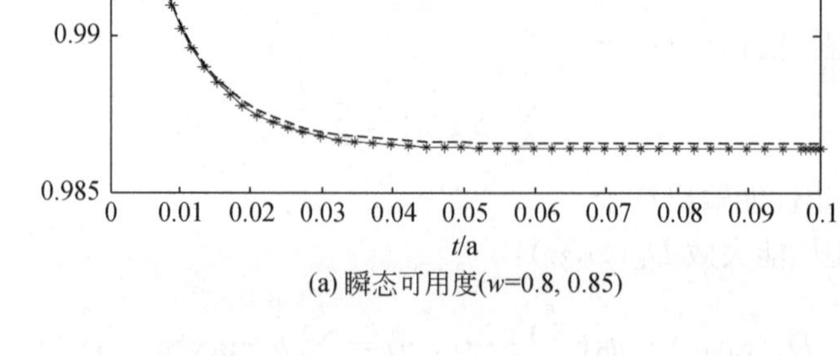

(a) 瞬态可用度(w=0.8, 0.85)

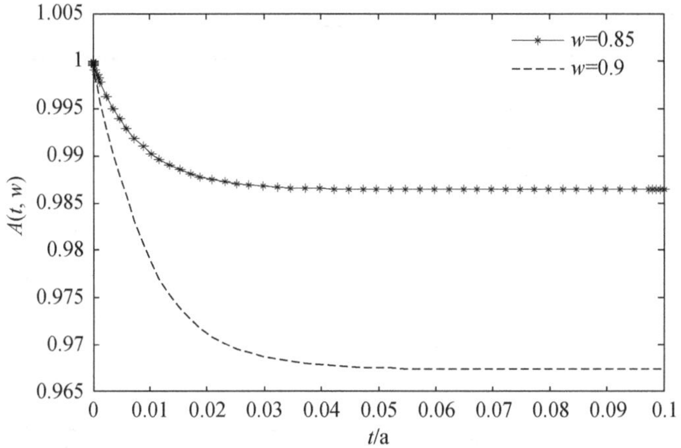

(b) 瞬态可用度(w=0.85, 0.9)

图 4.14　汽轮发电系统瞬态可用度(w=0.8,0.85,0.9)

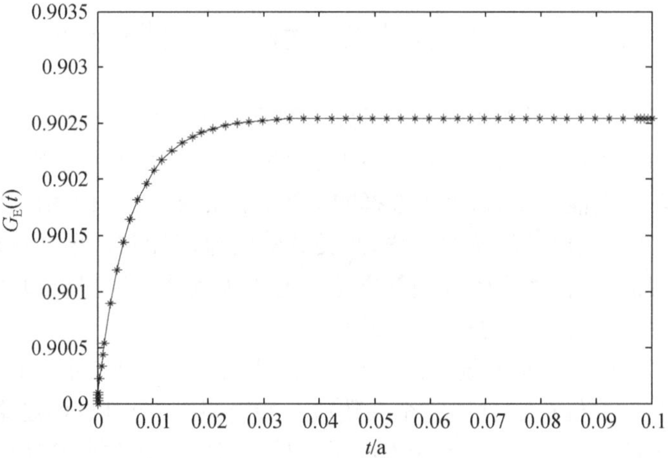

图 4.15　汽轮发电系统瞬态期望性能输出 $G_E(t)$

将处于系统 6 类状态性能(详见表 4.4)的最优状态;③不同性能需求下,除了期望性能输出外,多状态系统的可用度、期望性能失效取值将会变更,这与常规二元状态设备的可靠性指标定义完全不同,因此在多状态系统或设备的研发设计过程中,应给予重点关注;④对于部分仅关心系统稳态可靠性能的工程应用领域,为简化各项可靠性指标的解算过程,可将状态概率函数 $p_j(t)$视为常量处理,此时仅通过解算相应线性代数方程(非常量情形,需解算微分方程),即可求取多状态系统的可靠性稳态指标。

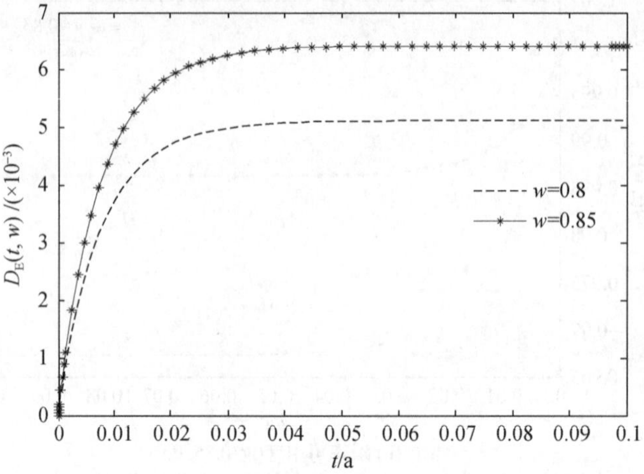

图 4.16　汽轮发电系统瞬态期望性能失效(w=0.8,0.85)

4.5　与马尔可夫模型法的对照分析

如本章开篇所述,引入通用生成函数模型及其配套数学算法的根本意义在于,克服直接应用马尔可夫模型可能遭遇的大状态维度解算瓶颈难题。实际上,取定多状态系统基本性能模型后,可供选择的解算方法很多,既可使用马尔可夫模型方法,也可使用通用生成函数模型方法,两类方法的通用性和适用性都较好,但从节省计算资源层面来讲,通用生成函数方法具有很大优势。这里仍以 4.4 节中多状态船用汽轮发电系统为例,进行量化说明。

基于第 2 章中关于全系统状态性能空间维度的定义,并考虑到锅炉设备 A_1 与 A_2、发电机设备 C_1 与 C_2 的性能完全一致这一特定假设,同时将各设备 0 状态性能统一纳入一类状态,4.4 节中,汽轮发电系统最大可能存在(6－2)×(6－3)×(4－2)＝24 种状态性能。若采用马尔可夫模型法直接求解,需建立一个 24 元微分方程以解算系统不同状态性能的发生概率,即便利用高性能计算机辅助求解,运算工作量也极为巨大。然而,采用通用生成函数方法,在不做 0 状态归并的前提下,仅需解算两个 3 元微分方程、两个 2 元微分方程,并辅以部分简单代数运算,即可解算系统不同状态性能的发生概率。无论是从运算的可实现性层面,还是从运算资源的需求量上,通用生成函数模型方法都远优于马尔可夫模型方法,这对于大型复杂系统的多状态可靠性分析及求解意义重大。

参考文献

[1] Ushakov I. A universal generating function[J]. Journal of Computer and System Sciences, 1986, 24: 37-49.

[2] Ushakov I. Optimal standby problem and a universal generating function[J]. Journal of Computer and System Sciences, 1987, 25: 61-73.

[3] Ushakov I. The method of generating sequences[J]. European Journal of Operational Research, 1987, 125(2):316-323.

[4] Ushakov I. An object oriented approach to generalized generating function[C]//Proceedings of the European Chapter on Combinatorial Optimization, Copenhagen, 1998: 98-107.

[5] Levitin G. Universal Generating Function in Reliability Analysis and Optimization[M]. London: Springer-Verlag, 2005.

[6] Kolowrocki K. Reliability of Large Systems[M]. Amsterdam: Elsevier, 2004.

[7] 高鹏，谢里阳．基于改进发生函数方法的多状态系统可靠性分析[J]. 航空学报，2010, 31(5): 934-939.

[8] Ding Y, Wang P. Long-term reserve expansion of power systems with high wind power penetration using universal generating function methods[J]. IEEE Transactions on Power Systems, 2011, 26(2): 766-774.

[9] Lisnianski A. Universal generating function technique and random process methods for multi-state system reliability analysis[C]//Proceedings of the 2nd International Workshop in Applied Probability, Piraeus, 2004: 237-242.

[10] Yeh W. The k-out-of-n acyclic multistate-node network reliability evaluation using the universal generating function method[J]. Reliability Engineering and System Safety, 2006, 91: 800-808.

[11] Levitin G, Lisnianski A. Importance and sensitivity analysis of multi-state systems using the universal generating function method[J]. Reliability Engineering and System Safety, 1999, 65: 271-282.

[12] Lisnianski A. Combined generating function and semi-Markov process technique for multi-state system reliability evaluation//Communications of the 4th International Conference on Mathematical Methods in Reliability, Santa-Fe, 2004: 21-25.

第 5 章 基于多值逻辑的多状态系统重要度分析与评估

前述章节中,有关多状态复杂装备系统的可靠性分析与评估研究内容,主要集中于可用度 A、可靠度 R、期望性能输出 G_E、期望性能失效 D_E、寿命期内平均失效次数 $\bar{N}_f(T)$ 等层面,相关参数指标的量化分析能够较为真实地反映多状态复杂装备系统的可靠性基本特征和总体特征。但就复杂装备系统的可靠性工程分析而言,有时仅局限于总体层面的可靠性特征刻画,并不足以满足部分工程决策的精细化评判需求,特别是对于存在潜在风险单元的多状态复杂脆弱系统而言,仅停留于总体层面的可靠性分析更是显得捉襟见肘[1,2]。

为此,本章研究思路与前述章节略有不同。前述章节着重关注复杂装备系统的多级输出状态与时变规律,而本章则着重关注诱发复杂装备系统功能失效的具体原因。采用抽丝剥茧、追根溯源的技术思路,力求摸清复杂装备系统内部的风险诱发单元,评判其对全系统可靠性能的敏感性和关键性影响。具体技术手段为:在原有复杂装备系统可靠性评估参数指标基础上,引入七类重要度(IM)评估参数指标[3,4],并给出基于多值逻辑(MVL)的重要度解算方法,以此量化评判复杂装备系统的脆弱程度,及其各组成单元状态变更对系统功能失效影响的重要性与危害程度。相关重要度解算方法与分析结论丰富了多状态复杂装备系统的可靠性评判维度,对于发展复杂装备系统的脆弱性评估与风险评判以及可靠性设计优化,具有重要工程意义和商业价值。

5.1 多值逻辑数学工具

与评估多状态复杂装备系统的可靠性总体特征不同,系统重要度的分析与评估过程重点关注由于组件状态变化而引起的系统状态变化规律。就以往可靠性工程领域内的相关研究经验来看,利用多值逻辑解算与分析多状态系统重要度问题具有明显的技术优势。由此,在详述各类重要度参数指标的解算方法之前,首先面向多值逻辑解算思维,延拓系统构型函数 $f(\cdot)$ 和可靠度函数 $R(\cdot)$ 的常规定义,并给出基于多值逻辑解算系统重要度的两类数学工具——逻辑微分和多值决策图。

5.1.1 构型函数定义延拓

假设具备 K 个状态性能的多状态系统由 n 个相互独立的组件构成,且第 i 个

组件具备 k_i 种状态性能，则多状态系统与各组件间的状态性能关系可由如下构型函数 $f(\cdot)$ 确定：

$$\begin{cases} f(G_1(t),\cdots,\quad G_n(t)):\mathrm{L}^n \to \mathrm{M} \\ \{g_{11},\cdots,g_{1k_1}\}\cdot\cdots\cdot\{g_{n1},\cdots,g_{nk_n}\} \to \{g_1,\cdots,g_K\} \end{cases} \tag{5.1}$$

式中，L^n 为组件状态性能空间；M 为系统状态性能空间；$G_i(t)$ 为第 i 个组件的状态性能函数，$1 \leqslant i \leqslant n$，存在 k_i 种可能，取值记为 g_{ik_i}；类似的，全系统的状态性能函数 $G(t)$ 取值记为 g_j，$1 \leqslant j \leqslant K$。

一般情况下，多状态系统的构型函数 $f(\cdot)$ 多以代数表达式形式表现，如

$$f(\cdot)=\min\{G_1(t),\cdots,G_n(t)\}$$

实际上，系统构型函数 $f(\cdot)$ 的表现形式多样，除了代数表达式之外，还可采用决策表格、决策图等形式映射组件状态性能空间与系统状态性能空间的量化关联。这里，以图 5.1 所示三组件多状态串并混联系统为例进行说明。

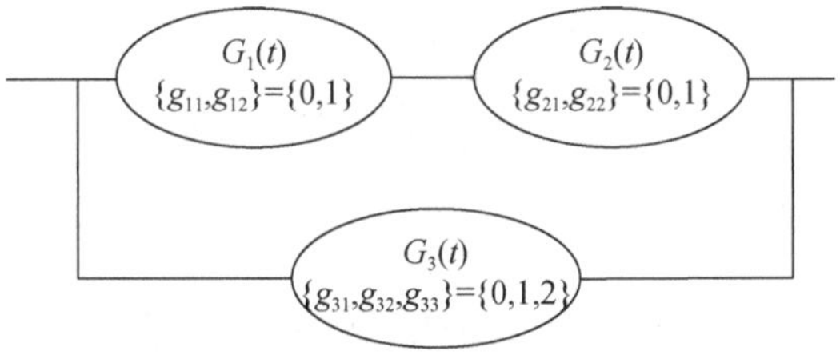

图 5.1　三组件多状态串并混联系统

其代数表达形式的系统构型函数为

$$f(\cdot)=\max\{\min\{G_1(t),G_2(t)\},G_3(t)\} \tag{5.2}$$

与之对应的决策表格形式、决策图形式构型函数分别如下：

(1) 决策表格形式构型函数(表 5.1)。

表 5.1　三组件多状态串并混联系统表格形式构型函数

序号	$G_1(t)$	$G_2(t)$	$G_3(t)$	$G(t)$
1	0	0	0	0
2	0	0	1	1
3	0	0	2	2
4	0	1	0	0
5	0	1	1	1
6	0	1	2	2
7	1	0	0	0
8	1	0	1	1

续表

序号	$G_1(t)$	$G_2(t)$	$G_3(t)$	$G(t)$
9	1	0	2	2
10	1	1	0	1
11	1	1	1	1
12	1	1	2	2

(2) 决策图形式构型函数(图 5.2)。

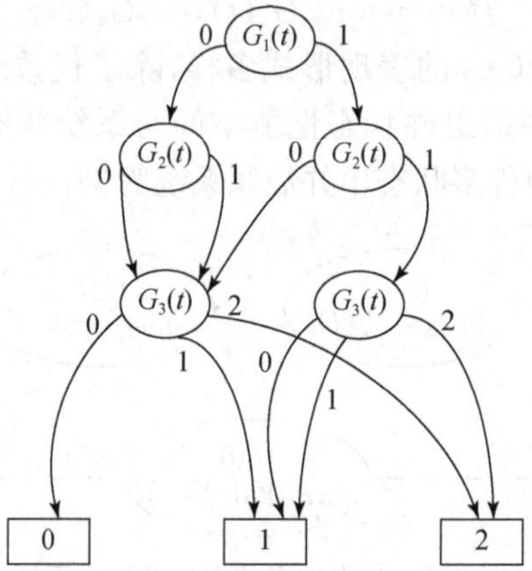

图 5.2　三组件多状态串并混联系统决策图形式构型函数

图 5.2 所示为决策图,作为一类以图形式表达的构型函数,相关绘图单元形状、连线方式、标注方法都有其自身独特规则。有关决策图的规范化表达内容将在 5.1.4 节中详细阐述,此处仅提供一个形象示例。

5.1.2　可靠度函数定义延拓

对于多状态系统而言,可靠度函数 $R(t)$一般定义为不计修复活动下寿命期内能够处于可接受功能状态的概率,即

$$R(t)=\Pr\{G(t)\geqslant W(t)\} \tag{5.3}$$

式中,$G(t)$为系统输出状态性能;$W(t)$为系统性能需求状态。前述章节有关多状态系统可靠度的解算均基于这一定义。为更加契合装备复杂系统的多状态性能特点,这里引入 j 状态可靠度函数 $R_j(t)$的概念,定义为系统寿命期内输出状态性能 $G(t)$处于第 j 状态性能的概率,即

$$R_j(t)=\Pr\{G(t)=g_j\},\quad 1\leqslant j\leqslant K \tag{5.4}$$

假设系统 K 类状态性能取值按如下规则排序:

$$g_1 < g_2 < \cdots < g_j < \cdots < g_{K-1} < g_K \tag{5.5}$$

且性能需求状态取值 w 满足

$$g_{j-1} < w < g_j \tag{5.6}$$

则 j 状态可靠度函数 $R_j(t)$ 定义下的系统可靠度函数 $R(t)$ 为

$$R(t) = \sum_{n=j}^{K} R_n(t) = 1 - \sum_{n=1}^{j-1} R_n(t) = 1 - R_0(t) \tag{5.7}$$

式中，$R_0(t)$ 一般称为多状态系统的不可靠度函数。

5.1.3　逻辑微分

参照式(5.1)中有关系统构型函数 $f(\cdot)$ 的数学描述，可定义如下多值逻辑函数：

$$f(G_1(t),\cdots,G_j(t),\cdots,G_n(t)) = f(G(t)):\{1,\cdots,R_j\}^n \to \{1,\cdots,K\}, \quad 1 \leqslant j \leqslant n \tag{5.8}$$

注意，与构型函数 $f(\cdot)$ 不同，多值逻辑函数建立的组件状态性能 $G_j(t)$ 与系统状态性能 $G(t)$ 关联，以状态编号形式体现。对于给定的多状态复杂装备系统，若能够按照上述定义模式明确其多值逻辑函数，则可应用逻辑微分方法，分析多值逻辑函数的动态时变特性，进而为解算系统的重要度参数提供基本信息输入。需要说明的是，式(5.8)中状态编号自 1 开始，有时研究人员也习惯将状态标号自 0 开始，此时，仅需将全部状态编号左移 1 个单位即可。

仅从逻辑解算的角度来讲，可供选择的逻辑微分方法较多，这里介绍一类发展较为成熟、应用范围较广，便于反映组件性能变化与系统性能变化间量化关联的逻辑微分方法——直接逻辑偏导数(DPLD)。

假设多状态系统及其组件的状态性能变化符合渐变特征(状态性能严格逐级变更，$j \to j-1$ 或 $j \to j+1$，不存在越级跳变可能)，则可定义其直接逻辑偏导数为

$$\frac{\partial f(p \to q)}{\partial G_j(s \to r)} = \begin{cases} 1, & f(G_j(t) = s \mid G(t)) = p \,\&\, f(G_j(t) = r \mid G(t)) = q \\ 0, & \text{否则} \end{cases} \tag{5.9}$$

式中

$$\begin{cases} s, r \in \{g_{j1}, \cdots, g_{jk_j}\}; \quad p, q \in \{g_1, \cdots, g_K\} \\ f(G_j(t) = x \mid G(t)) = f(G_1(t), \cdots, G_{j-1}(t), x, G_{j+1}(t), \cdots, G_n(t)) \end{cases}$$

式(5.9)反映的物理含义为：若由于组件 j 的状态性能变化(自 s 状态变更至 r 状态)，直接导致系统状态性能变化(自 p 状态变更至 q 状态)，则直接逻辑偏导数取值为 1，否则取值为 0。实际上，直接逻辑偏导数主要用于辨识相关事件触发的可能，因此取值为 1 或取任意非零值均可。这里取值为 1，主要是考虑到后续解算系统各类重要度参数的便捷性需要。

[案例 5.1]　仍以图 5.1 所示 3 组件多状态串并混联系统为例，假设系统及其

组件的状态性能水平排序规则，遵照式(5.5)实施，试解算其直接逻辑偏导数 $\frac{\partial f}{\partial G_j}$，$j=1,2,3$。

解：参照式(5.9)，首先解算关于 $G_1(t)$ 的直接逻辑偏导数，如表 5.2 所示。

表 5.2　多状态串并混联系统状态性能关于 $G_1(t)$ 的直接逻辑偏导数 $\frac{\partial f}{\partial G_1}$

序号	$G_1(t)$	$G_2(t)$	$G_3(t)$	$G(t)$	系统状态结构编码	$\frac{\partial f(2\to 1)}{\partial G_1(1\to 0)}$	$\frac{\partial f(1\to 0)}{\partial G_1(1\to 0)}$
1	0	0	0	0	0000	—	—
2	0	0	1	1	0011	—	—
3	0	0	2	2	0022	—	—
4	0	1	0	0	0100	—	—
5	0	1	1	1	0111	—	—
6	0	1	2	2	0122	—	—
7	1	0	0	0	1000	—	—
8	1	0	1	1	1011	—	0
9	1	0	2	2	1022	0	—
10	1	1	0	1	1101	—	1
11	1	1	1	1	1111	—	0
12	1	1	2	2	1122	0	—

表 5.2 中，符号“—”代表直接逻辑偏导数在该状态结构处无意义，无需解算相关逻辑偏导数数值。此外，分析表中数据可知：①在串并混联系统运行过程中，状态结构编码处于 1101 时，组件 1 的功能失效，将直接导致全系统的功能完全失效；②不存在组件 1 的功能失效而导致的全系统由功能完好状态向功能劣化状态变迁的可能。

类似的，解算关于 $G_2(t)$、$G_3(t)$ 的直接逻辑偏导数，如表 5.3 所示。

表 5.3　多状态串并混联系统状态水平关于 $G_2(t)$，$G_3(t)$ 的直接逻辑偏导数 $\frac{\partial f}{\partial G_2}$，$\frac{\partial f}{\partial G_3}$

序号	系统状态结构编码	$\frac{\partial f(2\to 1)}{\partial G_2(1\to 0)}$	$\frac{\partial f(1\to 0)}{\partial G_2(1\to 0)}$	$\frac{\partial f(2\to 1)}{\partial G_3(2\to 1)}$	$\frac{\partial f(2\to 1)}{\partial G_3(1\to 0)}$	$\frac{\partial f(1\to 0)}{\partial G_3(2\to 1)}$	$\frac{\partial f(1\to 0)}{\partial G_3(1\to 0)}$
1	0000	—	—	—	—	—	—
2	0011	—	—	—	—	—	1
3	0022	—	—	1	—	—	—

续表

序号	系统状态结构编码	$\frac{\partial f(2\to1)}{\partial G_2(1\to0)}$	$\frac{\partial f(1\to0)}{\partial G_2(1\to0)}$	$\frac{\partial f(2\to1)}{\partial G_3(2\to1)}$	$\frac{\partial f(2\to1)}{\partial G_3(1\to0)}$	$\frac{\partial f(1\to0)}{\partial G_3(2\to1)}$	$\frac{\partial f(1\to0)}{\partial G_3(1\to0)}$
4	0100	—	—	—	—	—	—
5	0111	—	0	—	—	—	1
6	0122	0	—	1	—	—	—
7	1000	—	—	—	—	—	—
8	1011	—	—	—	—	—	1
9	1022	—	—	1	—	—	—
10	1101	—	1	—	—	—	—
11	1111	—	0	—	—	—	0
12	1122	0	—	1	—	—	—

分析表5.3中的数据可知：①不存在组件3的状态水平下降(非失效)而导致的全系统功能完全失效可能；②不存在组件2或组件3的功能完全失效而导致的全系统由功能完好状态向功能劣化状态变迁的可能；③组件3的状态水平一旦出现下降(非失效)，势必导致全系统由功能完好状态向功能劣化状态变迁；④在串并混联系统运行过程中，状态结构编码处于1101时，组件2的功能失效，将直接导致全系统的功能完全失效；⑤在串并混联系统运行过程中，状态结构编码处于0011、0111、1011这三类码值时，组件3的功能完全失效，将直接导致全系统的功能完全失效。

综上，汇总组件失效引起的全系统失效分析结果：①状态结构编码处于1101时，组件1或组件2任一发生功能失效；②状态结构编码处于0011、0111、1011这三类码值时，组件3发生功能完全失效。由此可知，组件3为该串并混联系统的关键组件，其对系统功能完全失效的影响程度为其他两个组件的3倍。因此，在日常的预防性维护工作中，应给予重点关注，同时，一旦出现状态性能下降，应尽早开展修复性工作。

5.1.4　多值决策图

多值决策图是一类有向非循环图，与逻辑微分类似，也可用于刻画多值逻辑函数。然而，作为一种图形语言，进行多状态建模及量化解算前，为确保图示表达信息具备唯一含义，有必要规范其绘图单元形状、连线方式和标注方法[5]。

1) 基本绘图单元及释义

如图5.3所示，矩形单元$g_k(k=1,2,\cdots,K)$为汇点，用于表达多状态系统可能存在的K种输出状态性能，其量化取值用$k-1$依次标识，取值0代表系统完全失效、状态性能最差，取值 $K-1$ 代表系统功能完好、状态性能最优；椭圆单元 $G_j(t)$ $(j=1,2,\cdots,n)$ 为非汇点，用于表达多状态系统 n 个组件的输出状态性能，对于第 j 个非汇点，其有 k_j 个外向边，分别用编号 $0,1,\cdots,k_j-2,k_j-1$ 标识，其中编号 0 代表组件完全失效、状态性能最差，编号 k_j-1 代表组件功能完好、状态性能最优。

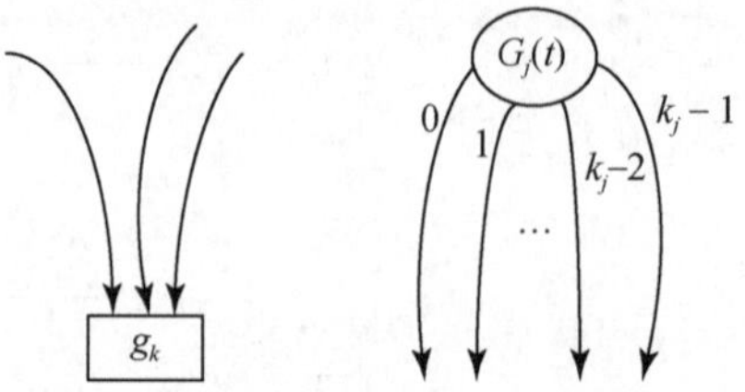

图 5.3 多值决策图汇点及非汇点

各非汇点间以及非汇点与汇点间，通过不同的外向边相连，每条外向边上附有概率增益 p_{jk_j}，用以量化相关事件发生的概率取值。以前述三组件多状态串并混联系统为例，相关各汇点、非汇点间的外向边连接关系如图 5.4 所示。

2) 图释运算规则

在利用多值决策图解算多值逻辑函数或其他可靠性测度参数前，还需定义加法、乘法、加乘等几类可靠性分析与评估常用运算。相关图例如图 5.5～图 5.7 所示。

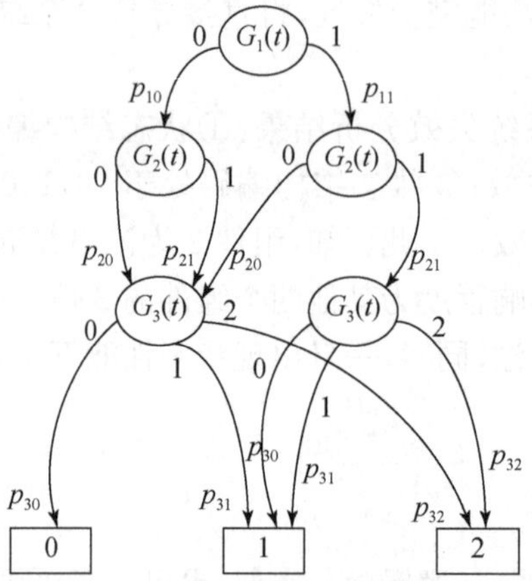

图 5.4 多值决策图汇点及非汇点间外向边连接图示

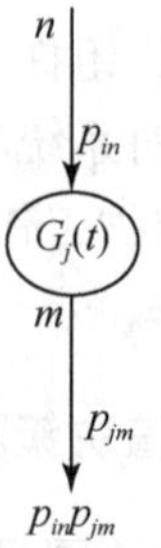

图 5.5 多值决策图乘法运算

[案例 5.2] 某多值决策图局部子图如图 5.8 所示。试读图解算 $K-2$ 汇点事件的发生概率 P_{K-2}。

解：如图 5.8 所示，指向 $K-2$ 汇点的路径共 2 条，分别为 $l\to m\to x\to K-2$、

$l \to n \to y \to K-2$。由此，综合多值决策图的加法、乘法及加乘定义，$K-2$ 汇点事件发生的概率为

$$P_{K-2} = \Pr\{G(t) = g_{K-2}\} = p_{(j-1)l}(p_{jm}p_{(j+1)x} + p_{jn}p_{(j+1)y})$$

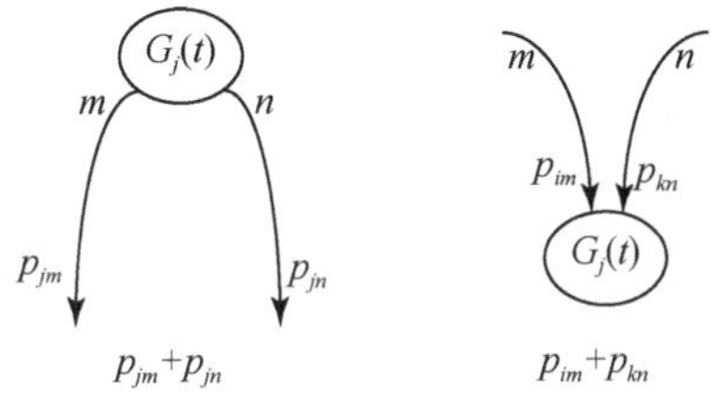

图 5.6　多值决策图加法运算

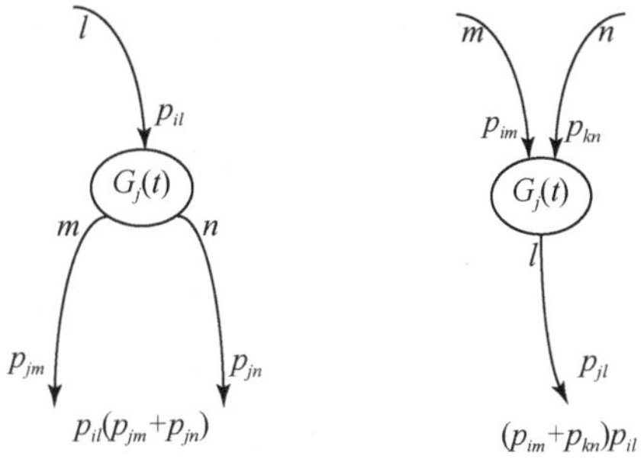

图 5.7　多值决策图加乘运算

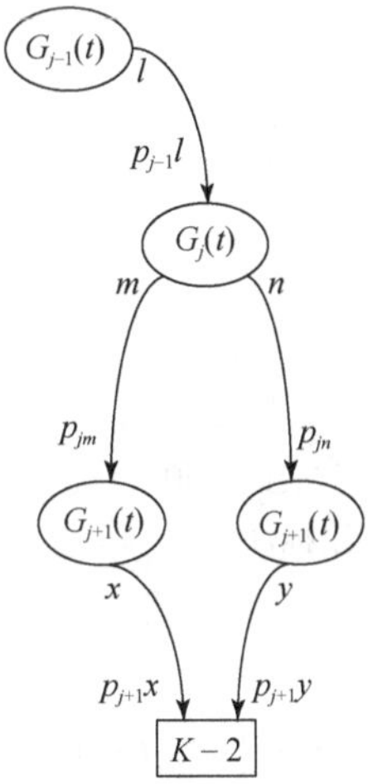

图 5.8　多状态系统多值决策图局部子图

［案例 5.3］　某三组件多状态串并混联系统多值决策图如图 5.4 所示。试找出令直接逻辑偏导数 $\frac{\partial f}{\partial G_2}$ 取非零值的局部路径，并解算相关事件的触发概率。

解：由案例 5.1 的计算结果易知，直接逻辑偏导数 $\frac{\partial f}{\partial G_2}$ 取非零值的状态结构编码为 1101。由此，将其换算为多值决策图路径，如图 5.9 所示。

图 5.9 中，粗体实线表征 1101 状态结构，粗体虚线表征 1000 状态结构，两条路径共同决定了直接逻辑偏导数 $\frac{\partial f}{\partial G_2}$ 的非零取值。进一步，读图解算该事件触发

的概率取值为

$$\Pr\left\{\frac{\partial f}{\partial G_2}=1\right\}=p_{11}p_{21}p_{30}$$

［**案例 5.4**］　仍以图 5.4 所示三组件多状态串并混联系统为例，假设状态编号 0 为不可接受状态，试参照 5.1.2 节所列 j 状态性能可靠度函数 $R_j(t)$ 的定义，利用多值决策图方法解算系统可靠度函数 $R(t)$ 和不可靠度函数 $R_0(t)$。

解：由题意及式(5.7)可知

$$R(t)=R_1(t)+R_2(t)$$

首先计算 $R_1(t)$，与之相关的多值决策局部子图如图 5.10 所示。

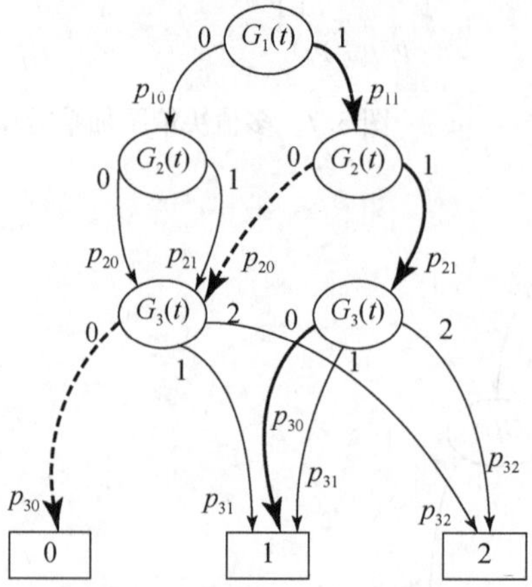

图 5.9　状态结构编码 1101 对应的多值决策图局部路径（粗体实线标注）

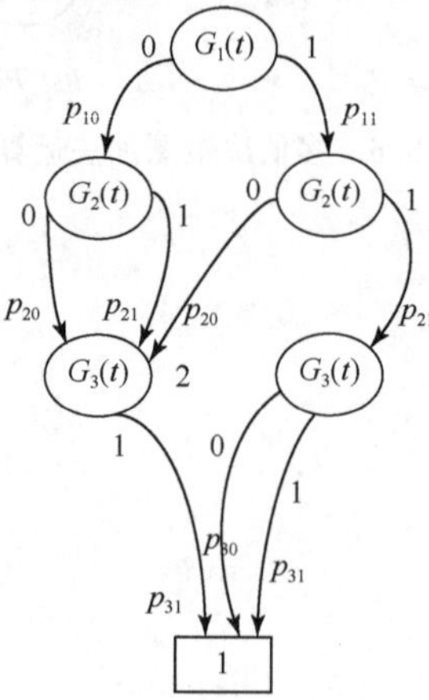

图 5.10　可靠度函数 $R_1(t)$ 的多值决策子图

由图 5.10 可知

$$\begin{aligned}R_1(t)&=[p_{10}(p_{20}+p_{21})+p_{11}p_{20}]p_{31}+p_{11}p_{21}(p_{30}+p_{31})\\&=(p_{10}+p_{11}p_{20})p_{31}+p_{11}p_{21}(p_{30}+p_{31})\end{aligned}$$

其次计算 $R_2(t)$，与之相关的多值决策局部子图如图 5.11 所示。

由图 5.11 可知

$$\begin{aligned}R_2(t)&=[p_{10}(p_{20}+p_{21})+p_{11}p_{20}]p_{32}+p_{11}p_{21}p_{32}\\&=(p_{10}+p_{11}p_{20})p_{32}+p_{11}p_{21}p_{32}\end{aligned}$$

综上，系统可靠度函数 $R(t)$ 为

$$\begin{aligned}R(t)&=R_1(t)+R_2(t)\\&=(p_{10}+p_{11}p_{20})(p_{31}+p_{32})+p_{11}p_{21}(p_{30}+p_{31}+p_{32})\\&=(p_{10}+p_{11}p_{20})(p_{31}+p_{32})+p_{11}p_{21}\end{aligned}$$

进而，系统不可靠度函数 $R_0(t)$ 为

$$R_0(t)=1-R(t)=1-(p_{10}+p_{11}p_{20})(p_{31}+p_{32})-p_{11}p_{21}$$

当然，也可利用多值决策局部子图，解算系统不可靠度函数 $R_0(t)$，与之相关的多值决策局部子图如图 5.12 所示。

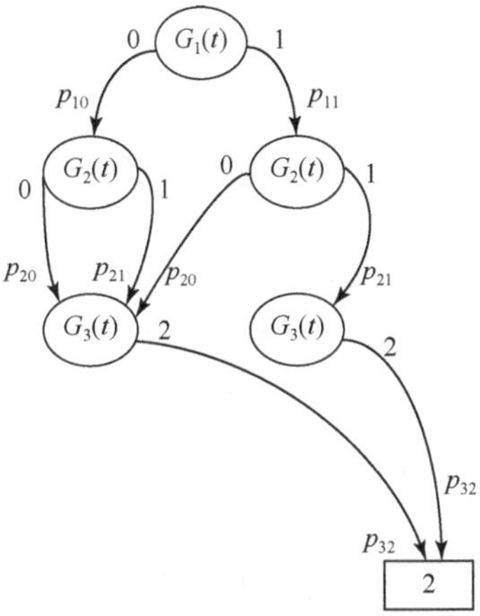

图 5.11　可靠度函数 $R_2(t)$ 的多值决策子图

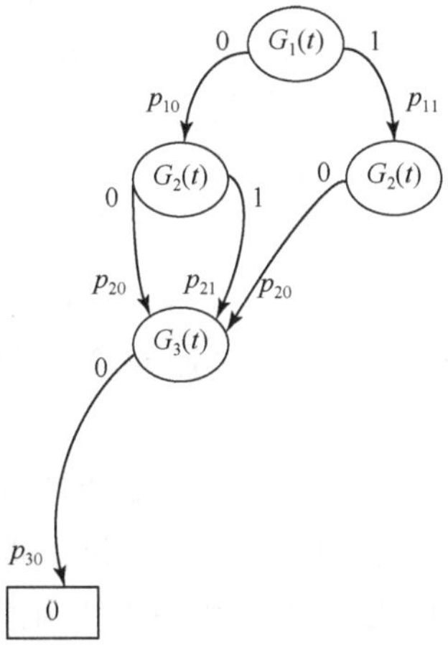

图 5.12　不可靠度函数 $R_0(t)$ 的多值决策子图

此时，由图 5.11 可知

$$R_0(t)=[p_{10}(p_{20}+p_{21})+p_{11}p_{20}]p_{30}=(p_{10}+p_{11}p_{20})p_{30}$$

同时，易有

$$R(t)=1-R_0(t)=1-(p_{10}+p_{11}p_{20})p_{30}$$

需要注意的是，前后两种计算系统可用度函数 $R(t)$ 和不可用度函数 $R_0(t)$ 的方法是等价的，但就本案例而言，第二种方法的计算量明显小于第一种方法。因此，在使用过程中，应结合解算问题的实际情况，估算相关计算量后，择优选用。

至此，与多状态复杂装备系统重要度参数指标解算相关的多值逻辑数学基础内容已阐述完毕。后续章节将基于该类数学工具，分析、评估多状态复杂装备系统的几类典型重要度参数指标。

5.2　多状态系统结构重要度

重要度作为一类自系统内部构架层面评判多状态系统可靠性能的参数指标，与诸多反映系统总体可靠性能的参数指标不同，其映射系统内各组成构件对于系统状态性能变化的关联影响和敏感程度，常被工程设计人员作为评判系统可靠性设计优劣的一项重要判据。早在 20 世纪 90 年代，有关系统重要度的可靠性研究工作就已有部分进展，至21世纪初，量化评判系统重要度的解算方法和技术手段逐步趋于成熟，批量研究成果相继呈现[6~8]。总体来说，用于评判多状态系统脆弱性及构架敏感性的重要度参数分为结构重要度、Birnbaum重要度、临界重要度、Fussell-Vesely重要度、可靠性增益当量、可靠性减损当量、动态可靠性指数(DRIs)七类，后续章节将逐一介绍，并就相关数学定义及物理含义进行阐述说明。

正式介绍各类重要度参数前，首先给出统一假设条件。假设任意多状态系统由 n 个多状态组件构成，其中第 j 个组件具有 k_j 种状态性能 g_{ji}，$i=1,2,\cdots,k_j$，编码规则为

$$(1\to g_{j1})\leqslant(2\to g_{j2})\leqslant\cdots\leqslant g_{ji}\leqslant\cdots\leqslant(k_j\to g_{jk_j})$$

对于全系统而言，具有 K 种状态性能 g_k，$k=1,2,\cdots,K$，编码规则为

$$(1\to g_1)\leqslant(2\to g_2)\leqslant\cdots\leqslant g_k\leqslant\cdots\leqslant(K\to g_K)$$

系统及其组件的状态性能变化符合渐变特征。下面基于上述基本假设，开展多状态系统的几类重要度分析与评估研究。

结构重要度 I_S 作为一类使用最为普遍的多状态系统重要度参数，主要用于评估系统的拓扑结构，反映系统第 j 个组件的状态性能变化对全系统功能完全失效与否的影响程度，相关数学表达式为

$$I_S(j,i)=\frac{N_{j,i}^f}{\prod\limits_{l=1,l\neq j}^{n}k_l} \tag{5.10}$$

式中，$I_S(j,i)$ 为组件 j 处于第 i 级状态性能的结构重要度；$N_{j,i}^f$ 为组件 j 由第 i 级状态性能跳变至第 $i-1$ 级状态性能时导致系统功能完全失效的状态数总和。若第1级状态性能代表系统和组件功能完全失效，则有

$$N_{j,i}^f=\sum_{G_1\in\{1,\cdots,k_1\}}\cdots\sum_{G_{j-1}\in\{1,\cdots,k_{j-1}\}}\sum_{G_{j+1}\in\{1,\cdots,k_{j+1}\}}\cdots\sum_{G_n\in\{1,\cdots,k_n\}}\frac{\partial f(2\to 1)}{\partial G_j(i\to i-1)} \tag{5.11}$$

式中，$\dfrac{\partial f}{\partial G_j}$ 为系统构型函数 $f(\cdot)$ 的直接逻辑偏导数。进一步，可定义组件 j 的平均结构重要度 $I_S(G_j(t))$，其综合反映组件 j 的全部状态性能变化对系统功能完全失效的影响程度，相关数学表达式为

$$I_S(G_j(t))=\sum_{i=2}^{k_j}I_S(j,i)=\frac{\sum\limits_{i=2}^{k_j}N_{j,i}^f}{\prod\limits_{l=1,l\neq j}^{n}k_l} \tag{5.12}$$

类似的，有时为了更加直接地量化反映组件 j 某一状态性能变化，导致系统功能完全失效的影响权重比，近年来，一类经过改进的结构重要度被提出，相关数学表达式为

$$I_{\mathrm{MS}}(j,i)=\frac{N_{j,i}^{f}}{N_{j,i}^{2}} \tag{5.13}$$

式中，$I_{\mathrm{MS}}(j,i)$为组件 j 处于第 i 级状态性能的改进结构重要度；$N_{j,i}^{2}$ 为组件 j 处于第 i 级状态性能时系统处于第 2 级状态性能的状态数总和，有

$$N_{j,i}^{2}=\sum_{G_1\in\{1,\cdots,k_1\}}\cdots\sum_{G_{j-1}\in\{1,\cdots,k_{j-1}\}}\sum_{G_{j+1}\in\{1,\cdots,k_{j+1}\}}\cdots\sum_{G_n\in\{1,\cdots,k_n\}} F(G_1(t),\cdots,G_{j-1}(t),g_{ji},G_{j+1}(t),\cdots,G_n(t)) \tag{5.14}$$

式中

$$F(\cdot)=\begin{cases}1, & f(G_1(t),\cdots,G_{j-1}(t),g_{ji},G_{j+1}(t),\cdots,G_n(t))=g_2\\0, & f(G_1(t),\cdots,G_{j-1}(t),g_{ji},G_{j+1}(t),\cdots,G_n(t))\neq g_2\end{cases}$$

同样，可定义组件 j 的平均改进结构重要度 $I_{\mathrm{MS}}(G_j(t))$，相关数学表达式为

$$I_{\mathrm{MS}}(G_j(t))=\sum_{i=2}^{k_j}I_{\mathrm{MS}}(j,i)=\sum_{i=2}^{k_j}\frac{N_{j,i}^{f}}{N_{j,i}^{2}} \tag{5.15}$$

综上，I_{S}反映第 j 个组件的状态性能变化在系统全部状态中导致系统功能完全失效的概率，I_{MS}反映第 j 个组件的状态性能变化在系统全部边界状态中导致系统功能完全失效的概率，I_{S}、I_{MS}的取值越大，表征相关组件对系统功能失效的影响越大。同时，还应注意到 I_{S}、I_{MS}仅反映系统拓扑结构方面的特征，与系统各组件状态性能的概率分布无关。

[案例 5.5]　某三组件多状态串并混联燃油传输系统可靠性构架如图 5.13 所示，相关构型函数 $f(\cdot)$如表 5.4 所示。试解算该系统的平均结构重要度 $I_{\mathrm{S}}(G_j(t))$和平均改进结构重要度 $I_{\mathrm{MS}}(G_j(t))$。

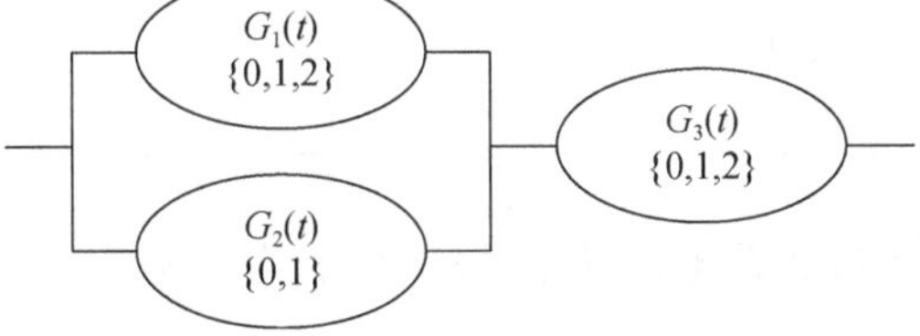

图 5.13　多状态串并混联燃油传输系统

表 5.4　多状态串并混联燃油传输系统构型函数 $f(\cdot)$

序号	$G_1(t)$	$G_2(t)$	$G_3(t)$	$G(t)$
1	0	0	0	0
2	0	0	1	0
3	0	0	2	0
4	0	1	0	0

续表

序号	$G_1(t)$	$G_2(t)$	$G_3(t)$	$G(t)$
5	0	1	1	1
6	0	1	2	1
7	1	0	0	0
8	1	0	1	1
9	1	0	2	1
10	1	1	0	0
11	1	1	1	1
12	1	1	2	1
13	2	0	0	0
14	2	0	1	1
15	2	0	2	2
16	2	1	0	0
17	2	1	1	1
18	2	1	2	2

解:为简化逻辑微分运算,采用如表 5.5 所示的规则进行状态性能编码。

表 5.5　状态性能编码规则

状态编码	$G_1(t)$	状态编码	$G_2(t)$	状态编码	$G_3(t)$	状态编码	$G(t)$
0	0	0	0	0	0	0	0
1	1	1	1	1	1	1	1
2	2	—	—	2	2	2	2

解算两类平均结构重要度前,首先解算系统构型函数 $f(\cdot)$ 的直接逻辑偏导数,如表 5.6 所示。

表 5.6　构型函数 $f(\cdot)$ 边界状态直接逻辑偏导数 $\frac{\partial f}{\partial G_1},\frac{\partial f}{\partial G_2},\frac{\partial f}{\partial G_3}$

序号	状态结构编码 $G_1(t)G_2(t)G_3(t)G(t)$	$\frac{\partial f(1\to 0)}{\partial G_1(2\to 1)}$	$\frac{\partial f(1\to 0)}{\partial G_1(1\to 0)}$	$\frac{\partial f(1\to 0)}{\partial G_2(1\to 0)}$	$\frac{\partial f(1\to 0)}{\partial G_3(2\to 1)}$	$\frac{\partial f(1\to 0)}{\partial G_3(1\to 0)}$
1	0000	—	—	—	—	—
2	0010	—	—	—	—	—
3	0020	—	—	—	—	—
4	0100	—	—	—	—	—

续表

序号	状态结构编码 $G_1(t)G_2(t)G_3(t)G(t)$	$\frac{\partial f(1\to 0)}{\partial G_1(2\to 1)}$	$\frac{\partial f(1\to 0)}{\partial G_1(1\to 0)}$	$\frac{\partial f(1\to 0)}{\partial G_2(1\to 0)}$	$\frac{\partial f(1\to 0)}{\partial G_3(2\to 1)}$	$\frac{\partial f(1\to 0)}{\partial G_3(1\to 0)}$
5	0111	—	—	1	—	1
6	0121	—	—	1	0	—
7	1000	—	—	—	—	—
8	1011	—	1	—	—	1
9	1021	—	1	—	0	—
10	1100	—	—	—	—	—
11	1111	—	0	0	—	1
12	1121	—	0	0	0	—
13	2000	—	—	—	—	—
14	2011	—	—	—	—	1
15	2022	—	—	—	—	—
16	2100	—	—	—	—	—
17	2111	0	—	0	—	1
18	2122	—	—	—	—	—

进一步，解算系统的结构重要度 $I_S(j,i)$ 和平均结构重要度 $I_S(G_j(t))$。由题意易知，$K_1=3$，$K_2=2$，$K_3=3$，则依据式(5.10)～式(5.12)有表 5.7。

表 5.7　多状态串并混联燃油传输系统结构重要度 $I_S(G_j(t))$

组件 j	$I_S(j,1)$	$I_S(j,2)$	$I_S(G_j(t))$	$N_{j,1}^f$	$N_{j,2}^f$	$\prod_{l=1,l\neq j}^{3} K_l$
$G_1(t)$	0.333	0	0.333	2	0	6
$G_2(t)$	0.222	—	0.222	2	—	9
$G_3(t)$	0.833	0	0.833	5	0	6

类似的，解算系统的改进结构重要度 $I_{MS}(j,i)$ 和平均改进结构重要度 $I_{MS}(G_j(t))$ 如表 5.8 所示。

表 5.8　多状态串并混联燃油传输系统改进结构重要度 $I_{MS}(G_j(t))$

组件 j	$I_{MS}(j,1)$	$I_{MS}(j,2)$	$I_{MS}(G_j(t))$	$N_{j,1}^f$	$N_{j,2}^f$	$N_{j,1}^1$	$N_{j,2}^1$
$G_1(t)$	0.5	0	0.5	2	0	4	2
$G_2(t)$	0.4	—	0.4	2	—	5	—
$G_3(t)$	1	0	1	5	0	5	3

分析表 5.7、表 5.8 中数据可知，无论是平均结构重要度 $I_S(G_j(t))$，还是平均改进结构重要度 $I_{MS}(G_j(t))$，组件 3 的解算量值均为最大，因此其对系统功能完全

失效的影响程度最大。此外,组件 3 的平均改进结构重要度 $I_{\mathrm{MS}}(j,1)$取值为 1,说明其功能失效将直接导致全系统的功能完全失效。

5.3 多状态系统 Birnbaum 重要度

Birnbaum 重要度 I_{B}是一类概率重要度,反映组件状态性能下降对系统功能失效影响的临界性概率。若第 1 级状态性能代表系统和组件功能完全失效,则对于系统第 j 个组件,Birnbaum 重要度的数学表达式为

$$I_{\mathrm{B}}(j,i)=\left|\Pr\{f(G_1(t),\cdots,G_n(t))=2\,|\,G_j(t)=g_{ji}\}-\Pr\{f(G_1(t),\cdots,G_n(t))=2\,|\,G_j(t)=g_{ji-1}\}\right| \tag{5.16}$$

式中,$I_{\mathrm{B}}(j,i)$为组件 j 处于第 i 级状态性能 g_{ji} 的 Birnbaum 重要度;$f(\cdot)$为系统构型函数;$\Pr(\cdot\,|\,)$为条件概率取值函数,且有

$$\begin{aligned}&\Pr\{f(G_1(t),\cdots,G_n(t))=2\,|\,G_j(t)=g_{ji}\}\\&=\sum_{G_1\in\{1,\cdots,k_1\}}\cdots\sum_{G_{j-1}\in\{1,\cdots,k_{j-1}\}}\sum_{G_{j+1}\in\{1,\cdots,k_{j+1}\}}\cdots\sum_{G_n\in\{1,\cdots,k_n\}}\\&\quad H(G_1(t),\cdots,G_{j-1}(t),g_{ji},G_{j+1}(t),\cdots,G_n(t))\end{aligned} \tag{5.17}$$

式中

$$\begin{cases}H(\cdot)=p_{1G_1}\cdots p_{j-1G_{j-1}}p_{j+1G_{j+1}}\cdots p_{nG_n}, & f(G_1(t),\cdots,G_{j-1}(t),g_{ji},G_{j+1}(t),\cdots,G_n(t))=2\\H(\cdot)=0, & f(G_1(t),\cdots,G_{j-1}(t),g_{ji},G_{j+1}(t),\cdots,G_n(t))\neq 2\end{cases} \tag{5.18}$$

式中,p_{nG_n} 为第 n 个组件状态性能处于 G_n的概率取值;$f(\cdot)=2$ 代表系统状态性能输出处于第 2 级状态性能,也称临界状态性能。

同样,可定义组件 j 的平均 Birnbaum 重要度 $I_{\mathrm{B}}(G_j(t))$为

$$I_{\mathrm{B}}(G_j(t))=\frac{\sum_{i=2}^{K_j}I_{\mathrm{B}}(j,i)}{K_j-1} \tag{5.19}$$

[案例 5.6] 仍以图 5.13 所示三组件多状态串并混联燃油传输系统为例,相关各组件状态概率分布如表 5.9 所示,试解算该系统的平均 Birnbaum 重要度 $I_{\mathrm{B}}(G_j(t))$。

表 5.9 多状态串并混联燃油传输系统组件状态概率分布

组件编号 j	$G_j(t)=0$	$G_j(t)=1$	$G_j(t)=2$
1	0.1	0.3	0.6
2	0.2	0.8	—
3	0.2	0.3	0.5

解:注意到 Birnbaum 重要度 I_B实际上是系统组件状态构架的条件概率函数,根据以往的解算经验可知,相关问题利用多值决策图更容易求解,且不易出错。因此,首先将表 5.4 所示系统构型函数等价转换为如图 5.14 所示的多值决策图。

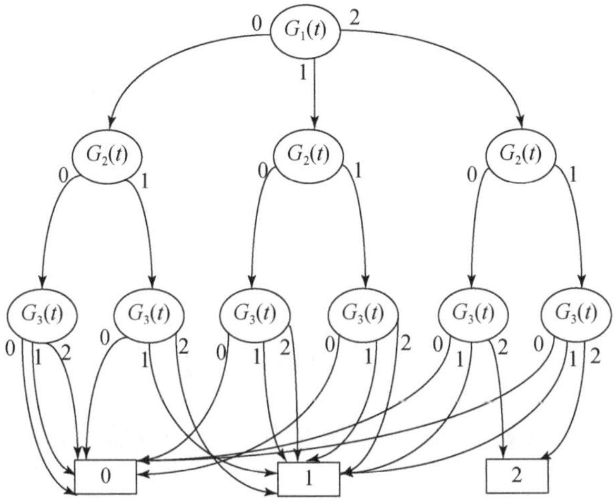

图 5.14　多状态串并混联燃油传输系统多值决策图

进一步,依据多值决策图的基本特性可将图 5.14 简化为图 5.15 所示形式。

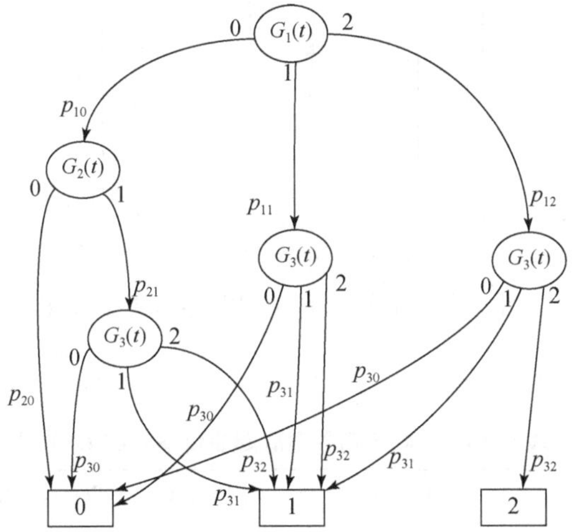

图 5.15　多状态串并混联燃油传输系统多值决策图(简化版)

鉴于 Birnbaum 重要度的解算仅与系统临界状态性能有关,因此保留汇点 1 的多值决策子图用于解算,如图 5.16 所示。

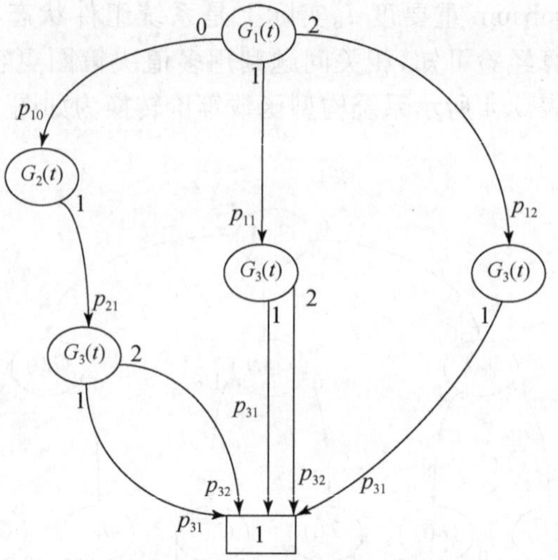

图 5.16 汇点 1 的多值决策子图

由图 5.16 可知,解算 $I_B(1,i)$时,图 5.16 又可分别简化为图 5.17 所示形式。

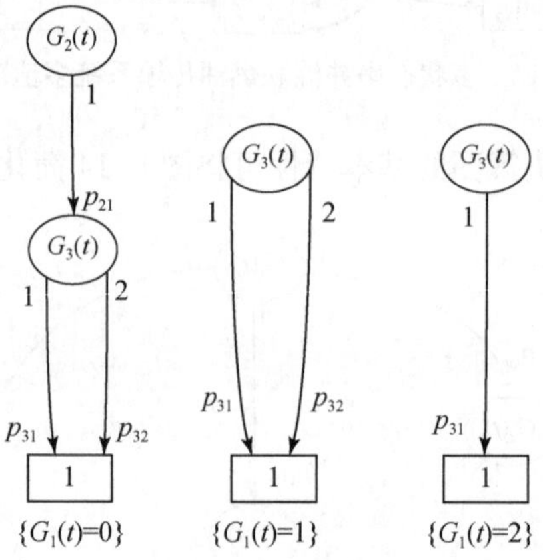

图 5.17 解算 $I_B(1,i)$所用的多值决策子图

由此,得到表 5.10。

表 5.10 多状态串并混联燃油传输系统 $I_B(1,i)$

i	$I_B(1,i)$	$\Pr\{f(G_1(t),G_2(t),G_3(t))=1 \mid G_1(t)=i\}$
0	—	$p_{21}(p_{31}+p_{32})$
1	$\lvert(p_{31}+p_{32})-p_{21}(p_{31}+p_{32})\rvert$	$p_{31}+p_{32}$
2	$\lvert p_{31}-(p_{31}+p_{32})\rvert$	p_{31}

类似的，解算 $I_B(2,i)$、$I_B(3,i)$ 如图 5.18 和图 5.19 所示。由此，得到表 5.11。

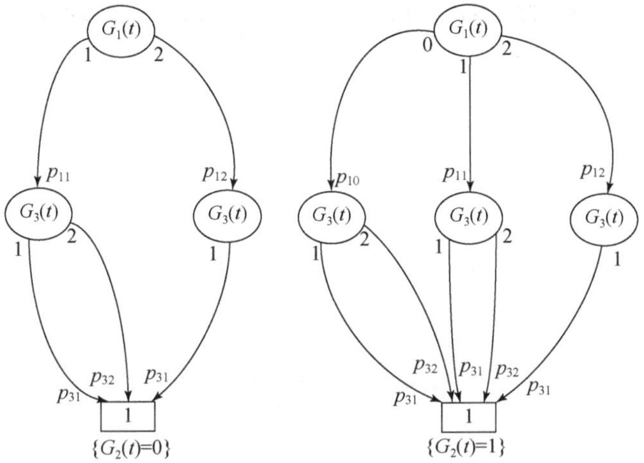

图 5.18　解算 $I_B(2,i)$ 所用的多值决策子图

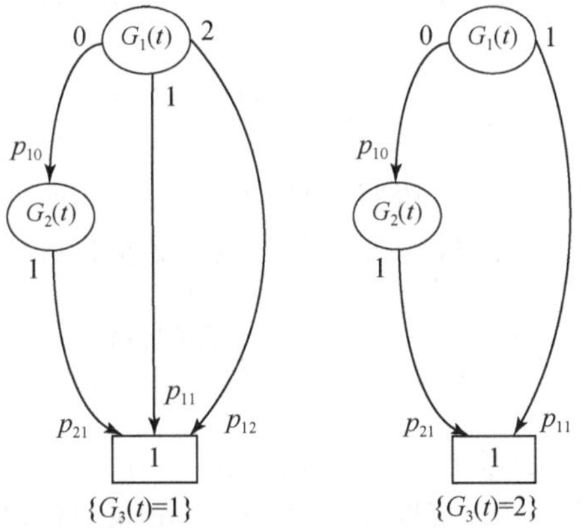

图 5.19　解算 $I_B(3,i)$ 所用的多值决策子图

表 5.11　多状态串并混联燃油传输系统 $I_B(2,i)$、$I_B(3,i)$

i	$I_B(j,i)$		$\Pr\{f(G_1(t),G_2(t),G_3(t))=1 \mid G_j(t)=i\}$	
	$j=2$	$j=3$	$j=2$	$j=3$
0	—	—	$p_{11}(p_{31}+p_{32})+p_{12}p_{31}$	0
1	$\lvert p_{10}(p_{31}+p_{32})\rvert$	$\lvert p_{10}p_{21}+p_{11}+p_{12}\rvert$	$(p_{11}+p_{10})(p_{31}+p_{32})+p_{12}p_{31}$	$p_{10}p_{21}+p_{11}+p_{12}$
2	—	$\lvert p_{12}\rvert$	—	$p_{10}p_{21}+p_{11}$

将表 5.9 中各组件状态概率分布数据代入表 5.10 和表 5.11 中，汇总整理后

得到表 5.12。

表 5.12　多状态串并混联燃油传输系统平均 Birnbaum 重要度 $I_B(G_j(t))$

j	$I_B(j,1)$	$I_B(j,2)$	$I_B(G_j(t))$	k_j
1	0.16	0.5	0.33	3
2	0.08	—	0.08	2
3	0.98	0.6	0.79	3

分析表 5.12 中数据可知，组件 3 对系统功能完全失效的影响最大，组件 1 次之，组件 2 影响最小。

5.4　多状态系统临界重要度

Birnbaum 重要度 I_B 取决于系统的构架及其组件的状态概率分布，但并不直接反映系统功能状态与组件实际运行状态间的关联。为此，引入临界重要度 I_C，定义为组件 j 由第 i 级状态性能变更至第 $i-1$ 级状态性能可能导致系统完全失效的概率，相关数学表达式为[9]

$$I_C(j,i)=I_B(j,i)\,\frac{\Pr\{G_j(t)=g_{j,i-1}\}}{R_0(t)} \tag{5.20}$$

式中，$I_B(j,i)$ 为组件 j 处于第 i 级状态性能 g_{ji} 的 Birnbaum 重要度；$R_0(t)$ 为系统不可靠度函数。同样，定义组件 j 的平均临界重要度 $I_C(G_j(t))$ 为

$$I_C(G_j(t))=\frac{\sum_{i=2}^{k_j} I_C(j,i)}{k_j-1} \tag{5.21}$$

临界重要度 I_C 可用于修正 Birnbaum 重要度 I_B，映射各组件不可靠度与系统不可靠度间的量化关联。对于拥有较高 Birnbaum 重要度，但比照系统不可靠度而言自身不可靠度较低的组件，解算其临界重要度 I_C，能够实现更为全面、科学的可靠性分析与评估。

［案例 5.7］　延续案例 5.6 所列条件，试解算三组件多状态串并混联燃油传输系统的平均临界重要度 $I_C(G_j(t))$。

解：首先，采用多值决策图法解算系统的不可靠度 $R_0(t)$。这里给出保留汇点 0 的多值决策子图，如图 5.20 所示。

由图 5.20 并依据案例 5.4 的结论易知

$$R_0(t)=p_{10}(p_{21}p_{30}+p_{20})+p_{11}p_{30}+p_{12}p_{30}=0.216$$

其次，参照式(5.20)和式(5.21)，解算平均临界重要度 $I_C(G_j(t))$，如表 5.13 所示。

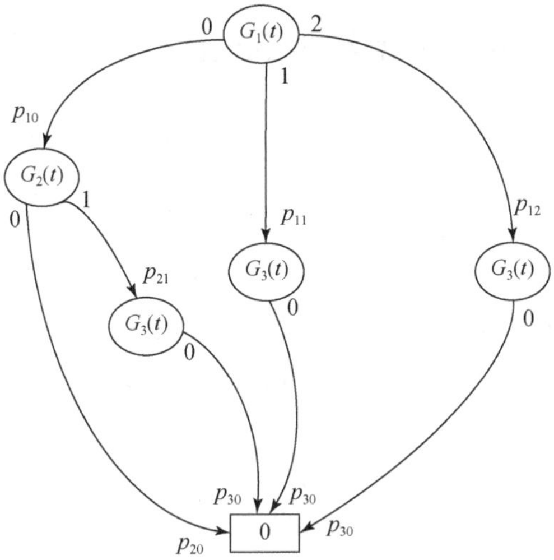

图 5.20　汇点 0 的多值决策子图

表 5.13　多状态串并混联燃油传输系统平均临界重要度 $I_C(G_j(t))$

j	$I_B(j,1)$	$I_B(j,2)$	p_{j0}	p_{j1}	$I_C(j,1)$	$I_C(j,2)$	$I_C(G_j(t))$	k_j	$R_0(t)$
1	0.16	0.5	0.1	0.3	0.074	0.694	0.384	3	
2	0.08	—	0.2	0.8	0.074	—	0.074	2	0.216
3	0.98	0.6	0.2	0.3	0.907	0.833	0.870	3	

对比表 5.12 与表 5.13 中的数据可知，临界重要度 I_C修正了 Birnbaum 重要度 I_B的解算结果。虽然从总体解算结论来看，仍是组件 3 的状态性能变化对系统功能失效的影响程度最大，但就各组件对系统功能失效影响的权重比例而言，组件 1 比重上升，组件 2、3 比重下降，详见表 5.14。由此可见，考虑系统不可靠度$R_0(t)$这一评价参量后，从另一侧面评析系统各组件的重要度，评估结论可能会发生变化，因此，可靠性工程技术人员应给予充分关注。

表 5.14　平均 Birnbaum 重要度 $I_B(G_j(t))$与平均临界重要度 $I_C(G_j(t))$对照

j	$I_B(G_j(t))$	相对百分比重 I_B/%	$I_C(G_j(t))$	相对百分比重 I_C/%	百分比变化量/%
1	0.33	27.5	0.384	28.91	1.41
2	0.08	6.67	0.074	5.57	−1.10
3	0.79	65.83	0.870	65.51	−0.32

5.5 多状态系统 Fussell-Vesely 重要度

Fussell-Vesely 重要度 I_{FV}反映系统第 j 个组件状态性能退化导致系统不可靠的概率，即量化各组件对系统不可靠行为的贡献权重，相关数学定义为[10]

$$I_{\mathrm{FV}}(j,i)=1-\frac{\Pr\{f(G_1(t),\cdots,G_n(t))<w,G_j(t)=g_{ji}\}}{R_0(t)} \tag{5.22}$$

式中，$I_{\mathrm{FV}}(j,i)$为组件 j 处于第 i 级状态性能 g_{ji} 的 Fussell-Vesely 重要度；w 为系统需求性能取值；$R_0(t)$为系统不可靠度函数。假设状态性能编码 1 为不可靠状态，则式(5.22)又可写为

$$I_{\mathrm{FV}}(j,i)=1-\frac{\Pr\{f(G_1(t),\cdots,G_n(t))=1,G_j(t)=g_{ji}\}}{R_0(t)},\quad 1<i<k_j \tag{5.23}$$

式中

$$\begin{aligned}&\Pr\{f(G_1(t),\cdots,G_n(t))=1,G_j(t)=g_{ji}\}\\&=\sum_{G_1\in\{1,\cdots,k_1\}}\cdots\sum_{G_{j-1}\in\{1,\cdots,k_{j-1}\}}\sum_{G_{j+1}\in\{1,\cdots,k_{j+1}\}}\cdots\sum_{G_n\in\{1,\cdots,k_n\}}\\&\quad H(G_1(t),\cdots,G_{j-1}(t),g_{ji},G_{j+1}(t),\cdots,G_n(t))\end{aligned} \tag{5.24}$$

式中

$$\begin{cases}H(\cdot)=p_{1G_1}\cdots p_{ji}\cdots p_{nG_n}, & f(G_1(t),\cdots,G_{j-1}(t),g_{ji},G_{j+1}(t),\cdots,G_n(t))=1\\H(\cdot)=0, & f(G_1(t),\cdots,G_{j-1}(t),g_{ji},G_{j+1}(t),\cdots,G_n(t))\neq 1\end{cases} \tag{5.25}$$

式中，p_{ji}代表第 j 个组件处于第 i 级状态性能的概率取值；p_{nG_n} 代表第 n 个组件状态性能处于 G_n的概率取值；$f(\cdot)=1$ 代表系统状态性能输出处于不可靠状态水平。同样，定义组件 j 的平均 Fussell-Vesely 重要度 $I_{\mathrm{FV}}(G_j(t))$为

$$I_{\mathrm{FV}}(G_j(t))=\frac{\sum_{i=2}^{k_j}I_{\mathrm{FV}}(j,i)}{k_j-1} \tag{5.26}$$

观察前述各表达式易知，Fussell-Vesely 重要度的解算与系统各组件状态概率的解算密切相关，因此，推荐采用多值决策图法解算系统 Fussell-Vesely 重要度。

[案例 5.8] 延续案例 5.6 所列条件，试解算三组件多状态串并混联燃油传输系统的平均 Fussell-Vesely 重要度 $I_{\mathrm{FV}}(G_j(t))$。

解：首先，采用多值决策图法解算 $\Pr\{f(G_1(t),G_2(t),G_3(t))=0,G_j(t)=g_{ji}\}$ [注意：案例中将状态性能编码 0 记为不可靠状态，而非编码 1，因此需将式(5.23)

中的表达式 $\Pr\{f(G_1(t),G_2(t),G_3(t))=1,G_j(t)=g_{ji})$ 替换为 $\Pr\{f(G_1(t),G_2(t),G_3(t))=0,G_j(t)=g_{ji}\}$]。这里，直接引用案例 5.7 中明确的汇点 0 的多值决策子图，并分别针对 $I_{FV}(1,i)$、$I_{FV}(2,i)$、$I_{FV}(3,i)$ 的解算需求，做如图 5.21～图 5.23 所示的等价变换。

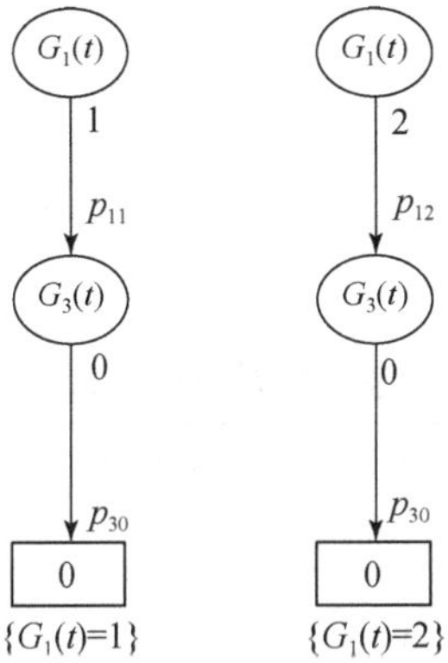

图 5.21　解算 $I_{FV}(1,i)$ 所用的多值决策子图

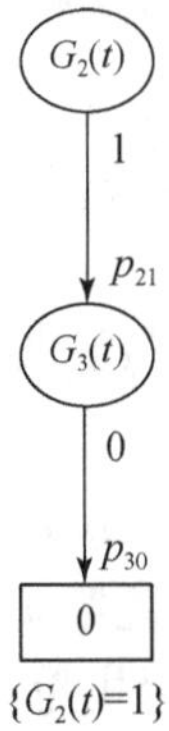

图 5.22　解算 $I_{FV}(2,i)$ 所用的多值决策子图

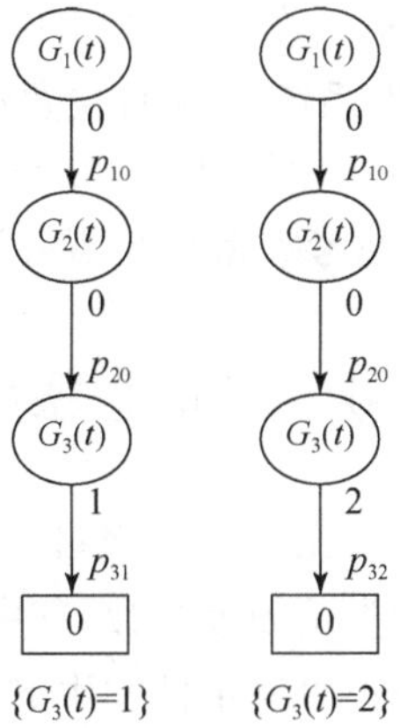

图 5.23　解算 $I_{FV}(3,i)$ 所用的多值决策子图

基于上述多值决策子图，可得 $\Pr\{f(G_1(t),G_2(t),G_3(t))=0,G_j(t)=g_{ji}\}$ 如表 5.15 所示。

表 5.15 多状态串并混联燃油传输系统 $\Pr\{f(G_1(t),G_2(t),G_3(t))=0,G_j(t)=g_{ji}\}$

i	$\Pr\{f(G_1(t),G_2(t),G_3(t))=0,G_j(t)=g_{ji}\}=\Pr\{j,i\}$		
	$j=1$	$j=2$	$j=3$
1	$p_{11}p_{30}$	$p_{21}p_{30}$	$p_{10}p_{20}p_{31}$
2	$p_{12}p_{30}$	—	$p_{10}p_{20}p_{32}$

其次，参照式(5.23)和式(5.26)解算平均 Fussell-Vesely 重要度 $I_{FV}(G_j(t))$，如表 5.16 所示。

表 5.16 多状态串并混联燃油传输系统平均 Fussell-Vesely 重要度 $I_{FV}(G_j(t))$

j	$I_{FV}(j,1)$	$I_{FV}(j,2)$	$\Pr\{j,1\}$	$\Pr\{j,2\}$	$I_{FV}(G_j(t))$	k_j	$R_0(t)$
1	0.722	0.444	0.06	0.12	0.583	3	
2	0.259	—	0.16	—	0.259	2	0.216
3	0.972	0.953	0.006	0.01	0.963	3	

分析表 5.16 中数据易知，组件 3 的状态性能降低导致系统不可靠的权重比例最大，应作为诱发系统失效的主要组件看待；但也要注意，组件 1 的平均 Fussell-Vesely 重要度权重比例已达 32.3%，组件 2 的平均 Fussell-Vesely 重要度权重比例已达 14.3%，在考察系统的不可靠诱因时，同样也不能忽视。

5.6 多状态系统可靠性增益(减损)当量

多状态系统可靠性增益当量 I_{RAW} 和可靠性减损当量 I_{RRW} 是反映系统不可靠度变更程度的两类重要度参数，其中增益当量 I_{RAW} 反映系统第 j 个组件状态性能下降时导致系统不可靠事件发生的权重比例，相关数学表达式为

$$I_{RAW}(j,i)=\frac{\Pr\{f(G_1(t),\cdots,G_n(t))<w,G_j(t)=g_{ji-1}\}}{R_0(t)} \tag{5.27}$$

式中，$I_{RAW}(j,i)$ 为组件 j 处于第 i 级状态性能 g_{ji} 的增益当量；w 为系统需求性能取值；$R_0(t)$ 为系统不可靠度函数。假设状态性能编码 1 为不可靠状态，则式(5.27)又可写为

$$I_{RAW}(j,i)=\frac{\Pr\{f(G_1(t),\cdots,G_n(t))=1,G_j(t)=g_{ji-1}\}}{R_0(t)},\quad 1<i<k_j \tag{5.28}$$

式中

$$\Pr\{f(G_1(t),\cdots,G_n(t))=1,G_j(t)=g_{ji-1}\}$$

$$= \sum_{G_1 \in \{1,\cdots,k_1\}} \cdots \sum_{G_{j-1} \in \{1,\cdots,k_{j-1}\}} \sum_{G_{j+1} \in \{1,\cdots,k_{j+1}\}} \cdots \sum_{G_n \in \{1,\cdots,k_n\}} H(G_1(t),\cdots,G_{j-1}(t),g_{ji-1},G_{j+1}(t),\cdots,G_n(t)) \tag{5.29}$$

式中

$$\begin{cases} H(\cdot)=p_{1G_1}\cdots p_{ji-1}\cdots p_{nG_n}, & f(G_1(t),\cdots,G_{j-1}(t),g_{ji-1},G_{j+1}(t),\cdots,G_n(t))=1 \\ H(\cdot)=0, & f(G_1(t),\cdots,G_{j-1}(t),g_{ji-1},G_{j+1}(t),\cdots,G_n(t))\neq 1 \end{cases} \tag{5.30}$$

式中，p_{ji-1}代表第 j 个组件处于第 $i-1$ 级状态性能的概率取值；p_{nG_n} 代表第 n 个组件状态性能处于G_n的概率取值；$f(\cdot)=1$ 代表系统状态性能输出处于不可靠状态水平。同样，定义组件 j 的平均增益当量 $I_{\mathrm{RAW}}(G_j(t))$为

$$I_{\mathrm{RAW}}(G_j(t))=\frac{\sum_{i=2}^{k_j} I_{\mathrm{RAW}}(j,i)}{k_j-1} \tag{5.31}$$

类似的，减损当量 I_{RRW}反映系统第 j 个组件状态性能下降时系统不可靠事件发生的潜在程度，相关数学表达式为

$$I_{\mathrm{RRW}}(j,i)=\frac{R_0(t)}{\Pr\{f(G_1(t),\cdots,G_n(t))<w,G_j(t)=g_{ji}\}} \tag{5.32}$$

式中，$I_{\mathrm{RRW}}(j,i)$为组件 j 处于第 i 级状态性能 g_{ji} 的减损当量。同样，假设状态性能编码 1 为不可靠状态，则式(5.32)又可写为

$$I_{\mathrm{RAW}}(j,i)=\frac{R_0(t)}{Pr\{f(G_1(t),\cdots,G_n(t))=1,G_j(t)=g_{ji}\}},\quad 1<i<k_j \tag{5.33}$$

式中

$$\Pr\{f(G_1(t),\cdots,G_n(t))=1,G_j(t)=g_{ji}\} = \sum_{G_1 \in \{1,\cdots,k_1\}} \cdots \sum_{G_{j-1} \in \{1,\cdots,k_{j-1}\}} \sum_{G_{j+1} \in \{1,\cdots,k_{j+1}\}} \cdots \sum_{G_n \in \{1,\cdots,k_n\}} H(G_1(t),\cdots,G_{j-1}(t),g_{ji},G_{j+1}(t),\cdots,G_n(t)) \tag{5.34}$$

式中

$$\begin{cases} H(\cdot)= p_{1G_1}\cdots p_{ji}\cdots p_{nG_n}, & f(G_1(t),\cdots,G_{j-1}(t),g_{ji},G_{j+1}(t),\cdots,G_n(t))= 1 \\ H(\cdot)= 0, & f(G_1(t),\cdots,G_{j-1}(t),g_{ji},G_{j+1}(t),\cdots,G_n(t))\neq 1 \end{cases} \tag{5.35}$$

进一步，定义组件 j 的平均减损当量 $I_{\mathrm{RRW}}(G_j(t))$为

$$I_{\mathrm{RRW}}(G_j(t))=\frac{\sum_{i=2}^{k_j} I_{\mathrm{RRW}}(j,i)}{k_j-1} \tag{5.36}$$

式(5.32)～式(5.36)中，相关符号的含义与增益当量部分一致，不再赘述。

[案例 5.9] 延续案例 5.6 所列条件，试解算三组件多状态串并混联燃油传输

系统的平均增益当量 $I_{\mathrm{RAW}}(G_j(t))$ 和平均减损当量 $I_{\mathrm{RRW}}(G_j(t))$。

解:首先,采用多值决策图法解算 $\Pr\{f(G_1(t),G_2(t),G_3(t))=0,G_j(t)=g_{ji}\}$。其中,组件 j 位于第 0 级状态性能时,系统完全失效的多值决策子图如图 5.24 所示。组件 j 位于其他状态性能时,系统完全失效的多值决策子图沿用案例 5.8 中图例,由此有图 5.24 和表 5.17。

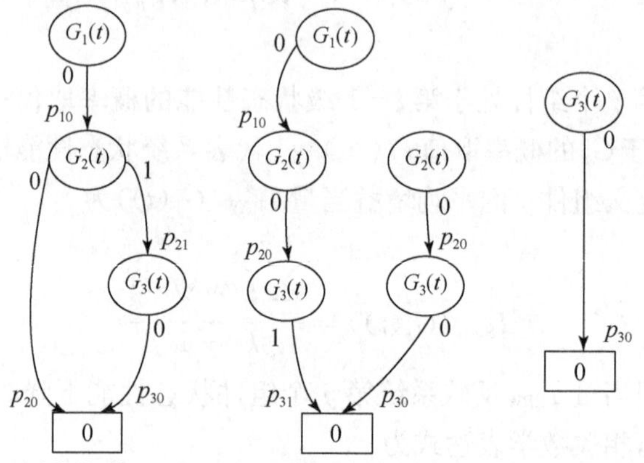

图 5.24 解算平均增益当量 $I_{\mathrm{RAW}}(j,1)$ 所用的多值决策子图

表 5.17 多状态串并混联燃油传输系统 $\Pr\{f(G_1(t),G_2(t),G_3(t))=0,G_j(t)=g_{ji}\}$

i	$\Pr\{f(G_1(t),G_2(t),G_3(t))=0,G_j(t)=g_{ji}\}=\Pr\{j,i\}$		
	$j=1$	$j=2$	$j=3$
0	$p_{10}(p_{20}+p_{21}p_{30})$	$p_{10}p_{20}p_{31}+p_{20}p_{30}$	p_{30}
1	$p_{11}p_{30}$	$p_{21}p_{30}$	$p_{10}p_{20}p_{31}$
2	$p_{12}p_{30}$	—	$p_{10}p_{20}p_{32}$

其次,参照式(5.28)、式(5.31)、式(5.33)和式(5.36)解算平均增益当量 $I_{\mathrm{RAW}}(G_j(t))$ 和平均减损当量 $I_{\mathrm{RRW}}(G_j(t))$,如表 5.18 和表 5.19 所示。

表 5.18 多状态串并混联燃油传输系统平均增益当量 $I_{\mathrm{RAW}}(G_j(t))$

j	$I_{\mathrm{RAW}}(j,1)$	$I_{\mathrm{RAW}}(j,2)$	$\Pr\{j,0\}$	$\Pr\{j,1\}$	$I_{\mathrm{RAW}}(G_j(t))$	k_j	$R_0(t)$
1	0.167	0.278	0.036	0.06	0.222	3	
2	0.213	0.741	0.046	0.16	0.954	2	0.216
3	0.926	0.028	0.2	0.006	0.477	3	

表 5.19 多状态串并混联燃油传输系统平均减损当量 $I_{RRW}(G_j(t))$

j	$I_{RRW}(j,1)$	$I_{RRW}(j,2)$	$\Pr\{j,1\}$	$\Pr\{j,2\}$	$I_{RRW}(G_j(t))$	k_j	$R_0(t)$
1	3.6	1.8	0.06	0.12	2.7	3	
2	1.35	—	0.16	—	1.35	2	0.216
3	36	21.6	0.006	0.01	28.8	3	

分析表 5.18、表 5.19 中数据易知，无论是平均增益当量 $I_{RAW}(G_j(t))$，还是平均减损当量 $I_{RRW}(G_j(t))$，组件 3 的取值均较大。由此可知，多状态串并混联燃油传输系统功能不可靠事件的发生，主要取决于组件 3 的状态性能下降，尤其是其功能的完全失效，在诱发系统不可靠事件的产生过程中，起主导作用。

5.7 多状态系统动态可靠性指数

多状态系统动态可靠性指数 I_{DRI} 也是一类重要度参数，用于量化评估组件状态性能变化对系统状态性能变化的影响。动态可靠性指数 I_{DRI} 又可细分为组件动态可靠性指数 I_{CDRI} 和综合动态可靠性指数 I_{DIRI}。其中，I_{CDRI} 反映系统组件 j 的状态性能变化对系统功能完全失效的影响，相关数学表达式为

$$I_{CDRI}(j,i)=I_{MS}(j,i)\Pr\{G_j(t)=g_{ji-1}\}=\frac{N_{j,i}^f}{N_{j,i}^2}p_{ji-1} \tag{5.37}$$

式中，$I_{CDRI}(j,i)$、$I_{MS}(j,i)$ 分别为组件 j 处于第 i 级状态性能的动态可靠性指数和改进结构重要度；p_{ji} 为组件 j 处于第 i 级状态性能的概率取值；$N_{j,i}^2$ 、$N_{j,i}^f$ 沿用 5.2 节符号含义。注意，组件 j 的动态可靠性指数 $I_{CDRI}(j,i)$ 的取值，既与系统的拓扑结构相关，又与组件 j 的状态概率分布相关。同样，可定义组件 j 的平均动态可靠性指数 $I_{CDRI}(G_j(t))$ 为

$$I_{CDRI}(G_j(t))=\sum_{i=2}^{k_j}I_{CDRI}(j,i) \tag{5.38}$$

进一步，与组件动态可靠性指数 I_{CDRI} 不同，综合动态可靠性指数 I_{DIRI} 反映系统任意组件的状态性能变化对系统功能完全失效的影响，相关数学表达式为

$$I_{DIRI}=\sum_{j=1}^{n}I_{CDRI}(G_j(t))\prod_{r=1,r\neq j}^{n}[1-I_{CDRI}(G_r(t))] \tag{5.39}$$

注意，综合动态可靠性指数 I_{DIRI} 直接针对全系统而言，不存在某一组件的综合动态可靠性指数。

[案例 5.10] 延续案例 5.6 所列条件，试解算三组件多状态串并混联燃油传输系统的平均动态可靠性指数 $I_{CDRI}(G_j(t))$ 和综合动态可靠性指数 I_{DIRI}。

解:直接引用案例 5.5 和案例 5.6 中的部分解算结论,可得到表 5.20。

表 5.20 组件 j 平均改进结构重要度 $I_{MS}(G_j(t))$ 及状态概率分布 $p_{j,i-1}$

j	$I_{MS}(j,1)$	$I_{MS}(j,2)$	$I_{MS}(G_j(t))$	p_{j0}	p_{j1}	p_{j2}
1	0.5	0	0.5	0.1	0.3	0.6
2	0.4	—	0.4	0.2	0.8	—
3	1	0	1	0.2	0.3	0.5

进而,由式(5.37)~式(5.39)可得到表 5.21。

表 5.21 系统平均动态可靠性指数 $I_{CDRI}(G_j(t))$ 和综合动态可靠性指数 I_{DIRI}

j	$I_{CDRI}(j,1)$	$I_{CDRI}(j,2)$	$I_{CDRI}(G_j(t))$	$I_{MS}(j,1)$	$I_{MS}(j,2)$	p_{j0}	p_{j1}	$I_{DIRI}(G_j(t))$
1	0.05	0	0.05	0.5	0	0.1	0.3	
2	0.08	—	0.08	0.4	—	0.2	0.8	0.272
3	0.2	0	0.2	1	0	0.2	0.3	

分析表 5.21 中数据易知,综合考虑多状态串并混联燃油传输系统的拓扑结构,以及各组件状态性能的概率分布,组件 3 的状态性能下降对系统功能完全失效的影响最大;此外,综观系统各组件的状态性能变化,其对系统功能完全失效的影响概率约为 0.272,即约每 3 次组件(任选组件)的状态性能下降,就会导致 1 次系统功能的完全失效。

参考文献

[1] Zio E, Kroger W. Vulnerable Systems[M]. London: Springer-Verlag, 2011.

[2] Hokstad P, Utne I B. Risk and Interdependencies in Critical Infrastructures[M]. London: Springer-Verlag, 2012.

[3] Way K, Zhu X Y. Importance Measure in Reliability, Risk and Optimization: Principles and Applications[M]. Hoboken: Wiley, 2012.

[4] Jose E R, David W C. Composite importance measures for multi-state systems with multi-state components[J]. Transactions on Reliability, 2005, 54(3): 517-529.

[5] Barlow R, Prochan F. Importance of system components and fault tree analysis[J]. Stochastic Processes and their Applications, 1975, 3(2): 153-173.

[6] 曾亮,郭欣. 多状态系统元件重要度定义及其计算[J]. 系统工程与电子技术, 1999, 21(5): 71-74.

[7] 曾亮,郭欣. 多状态单调关联系统元件重要度分析[J]. 系统工程与电子技术, 1998, 20(2): 72-74.

[8] Levitin G, Lisnianski A. Importance and sensitivity analysis of multi-state systems using the

universal generating function method[J]. Reliability Engineering and System Safety，1999，65：271-282.

[9] Bosche A. Calculation of critical importance for multi- state components [J] . IEEE Transaction on Reliability，1987，36：247-249.

[10] Anatoly L，Ilia F. Recent Advances in System Reliability [M] . London：Springer-Verlag，2012.

第 6 章　装备多状态复杂冗余系统可靠性分析与评估

面向装备复杂系统运行状态复杂、结构复杂、性能刻画复杂等特征的多状态可靠性建模，以及各类可靠性参数指标的解算方法，前述章节已给出较为全面的介绍。分别利用马尔可夫模型、通用生成函数模型、多值逻辑模型，针对串联、并联、串并混联、桥联等典型多状态子系统的可用度 A、可靠度 R、重要度 I、期望性能输出 G_E、期望性能失效 D_E、平均失效次数 $\bar{N}_f(T)$ 等可靠性参数指标，进行了解算分析和量化评估。上述研究内容为多状态装备复杂系统可靠性分析与评估技术的基础内容和主体内容。

本章将在此基础上，进一步结合可靠性工程应用实例，深化多状态装备复杂系统的可靠性分析与评估技术研究。针对一类广泛应用于能源传输(电、油、汽)行业的内含冗余设计理念的多状态装备复杂系统，进行可靠性程式化建模与相关评估参数解算研究。研究内容既充分继承书中前述章节研究结论，又从实际工程应用背景出发，丰富、拓展已有多状态装备复杂系统的可靠性分析与评估技术，工程应用作用明显、借鉴价值较大。

6.1　冗余设计问题提出

冗余设计作为一类先进的设计理念，被广泛应用于电能生产供应、燃油燃汽生产运输、分布式计算资源调配等各类系统的原型设计中[1,2]。以电能生产供应系统设计为例，在设计主电能供应单元的过程中，往往还会同步设计与之配套的备用电能供应单元。备用电能供应单元的主要功用是：在满足自身电能供应需求的前提下，直接或间接(通过中间传输系统)向主电能供应单元提供协议电能，以确保整个电能生产供应系统最大限度地满足实时电能供应需求。不失一般性，这里给出一类具备典型冗余设计特征的电能生产供应系统[3~6]，其多状态可靠性构架如图 6.1 所示。

图 6.1 中，$G_m(t)$、$W_m(t)$为主电能供应单元的输出性能和电能需求；$G_r(t)$、$W_r(t)$为备用电能供应单元的输出性能和电能需求；$G_s(t)$为协议补偿单元的实际补偿输出性能；$G_c(t)$为补偿电能输送单元的输出性能；$G(t)$为整个电能生产供应系统的最终输出性能。上述五类输出性能函数和两类电能需求函数的取值均可视为连续时间离散状态的随机变量。$F_m(t)$为表征主电能供应单元是否满足其电能需求的评判函数；$F_r(t)$为表征备用电能供应单元是否满足其电能需求的评判函

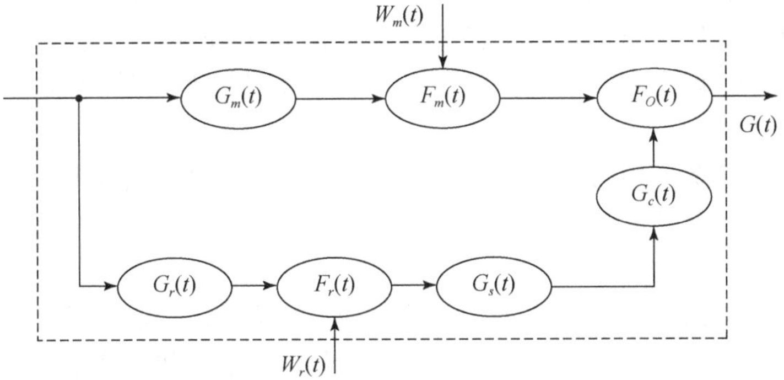

图 6.1 冗余设计电能生产供应系统多状态可靠性构架

数;$F_O(t)$为表征整个电能生产供应系统是否满足其电能需求的最终评判函数。上述三类评判函数的取值决定系统相关下一子单元的输入性能。

由图 6.1 可知,内含冗余设计的电能生产供应系统由主电能供应、备用电能供应、协议补偿、补偿输送四个子单元构成。鉴于各子单元均可视为多状态子系统,因此即便假设主电能、备用电能供应单元具备 3 种状态性能,协议补偿、补偿运输单元具备 2 种状态性能,由式(2.6)易知,全系统也将具备 36(3×3×2×2)种状态性能。进一步,假设其中一半状态性能可归并处理,则全系统仍会保留 18 种左右状态性能,如果直接通过构建状态概率微分方程组求解,那么计算难度较大,计算资源要求也过高。当然,如果仅关注全系统的稳态运行特征,那么可通过将微分方程组简化为代数方程组进行求解,但其对全系统瞬态运行特征的映射精度不足。第 4 章中,针对该类大维度状态解算难题,提供了一类基于通用生成函数的解决方法,本章拟针对内含冗余设计的多状态装备复杂系统面临的可靠性分析与评估技术难题,综合马尔可夫模型和通用生成函数模型解算优势,给出普适性强、程式化高、计算资源依赖低的有效解算方法。

6.2 多状态冗余系统可靠性建模

6.2.1 建模前提

介绍考虑冗余设计的多状态电能生产供应系统可靠性建模方法前,首先针对实施建模的基本假设和符号标识进行说明。

1. 基本假设

(1) 全系统由主电能供应、备用电能供应、协议补偿、补偿输送四个子单元构成，每个子单元均视为多状态系统；

(2) 仅关注四个子单元的状态性能变更情况，并作为评估全系统可靠性能的唯一依据，各子单元间连接构件、控制阀门、附件等的性能变更、功能失效情况不纳入建模考虑范畴；

(3) 供电任务期内，各子单元的状态性能变更均由小失效或小修复行为导致；

(4) 各子单元不同状态性能间的跃迁间隔时间均服从指数分布，满足连续时间离散状态的马尔可夫过程；

(5) 任意瞬时，系统仅可能存在一类子单元产生状态性能跃迁；

(6) 反映各子单元供电(或输电)性能和电能需求的状态变量，均视为相互独立的随机变量。

2. 符号标识

(1) m→主电能供应单元标识：$G_m(t)$瞬态输出性能具备 k_m 种状态性能，取值记为 $g_{m,1}\leqslant g_{m,2}\leqslant\cdots\leqslant g_{m,k_m-1}\leqslant g_{m,k_m}$，状态编码记为 $1\leqslant2\leqslant\cdots\leqslant k_m-1\leqslant k_m$，概率分布记为 $p_{m,1},p_{m,2},\cdots,p_{m,k_m-1},p_{m,k_m}$；$f_m(\cdot)$为物理构型函数，$F_m(\cdot)$为用电需求满足评判函数；$\psi_{G_m(t)}(z)$ 为通用生成函数，Ω_{f_m} 为通用生成算子；$\psi^{+}_{G_m(t)}(z)$ 为评判后通用生成函数，$G^{+}_m(t)$ 为评判后瞬态输出性能，Ω_{F_m} 为通用评判算子。

(2) $m^{(i)}$→主电能供应单元组件 i 标识($i=1,\cdots,n_m$)：$G^{(i)}_m(t)$ 为瞬态输出性能，具备 $k^{(i)}_m$ 种状态性能，取值记为 $g^{(i)}_{m,1}\leqslant g^{(i)}_{m,2}\leqslant\cdots\leqslant g^{(i)}_{m,k^{(i)}_m-1}\leqslant g^{(i)}_{m,k^{(i)}_m}$，状态编码记为 $1\leqslant2\leqslant\cdots\leqslant k^{(i)}_m-1\leqslant k^{(i)}_m$，概率分布记为 $p^{(i)}_{m,1},p^{(i)}_{m,2},\cdots,p^{(i)}_{m,k^{(i)}_m-1},p^{(i)}_{m,k^{(i)}_m}$；$\psi_{G^{(i)}_m(t)}(z)$ 为通用生成函数。

(3) M→主电能供应单元需求标识：$W_M(t)$为瞬态电能需求，具备 k_M 种状态性能，取值记为 $w_{M,1}\leqslant w_{M,2}\leqslant\cdots\leqslant w_{M,k_M-1}\leqslant w_{M,k_M}$，状态编码记为 $1\leqslant2\leqslant\cdots\leqslant k_M-1\leqslant k_M$，概率分布记为 $p_{M,1},p_{M,2},\cdots,p_{M,k_M-1},p_{M,k_M}$；$\psi_{W_M(t)}(z)$ 为需求生成函数。

(4) r→备用电能供应单元标识：$G_r(t)$为瞬态输出性能，具备 k_r 种状态水平，取值记为 $g_{r1}\leqslant g_{r2}\leqslant\cdots\leqslant g_{rk_r-1}\leqslant g_{rk_r}$，状态编码记为 $1\leqslant2\leqslant\cdots\leqslant k_r-1\leqslant k_r$，概率分布记为 $p_{r,1},p_{r,2},\cdots,p_{r,k_r-1},p_{r,k_r}$；$f_r(\cdot)$为物理构型函数，$F_r(\cdot)$为用电需求满足评判函数；$\psi_{G_r(t)}(z)$ 为通用生成函数，Ω_{f_r} 为通用生成算子；$\psi^{+}_{G_r(t)}(z)$ 为评判后通用生成函数，$G^{+}_r(t)$ 为评判后瞬态输出性能，Ω_{F_r} 为通用评判算子。

(5) $r^{(j)}$→备用电能供应单元组件 j 标识($j=1,\cdots,n_r$)：$G^{(j)}_r(t)$ 为瞬态输出性能，具备 $k^{(j)}_r$ 种状态性能，取值记为 $g^{(j)}_{r,1}\leqslant g^{(j)}_{r,2}\leqslant\cdots\leqslant g^{(j)}_{r,k^{(j)}_r-1}\leqslant g^{(j)}_{r,k^{(j)}_r}$，状态编码记为 $1\leqslant2\leqslant\cdots\leqslant k^{(j)}_r-1\leqslant k^{(j)}_r$，概率分布记为 $p^{(j)}_{r,1},p^{(j)}_{r,2},\cdots,p^{(j)}_{r,k^{(j)}_r-1},p^{(j)}_{r,k^{(j)}_r}$；$\psi_{G^{(j)}_r(t)}(z)$ 为通用生成函数。

(6) R→备用电能供应单元需求标识：$W_R(t)$为瞬态电能需求，具备 k_R 种状态性能，取值记为 $w_{R,1} \leqslant w_{R,2} \leqslant \cdots \leqslant w_{R,k_R-1} \leqslant w_{R,k_R}$ ，状态编码记为 $1 \leqslant 2 \leqslant \cdots \leqslant k_R - 1 \leqslant k_R$，概率分布记为 $p_{R,1}, p_{R,2}, \cdots, p_{R,k_R-1}, p_{R,k_R}$ ；$\psi_{W_R(t)}(z)$ 为需求生成函数。

(7) s→协议电能补偿单元标识：$G_s(t)$ 为瞬态补偿输出电能，具备 k_s 种状态性能，取值由 $G_r(t)$、$W_r(t)$ 及电能补偿协议共同确定；$f_s(\cdot)$ 为协议补偿函数；$\psi^+_{G_s(t)}(z)$ 为协议后通用生成函数，Ω_{f_s} 为通用协议算子。

(8) c→补偿电能输送单元标识：$G_c^-(t)$ 为瞬态补偿输送能力，具备 k_c^- 种状态性能，取值记为 $g_{c,1}^- \leqslant g_{c,2}^- \leqslant \cdots \leqslant g_{c,k_c^- -1}^- \leqslant g_{c,k_c^-}^-$ ，状态编码记为 $1 \leqslant 2 \leqslant \cdots \leqslant k_c^- - 1 \leqslant k_c^-$ ，概率分布记为 $p_{c,1}^-, p_{c,2}^-, \cdots, p_{c,k_c^- -1}^-, p_{c,k_c^-}^-$ ；$G_c(t)$ 为瞬态补偿输送电能，具备 k_c 种状态性能，取值由 $G_s(t)$ 和 $G_c^-(t)$ 共同确定；$f_c(\cdot)$ 为补偿输送函数；$\psi_{G_c^-(t)}(z)$ 为输送能力生成函数，$\psi^+_{G_c(t)}(z)$ 为输送后通用生成函数，Ω_{f_c} 为通用输送算子。

(9) $G(t)$ 为全系统最终瞬态输出电能，具备 k 种状态性能，取值由 $G_m(t)$、$W_m(t)$ 及 $G_c(t)$ 共同确定；$F_O(\cdot)$ 为总电能输出评判函数；$\psi_{G(t)}(z)$ 为全系统输出通用生成函数，Ω_{F_O} 为总电能通用输出算子。

综上，明确基本假设、统一符号标识后，按照"先组件、后单元；先单元、后系统；先输出、后评判"的建模思路，依次对主电能供应、备用电能供应、协议补偿、补偿输送单元及全系统，逐个实施多状态可靠性建模，并针对考虑冗余设计的多状态电能生产供应系统可靠性评估，给出程式化解算方法。

6.2.2 主电能供应单元模型

为便于理解，将与主电能供应单元相关的解算符号统一标注出来，如图 6.2 所示。

首先，解算组件 i 的通用生成函数 $\psi_{G_m^{(i)}(t)}(z)$ ，由其概率分布函数 $\{g_{m,l}^{(i)}, p_{m,l}^{(i)}\}$ ，$l=1,\cdots,k_m^{(i)}$ ，易有

$$\psi_{G_m^{(i)}(t)}(z) = \sum_{l=1}^{k_m^{(i)}} p_{m,l}^{(i)} z^{g_{m,l}^{(i)}} \tag{6.1}$$

其次，主电能供应单元由 n_m 个组件 i 构成，因此其通用生成函数 $\psi_{G_m(t)}(z)$ 为

$$\begin{aligned}
\psi_{G_m(t)}(z) &= \Omega_{f_m}(\psi_{G_m^{(1)}(t)}(z), \cdots, \psi_{G_m^{(n_m)}(t)}(z)) \\
&= \Omega_{f_m}\left(\sum_{l_1=1}^{k_m^{(1)}} p_{m,l_1}^{(1)} z^{g_{m,l_1}^{(1)}}, \cdots, \sum_{l_{n_m}=1}^{k_m^{(n_m)}} p_{m,l_{n_m}}^{(n_m)} z^{g_{m,l_{n_m}}^{(n_m)}}\right) \\
&= \sum_{l_1=1}^{k_m^{(1)}} \sum_{l_2=1}^{k_m^{(2)}} \cdots \sum_{l_{n_m}=1}^{k_m^{(n_m)}} \left[\left(\prod_{x=1}^{n_m} p_{m,l_x}^{(x)}\right) z^{f_m(g_{m,l_1}^{(1)}, \cdots, g_{m,l_{n_m}}^{(n_m)})}\right] \\
&= \sum_{l=1}^{k_m} p_{m,l} z^{g_{m,l}}
\end{aligned} \tag{6.2}$$

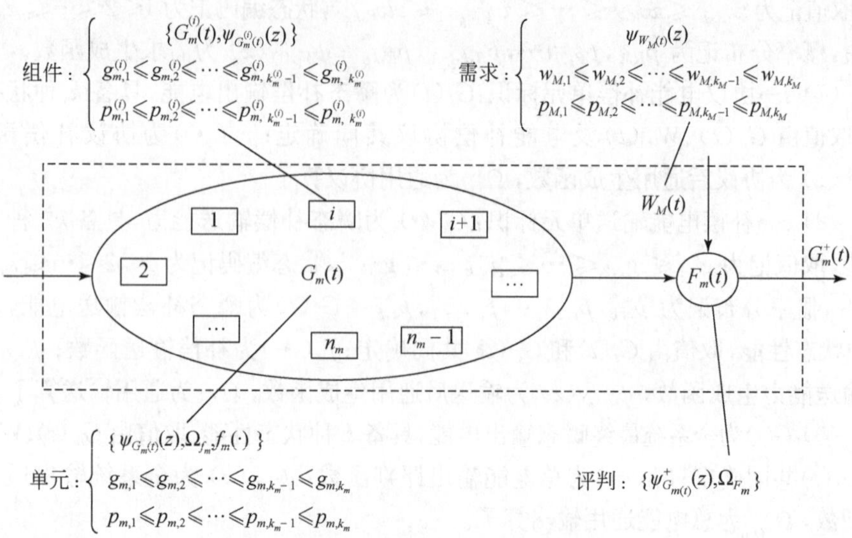

图 6.2 主电能单元可靠性建模解算图示

再次，由瞬态电能需求 $W_M(t)$ 的概率分布函数 $\{w_{M,l},p_{M,l}\}$，$l=1,\cdots,k_M$，解算需求生成函数 $\psi_{W_M(t)}(z)$ 为

$$\psi_{W_M(t)}(z)=\sum_{l=1}^{k_M}p_{M,l}z^{w_{M,l}} \tag{6.3}$$

最后，依据通用评判算子 Ω_{F_m}，解算经评判后的主电能供应单元通用生成函数 $\psi^+_{G_m(t)}(z)$ 为

$$\begin{aligned}\psi^+_{G_m(t)}(z)&=\Omega_{F_m}(\psi_{G_m(t)}(z),\psi_{W_M(t)}(z))\\&=\Omega_{F_m}\left(\sum_{l_1=1}^{k_m}p_{m,l_1}z^{g_{m,l_1}},\sum_{l_2=1}^{k_M}p_{M,l_2}z^{w_{M,l_2}}\right)\\&=\sum_{l_2=1}^{k_M}\sum_{l_1=1}^{k_m}p_{m,l_1}p_{M,l_2}z^{F_m(g_{m,l_1},w_{M,l_2})}\end{aligned} \tag{6.4}$$

6.2.3 备用电能供应单元模型

类似的，进行备用电能供应单元的可靠性建模，相关解算图示如图 6.3 所示。

首先，解算组件 j 的通用生成函数 $\psi_{G_r^{(j)}(t)}(z)$，由其概率分布函数 $\{g_{r,l}^{(j)},p_{r,l}^{(j)}\}$，$l=1,\cdots,k_r^{(j)}$，易有

$$\psi_{G_r^{(j)}(t)}(z)=\sum_{l=1}^{k_r^{(j)}}p_{r,l}^{(j)}z^{g_{r,l}^{(j)}} \tag{6.5}$$

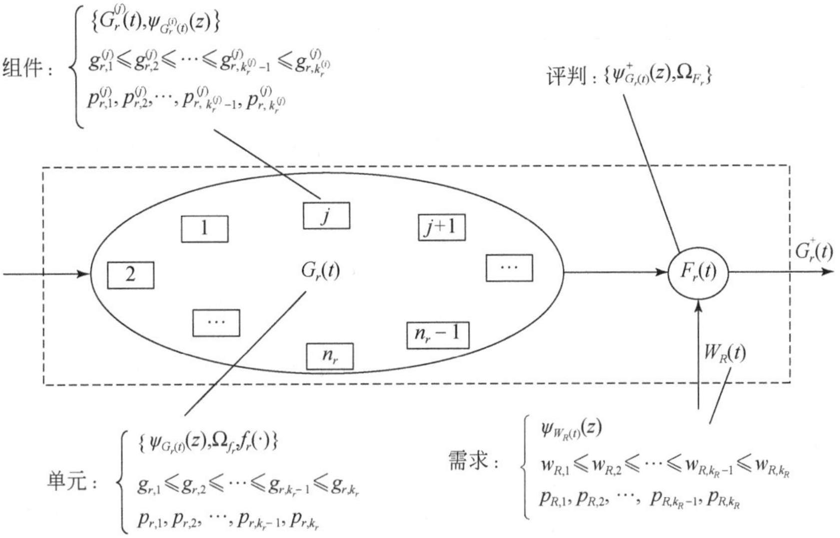

图 6.3　备用电能单元可靠性建模解算图示

其次,备用电能供应单元由 n_r 个组件 j 构成,因此其通用生成函数 $\psi_{G_r(t)}(z)$ 为

$$\begin{aligned}\psi_{G_r(t)}(z)&=\Omega_{f_r}\left(\psi_{G_r^{(1)}(t)}(z),\cdots,\psi_{G_r^{(n_r)}(t)}(z)\right)\\&=\Omega_{f_r}\left(\sum_{l_1=1}^{k_r^{(1)}}p_{r,l_1}^{(1)}z^{g_{r,l_1}^{(1)}},\cdots,\sum_{l_{n_r}=1}^{k_r^{(n_r)}}p_{r,l_{n_r}}^{(n_r)}z^{g_{r,l_{n_r}}^{(n_r)}}\right)\\&=\sum_{l_1=1}^{k_r^{(1)}}\sum_{l_2=1}^{k_r^{(2)}}\cdots\sum_{l_{n_r}=1}^{k_r^{(n_r)}}\left[\left(\prod_{x=1}^{n_r}p_{r,l_x}^{(x)}\right)z^{f_r\left(g_{r,l_1}^{(1)},\cdots,g_{r,l_{n_r}}^{(n_r)}\right)}\right]\\&=\sum_{l=1}^{k_r}p_{r,l}z^{g_{r,l}}\end{aligned}\tag{6.6}$$

再次,由瞬态电能需求 $W_R(t)$ 的概率分布函数 $\{w_{R,l},p_{R,l}\}$，$l=1,\cdots,k_R$,解算需求生成函数 $\psi_{W_R(t)}(z)$ 为

$$\psi_{W_R(t)}(z)=\sum_{l=1}^{k_R}p_{R,l}z^{w_{R,l}}\tag{6.7}$$

最后,依据通用评判算子 Ω_{F_r}，解算经评判后的备用电能供应单元通用生成函数 $\psi_{G_r(t)}^{+}(z)$ 为

$$\begin{aligned}\psi_{G_r(t)}^{+}(z)&=\Omega_{F_r}\left(\psi_{G_r(t)}(z),\psi_{W_R(t)}(z)\right)\\&=\Omega_{F_r}\left(\sum_{l_1=1}^{k_r}p_{r,l_1}z^{g_{r,l_1}},\sum_{l_2=1}^{k_R}p_{R,l_2}z^{w_{R,l_2}}\right)\\&=\sum_{l_2=1}^{k_R}\sum_{l_1=1}^{k_r}p_{r,l_1}p_{R,l_2}z^{F_r(g_{r,l_1},w_{R,l_2})}\end{aligned}\tag{6.8}$$

6.2.4　协议补偿单元模型

基于备用电能供应单元的评判后通用生成函数 $\psi^{+}_{G_r(t)}(z)$ 和评判后瞬态输出性能 $G_r^{+}(t)$ 的解算结果，实施系统协议补偿单元的可靠性建模，相关解算图示如图 6.4 所示。

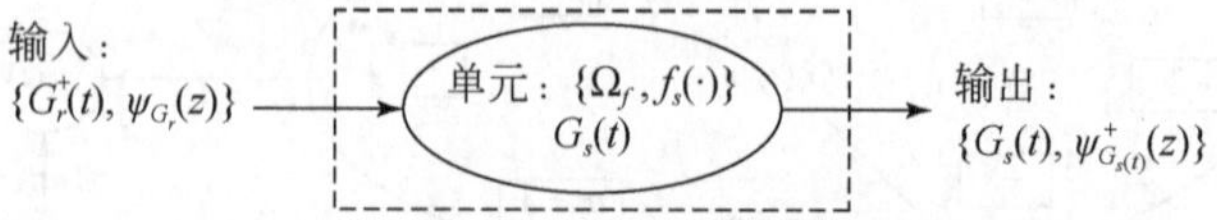

图 6.4　协议补偿单元可靠性建模解算图示

其中，协议后通用生成函数 $\psi^{+}_{G_s(t)}(z)$ 为

$$\begin{aligned}\psi^{+}_{G_s(t)}(z) &= \Omega_{f_s}\left(\psi^{+}_{G_r(t)}(z)\right)\\ &= \Omega_{f_s}\left[\sum_{l_2=1}^{k_R}\sum_{l_1=1}^{k_r} p_{r,l_1} p_{R,l_2} z^{F_r\left(G_r(t), W_R(t)\right)}\right]\\ &= \sum_{l_2=1}^{k_R}\sum_{l_1=1}^{k_r} p_{r,l_1} p_{R,l_2} z^{f_s\left(F_r(g_{r,l_1}, w_{R,l_2})\right)}\end{aligned} \tag{6.9}$$

6.2.5　补偿输送单元模型

基于协议补偿单元的协议后通用生成函数 $\psi^{+}_{G_s(t)}(z)$ 和瞬态补偿输出电能 $G_s(t)$ 的解算结果，实施系统补偿输送单元的可靠性建模，相关解算图示如图 6.5 所示。

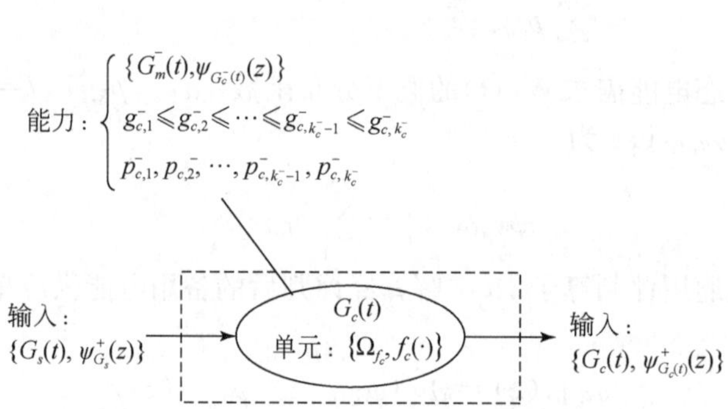

图 6.5　补偿输送单元可靠性建模解算图示

其中，由概率分布函数 $\{g_{c,l}^{-}, p_{c,l}^{-}\}$，$l=1, \cdots, k_c^{-}$，可知输送能力生成函数 $\psi^{-}_{G_c(t)}(z)$ 为

$$\psi^{-}_{G_c(t)}(z)=\sum_{l=1}^{k_c^-} p^{-}_{c,l} z^{g^{-}_{c,l}} \tag{6.10}$$

进而,输送后通用生成函数 $\psi^{+}_{G_c(t)}(z)$ 为

$$\begin{aligned}\psi^{+}_{G_c(t)}(z) &= \Omega_{f_c}(\psi^{+}_{G_s(t)}(z),\psi^{-}_{G_c(t)}(z)) \\ &= \Omega_{f_c}\left[\sum_{l_2=1}^{k_R}\sum_{l_1=1}^{k_r} p_{r,l_1} p_{R,l_2} z^{f_s(F_r(g_{r,l_1},w_{R,l_2}))},\sum_{l_3=1}^{k_c^-} p^{-}_{c,l_3} z^{g^{-}_{c,l_3}}\right] \\ &= \sum_{l_3=1}^{k_c^-}\sum_{l_2=1}^{k_R}\sum_{l_1=1}^{k_r} p_{r,l_1} p_{R,l_2} p^{-}_{c,l_3} z^{f_c\left[f_s(F_r(g_{r,l_1},w_{R,l_2})),g^{-}_{c,l_3}\right]}\end{aligned} \tag{6.11}$$

6.2.6　电能生产供应全系统输出模型

基于主电能供应单元的评判后瞬态输出性能 $G_m^+(t)$,以及补偿输送单元的瞬态补偿输送电能 $G_c(t)$,实施电能生产供应全系统输出的可靠性建模,相关解算图示如图 6.6 所示。

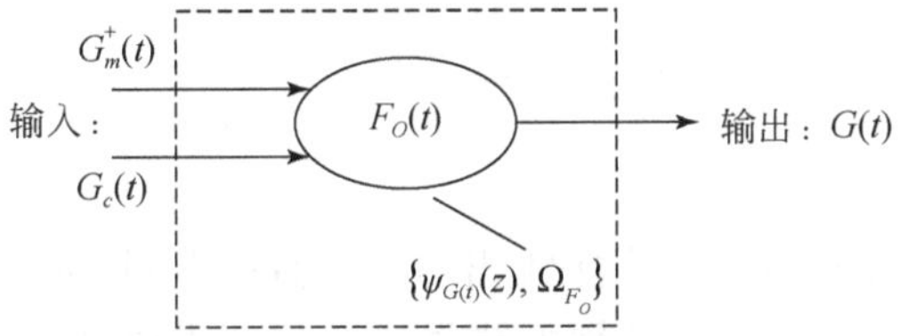

图 6.6　电能生产供应全系统输出可靠性建模解算图示

其中,全系统输出通用生成函数 $\psi_{G(t)}(z)$ 为

$$\begin{aligned}\psi_{G(t)}(z) &= \Omega_{F_O}(\psi^{+}_{G_m(t)}(z),\psi^{+}_{G_c(t)}(z)) \\ &= \Omega_{F_O}\left\{\sum_{l_2=1}^{k_M}\sum_{l_1=1}^{k_m} p_{m,l_1} p_{M,l_2} z^{F_m(g_{m,l_1},w_{M,l_2})},\right. \\ &\quad \left.\sum_{l_3=1}^{k_c^-}\sum_{l_4=1}^{k_R}\sum_{l_5=1}^{k_r} p_{r,l_5} p_{R,l_4} p^{-}_{c,l_3} z^{f_c\left[f_s(F_r(g_{r,l_5},w_{R,l_4})),g^{-}_{c,l_3}\right]}\right\} \\ &= \sum_{l_2=1}^{k_M}\sum_{l_1=1}^{k_m}\sum_{l_3=1}^{k_c^-}\sum_{l_4=1}^{k_R}\sum_{l_5=1}^{k_r} p_{m,l_1} p_{M,l_2} p_{r,l_5} p_{R,l_4} p^{-}_{c,l_3} z^{F_O\left\{F_m(g_{m,l_1},w_{M,l_2}),f_c[f_s(F_r(g_{r,l_5},w_{R,l_4}))],g^{-}_{c,l_3}\right\}}\end{aligned} \tag{6.12}$$

6.3　全系统可靠性评估参数解算

沿袭 6.2 节演绎明确的多状态冗余系统可靠性建模方法及解算结论,针对可用度 $A(t,W(t))$、期望性能输出 $G_E(t)$、期望性能失效 $D_E(t,W(t))$、可靠度 $R(t,$

$W(t)$)四类可靠性评估重点关注的参数，给出解算表达式。

1) 可用度 $A(t,W(t))$

由式(6.12)易知，全系统输出通用生成函数 $\psi_{G(t)}(z)$ 又可写为

$$\begin{aligned}\psi_{G(t)}(z) &= \sum_{l_2=1}^{k_M}\sum_{l_1=1}^{k_m}\sum_{l_3=1}^{k_{\bar{c}}}\sum_{l_4=1}^{k_R}\sum_{l_5=1}^{k_r} p_{m,l_1} p_{M,l_2} p_{r,l_5} p_{R,l_4} p_{\bar{c},l_3} z^{F_O\{F_m(g_{m,l_1},w_{M,l_2}),f_c[f_s(F_r(g_{r,l_5},w_{R,l_4})),g_{\bar{c},l_3}]\}} \\ &= \sum_{L=1}^{K} p_L z^{g_L}\end{aligned} \tag{6.13}$$

式中，g_L 为全系统电能输出的状态性能取值；p_L 为不同状态性能的概率取值，$L=1,\cdots,K$。这里，K 为全系统电能输出的状态总数，且有下式成立：

$$K=k_M k_m k_{\bar{c}} k_R k_r \tag{6.14}$$

考虑到冗余系统存在主电能供应单元和备用电能供应单元两类电能需求 $W_M(t)$ 和 $W_R(t)$，假设全系统电能总输出 $G(t)$ 不小于零即为可用，则有

$$A(t,W_M(t),W_R(t))=\sum_{L=1}^{K} p_L \Gamma_A(g_L) \tag{6.15}$$

式中

$$\Gamma_A(g_L)=\begin{cases}1, & g_L\geqslant 0\\ 0, & g_L<0\end{cases}$$

2) 期望性能输出 $G_E(t)$

与常规多状态系统的期望性能输出 $G_E(t)$ 解算不同，多状态冗余系统的期望性能输出与主电能供应单元和备用电能供应单元两类电能需求 $W_M(t)$、$W_R(t)$ 相关，因此有

$$G_E(t,W_M(t),W_R(t))=\sum_{L=1}^{K} p_L g_L \tag{6.16}$$

注意，由式(6.13)可知，式(6.16)中 g_L 的取值与 w_{M,l_2} 和 w_{R,l_4} 相关，而不是简单独立的状态取值。

3) 期望性能失效 $D_E(t,W(t))$

类似的，假设全系统电能总输出 $G(t)$ 小于零即为功能失效状态，则多状态冗余系统的期望性能失效为

$$D_E(t,W_M(t),W_R(t))=\sum_{L=1}^{K} p_L \Gamma_D(g_L) \tag{6.17}$$

式中

$$\Gamma_D(g_L)=\begin{cases}0, & g_L\geqslant 0\\ -g_L, & g_L<0\end{cases}$$

4) 可靠度 $R(t,W(t))$

进一步，假设全系统电能总输出 $G(t)$ 大于门限值 g_R 为可接受功能状态，且冗余系统模型中各组成单元均不考虑修复活动，则多状态冗余系统的可靠度为

$$R(t,W_M(t),W_R(t))=\sum_{L=1}^{K}p_L\Gamma_R(g_L) \tag{6.18}$$

式中

$$\Gamma_R(g_L)=\begin{cases}1, & g_L\geqslant g_R\\0, & g_L<g_R\end{cases}$$

注意，式(6.18)仅在冗余系统模型不考虑修复活动的情形下成立。若冗余系统模型中任一组成单元考虑修复活动，且任一组成单元处于不可接受功能状态将直接导致全系统处于不可接受功能状态，则式(6.18)应调整为

$$R(t,W_M(t),W_R(t))=1-\sum_{L=1}^{K^0}p_L^0 \tag{6.19}$$

注意，式(6.19)中 0 标识代表收缩状态，冗余系统任一组成单元状态性能一旦进入收缩状态，将不再存在通过修复手段跃迁至可接受功能状态的可能；p_L^0 为任一组成单元处于收缩状态时对应的全系统电能输出状态概率取值；K^0 为与其相应的全系统电能输出状态数目。

6.4　船用汽柴混合冗余发电系统可靠性评估案例

如图 6.7 所示，某船用汽柴混合冗余发电系统由汽轮主发电单元和柴油备用发电单元组成。其中，汽轮发电单元承担船载装备工作用电、动力推进用电等主电能供应；柴油发电单元承担全船日常照明电能供应，并按协议要求辅助汽轮发电单元完成主电能供应。

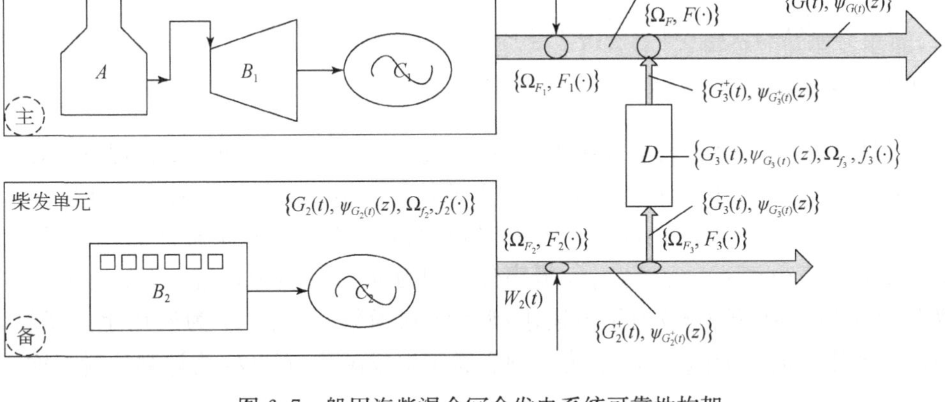

图 6.7　船用汽柴混合冗余发电系统可靠性构架

明确如表 6.1 和表 6.2 所示的解算初始条件:

表 6.1 船用汽柴混合冗余发电系统多状态可靠性解算初始条件

序号	单元	组件标识	组件名称	状态编号 i	状态标识	状态取值	失效率 $\lambda_{ij}(i>j)$		修复率 $\mu_{ij}(i<j)$	
							$j=1$	$j=2$	$j=2$	$j=3$
1	汽发	A	锅炉	1	$g_{A,1}$	0	—	—	$120a^{-1}$	—
2	汽发	A	锅炉	2	$g_{A,2}$	0.6	$0.8a^{-1}$	—	—	$150a^{-1}$
3	汽发	A	锅炉	3	$g_{A,3}$	0.9	—	$1a^{-1}$	—	—
4	汽发	B_1	汽轮机	1	$g_{B_1,1}$	0	—	—	$100a^{-1}$	—
5	汽发	B_1	汽轮机	2	$g_{B_1,2}$	0.8	$1.5a^{-1}$	—	—	$120a^{-1}$
6	汽发	B_1	汽轮机	3	$g_{B_1,3}$	1.0	—	$2a^{-1}$	—	—
7	汽发	C_1	发电机	1	$g_{C_1,1}$	0	—	—	$100a^{-1}$	—
8	汽发	C_1	发电机	2	$g_{C_1,2}$	1.0	$0.3a^{-1}$	—	—	—
9	柴发	B_2	柴油机	1	$g_{B_2,1}$	0	—	—	$120a^{-1}$	—
10	柴发	B_2	柴油机	2	$g_{B_2,2}$	0.75	$1.2a^{-1}$	—	—	$140a^{-1}$
11	柴发	B_2	柴油机	3	$g_{B_2,3}$	0.95	—	$1.8a^{-1}$	—	—
12	柴发	C_2	发电机	1	$g_{C_2,1}$	0	—	—	$100a^{-1}$	—
13	柴发	C_2	发电机	2	$g_{C_2,2}$	1.0	$0.3a^{-1}$	—	—	—
14	传输	D	输送模块	1	$g_{3,1}$	0	—	—	$150a^{-1}$	—
15	传输	D	输送模块	2	$g_{3,2}$	0.5	$0.1a^{-1}$	—	—	—

表 6.2 船用汽柴混合冗余发电系统电能供应时变需求

序号	单元	需求标识	状态编号 i	状态标识	状态取值	跳变率 $i\to j$	
						$j=1$	$j=2$
1	汽发	$W_1(t)$	1	$w_{1,1}$	0.2	—	$600a^{-1}$
2	汽发	$W_1(t)$	2	$w_{1,2}$	0.7	$800a^{-1}$	—
3	柴发	$W_2(t)$	1	$w_{2,1}$	0.2	—	$600a^{-1}$
4	柴发	$W_2(t)$	2	$w_{2,2}$	0.6	$800a^{-1}$	—

6.4.4 单元解算

1. 汽轮主发电单元

汽轮主发电单元内含蒸汽锅炉 A、汽轮机 B_1 和发电机 C_1 三个组件。这里,利用通用生成函数法解算汽轮主发电单元的多状态可靠特性。由此,首先明确蒸汽锅炉 A、汽轮机 B_1 和发电机 C_1 三个组件的通用生成函数 $\psi_{G_A(t)}(z)$、$\psi_{G_{B_1}(t)}(z)$、$\psi_{G_{C_1}(t)}(z)$。

1）蒸汽锅炉 A

由表 6.1 中给出的初始条件可知，蒸汽锅炉 A 的状态概率 $p_{A,i}$ 微分解算方程为

$$\begin{cases}\dfrac{\mathrm{d}p_{A,1}(t)}{\mathrm{d}t}=\lambda_{21}p_{A,2}(t)+\lambda_{31}p_{A,3}(t)-p_{A,1}(t)(\mu_{12}+\mu_{13})\\ \dfrac{\mathrm{d}p_{A,2}(t)}{\mathrm{d}t}=\mu_{12}p_{A,1}(t)+\lambda_{32}p_{A,3}(t)-p_{A,2}(t)(\lambda_{21}+\mu_{23})\\ \dfrac{\mathrm{d}p_{A,3}(t)}{\mathrm{d}t}=\mu_{23}p_{A,2}(t)+\mu_{13}p_{A,1}(t)-p_{A,3}(t)(\lambda_{31}+\lambda_{32})\end{cases} \tag{6.20}$$

式中，$\lambda_{21}=0.8$，$\lambda_{31}=0$，$\lambda_{32}=1$，$\mu_{12}=120$，$\mu_{13}=0$，$\mu_{23}=150$。将其代入式(6.20)，整理后有

$$\begin{cases}\dfrac{\mathrm{d}p_{A,1}(t)}{\mathrm{d}t}=0.8p_{A,2}(t)-120p_{A,1}(t)\\ \dfrac{\mathrm{d}p_{A,2}(t)}{\mathrm{d}t}=120p_{A,1}(t)+p_{A,3}(t)-(0.8+150)p_{A,2}(t)\\ \dfrac{\mathrm{d}p_{A,3}(t)}{\mathrm{d}t}=150p_{A,2}(t)-p_{A,3}(t)\end{cases} \tag{6.21}$$

初始时刻蒸汽锅炉 A 处于最优状态性能，即

$$[p_{A,1}(0),p_{A,2}(0),p_{A,3}(0)]=[0,0,1]$$

将其代入式(6.21)，并利用龙格库塔法数值解算状态概率 $p_{A,i}(t)$，可得到图 6.8。

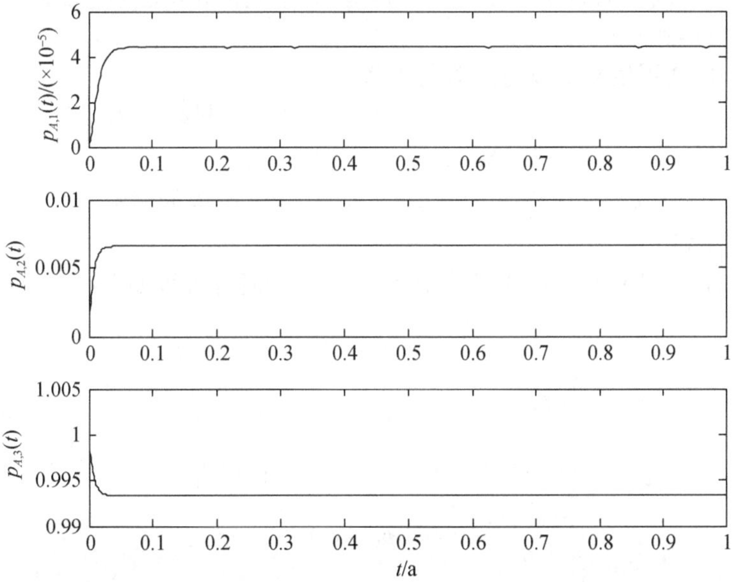

图 6.8　汽轮主发电单元蒸汽锅炉状态概率 $p_{A,i}(t)$ 的时变曲线

进而，由通用生成函数的数学定义有

$$\psi_{G_A(t)}(z)=p_{A,1}(t)z^{0}+p_{A,2}(t)z^{0.6}+p_{A,3}(t)z^{0.9} \tag{6.22}$$

若仅关注稳态情形下蒸汽锅炉 A 的可靠特性，则有

$$\psi_{G_A(\infty)}(z)=0.00001z^{0}+0.0066z^{0.6}+0.9933z^{0.9} \tag{6.23}$$

2) 汽轮机 B_1

类似的，易得汽轮机 B_1 的状态概率 $p_{B_1,i}$ 的微分解算方程如下：

$$\begin{cases}\dfrac{\mathrm{d}p_{B_1,1}(t)}{\mathrm{d}t}=\lambda_{21}p_{B_1,2}(t)+\lambda_{31}p_{B_1,3}(t)-p_{B_1,1}(t)(\mu_{12}+\mu_{13})\\ \dfrac{\mathrm{d}p_{B_1,2}(t)}{\mathrm{d}t}=\mu_{12}p_{B_1,1}(t)+\lambda_{32}p_{B_1,3}(t)-p_{B_1,2}(t)(\lambda_{21}+\mu_{23})\\ \dfrac{\mathrm{d}p_{B_1,3}(t)}{\mathrm{d}t}=\mu_{23}p_{B_1,2}(t)+\mu_{13}p_{B_1,1}(t)-p_{B_1,3}(t)(\lambda_{31}+\lambda_{32})\end{cases} \tag{6.24}$$

式中，$\lambda_{21}=1.5$，$\lambda_{31}=0$，$\lambda_{32}=2$，$\mu_{12}=100$，$\mu_{13}=0$，$\mu_{23}=120$。将其代入式(6.24)，整理后有

$$\begin{cases}\dfrac{\mathrm{d}p_{B_1,1}(t)}{\mathrm{d}t}=1.5p_{B_1,2}(t)-100p_{B_1,1}(t)\\ \dfrac{\mathrm{d}p_{B_1,2}(t)}{\mathrm{d}t}=100p_{B_1,1}(t)+2p_{B_1,3}(t)-(1.5+120)p_{B_1,2}(t)\\ \dfrac{\mathrm{d}p_{B_1,3}(t)}{\mathrm{d}t}=120p_{B_1,2}(t)-2p_{B_1,3}(t)\end{cases} \tag{6.25}$$

初始时刻汽轮机 B_1 处于最优状态性能，利用龙格库塔法数值解算其状态概率 $p_{B_1,i}(t)$，可得到图 6.9。

进而，由通用生成函数的数学定义有

$$\psi_{G_{B_1}(t)}(z)=p_{B_1,1}(t)z^{0}+p_{B_1,2}(t)z^{0.8}+p_{B_1,3}(t)z^{1} \tag{6.26}$$

若仅关注稳态情形下汽轮机 B_1 的可靠特性，则有

$$\psi_{G_{B_1}(\infty)}(z)=0.0002^{0}+0.0164z^{0.6}+0.9834z^{0.9} \tag{6.27}$$

3) 发电机 C_1

类似的，易得发电机 C_1 的状态概率 $p_{C_1,i}$ 微分解算方程如下：

$$\begin{cases}\dfrac{\mathrm{d}p_{C_1,1}(t)}{\mathrm{d}t}=\lambda_{21}p_{C_1,2}(t)-p_{C_1,1}(t)\mu_{12}\\ \dfrac{\mathrm{d}p_{C_1,2}(t)}{\mathrm{d}t}=\mu_{12}p_{C_1,1}(t)-p_{C_1,2}(t)\lambda_{21}\end{cases} \tag{6.28}$$

式中，$\lambda_{21}=0.3$，$\mu_{12}=100$。将其代入式(6.28)，整理后有

$$\begin{cases}\dfrac{\mathrm{d}p_{C_1,1}(t)}{\mathrm{d}t}=0.3p_{C_1,2}(t)-100p_{C_1,1}(t)\\ \dfrac{\mathrm{d}p_{C_1,2}(t)}{\mathrm{d}t}=100p_{C_1,1}(t)-0.3p_{C_1,2}(t)\end{cases} \tag{6.29}$$

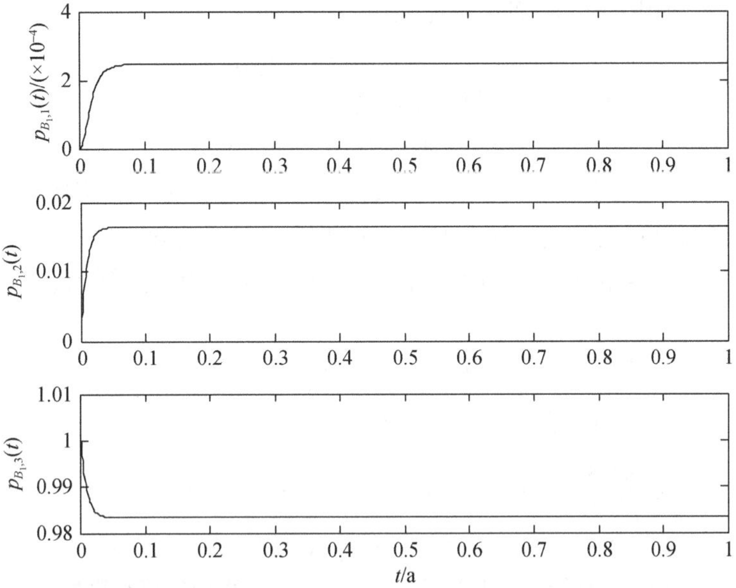

图 6.9　汽轮主发电单元汽轮机状态概率 $p_{B_1,i}(t)$ 的时变曲线

初始时刻发电机 C_1 处于最优状态性能，利用龙格库塔法数值解算其状态概率 $p_{C_1,i}(t)$ ，可得到图 6.10。

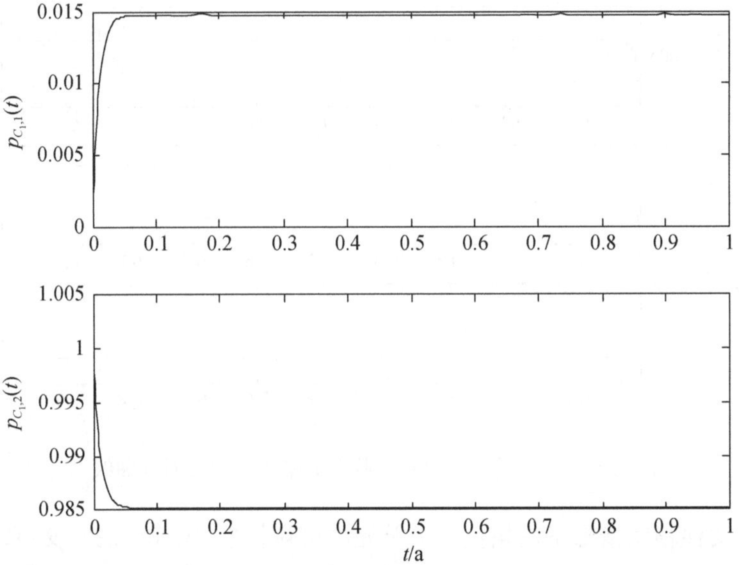

图 6.10　汽轮主发电单元发电机状态概率 $p_{C_1,i}(t)$ 的时变曲线

进而，由通用生成函数的数学定义有

$$\psi_{G_{C_1}(t)}(z)=p_{C_1,1}(t)z^0+p_{C_1,2}(t)z^1 \tag{6.30}$$

若仅关注稳态情形下发电机 B_1 的可靠特性，则有

$$\psi_{G_{C_1}(\infty)}(z)=0.0148^0+0.9852z^1 \tag{6.31}$$

综上，求得通用生成函数 $\psi_{G_A(t)}(z)$、$\psi_{G_{B_1}(t)}(z)$、$\psi_{G_{C_1}(t)}(z)$ 后，可进一步解算汽轮主发电单元的多状态可靠特性。鉴于汽轮主发电单元内蒸汽锅炉 A、汽轮机 B_1、发电机 C_1 间的功率传递关系为物理串联，由此，取物理构型函数 $f_1(\cdot)$ 为

$$f_1(\cdot)=\min\{\cdot\}$$

则汽轮主发电单元通用生成函数 $\psi_{G_1(t)}(z)$ 为

$$\begin{aligned}\psi_{G_1(t)}(z)&=\Omega_{f_1}(\psi_{G_A(t)}(z),\psi_{G_{B_1}(t)}(z),\psi_{G_{C_1}(t)}(z))\\&=\sum_{i=1}^{3}\sum_{j=1}^{3}\sum_{k=1}^{2}(p_{A,i}(t)p_{B_1,j}(t)p_{C_1,k}(t)z^{\min\{g_{A,i},g_{B_1,j},g_{C_1,k}\}})\\&=p_{1,1}(t)z^{g_{1,1}}+p_{1,2}(t)z^{g_{1,2}}+p_{1,3}(t)z^{g_{1,3}}+p_{1,4}(t)z^{g_{1,4}}\end{aligned} \tag{6.32}$$

由式(6.32)可知，汽轮主发电单元状态概率 $p_{1,i}(t)$ 数值解算结果如图 6.11 所示。

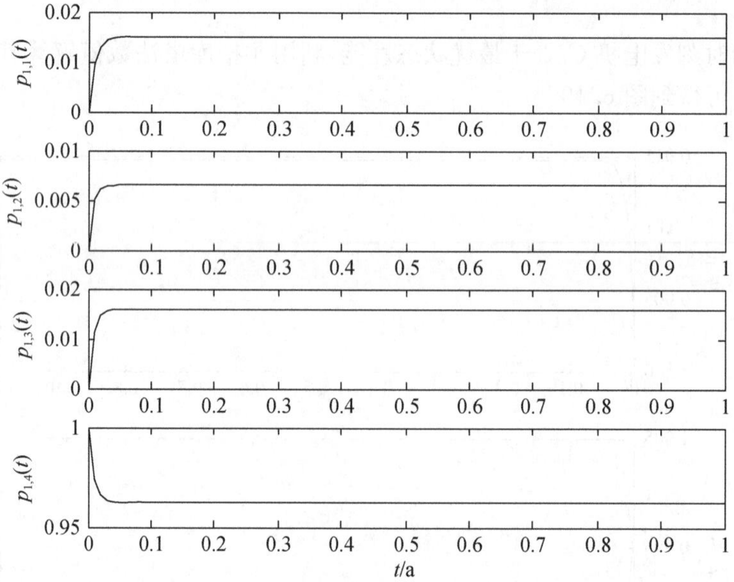

图 6.11　汽轮主发电单元状态概率 $p_{1,i}(t)$ 的时变曲线

若仅关注稳态情形下汽轮主发电单元的可靠特性，则式(6.32)又可写为

$$\psi_{G_1(\infty)}(z)=0.0151z^0+0.0065z^{0.6}+0.0160z^{0.8}+0.9624z^{0.9} \tag{6.33}$$

至此，获取汽轮主发电单元的通用生成函数 $\psi_{G_1(t)}(z)$ 后，与其相关的多状态可

靠特性可唯一确定。

2. 柴油备用发电单元

柴油备用发电单元内含柴油机 B_2 和发电机 C_2 两个组件。同样，利用通用生成函数法解算其多状态可靠特性，相关解算过程与汽轮主发电单元类似，此处不再赘述，直接给出相关组件及单元的状态概率和通用生成函数解算结果。

1) 柴油机 B_2（图 6.12）

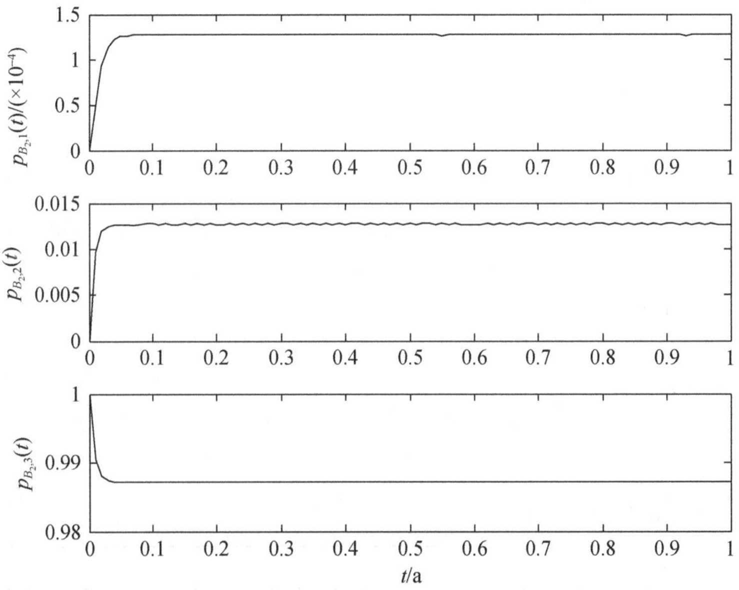

图 6.12　柴油备用发电单元柴油机状态概率 $p_{B_2,i}(t)$ 的时变曲线

进而，由通用生成函数的数学定义有

$$\psi_{G_{B_2}(t)}(z)=p_{B_2,1}(t)z^0+p_{B_2,2}(t)z^{0.75}+p_{B_2,3}(t)z^{0.95} \tag{6.34}$$

若仅关注稳态情形下柴油机 B_2 的可靠特性，则有

$$\psi_{G_{B_2}(\infty)}(z)=0.0001^0+0.0127z^{0.75}+0.9872z^{0.95} \tag{6.35}$$

2) 发电机 C_2

鉴于发电机 C_2 与发电机 C_1 的状态性能及可靠性解算参数完全一致，因此两者状态概率分布和通用生成函数也完全一致，此处不再重复计算，即有

$$\begin{cases}p_{C_1,i}(t)=p_{C_2,i}(t)\\ \psi_{G_{C_1}(t)}(z)=\psi_{G_{C_2}(t)}(z)\end{cases} \tag{6.36}$$

类似的，求得通用生成函数 $\psi_{G_{B_2}(t)}(z)$ 和 $\psi_{G_{C_2}(t)}(z)$ 后，可进一步解算柴油备用

发电单元的多状态可靠特性。同样，柴油备用发电单元内柴油机 B_2 与发电机 C_2 间的功率传递关系取为物理串联，则通用生成函数 $\psi_{G_2(t)}(z)$ 为

$$\begin{aligned}\psi_{G_2(t)}(z)&=\Omega_{f_2}(\psi_{G_{B_2}(t)}(z),\psi_{G_{C_2}(t)}(z))\\&=\sum_{j=1}^{3}\sum_{k=1}^{2}(p_{B_2,j}(t)p_{C_2,k}(t)z^{\min\{g_{B_2,j},g_{C_2,k}\}})\\&=p_{2,1}(t)z^{g_{2,1}}+p_{2,2}(t)z^{g_{2,2}}+p_{2,3}(t)z^{g_{2,3}}\end{aligned}\tag{6.37}$$

由式(6.37)可得，柴油备用发电单元状态概率 $p_{2,i}(t)$ 数值解算结果如图 6.13 所示。

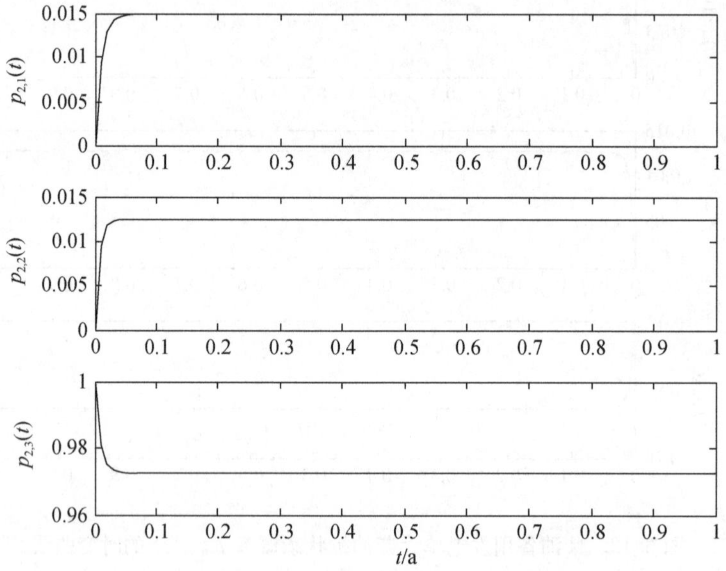

图 6.13 柴油备用发电单元状态概率 $p_{2,i}(t)$ 的时变曲线

若仅关注稳态情形下柴油备用发电单元的可靠特性，则式(6.37)又可写为

$$\psi_{G_2(\infty)}(z)=0.0149z^{0}+0.0125z^{0.75}+0.9726z^{0.95}\tag{6.38}$$

至此，获取汽轮主发电单元的通用生成函数 $\psi_{G_2(t)}(z)$ 后，与其相关的多状态可靠特性可唯一确定。

3. 电能需求

为便于读者学习、理解与比较，将主电能需求 $W_1(t)$ 与备用电能需求 $W_2(t)$ 放在一起，统一进行时变特性解算说明。

1) 主电能需求 $W_1(t)$

由表 6.2 中数据可知，主电能需求 $W_1(t)$ 存在 0.2 和 0.7 两类状态取值。两

类需求取值间的跳变率分别为 600a^{-1}和 800a^{-1}，由此可得，其状态概率 $p_{w_1,i}(t)$ 的微分解算方程如下：

$$\begin{cases} \dfrac{\mathrm{d}p_{w_1,1}(t)}{\mathrm{d}t}=800p_{w_1,2}(t)-600p_{w_1,1}(t) \\ \dfrac{\mathrm{d}p_{w_1,2}(t)}{\mathrm{d}t}=600p_{w_1,1}(t)-800p_{w_1,2}(t) \end{cases} \tag{6.39}$$

初始时刻主电能需求处于高量值，即

$$[p_{w_1,1}(0),p_{w_1,2}(0)]=[0,1]$$

将其代入式(6.39)，并利用龙格库塔法数值解算状态概率 $p_{w_1,i}(t)$，可得到图 6.14。

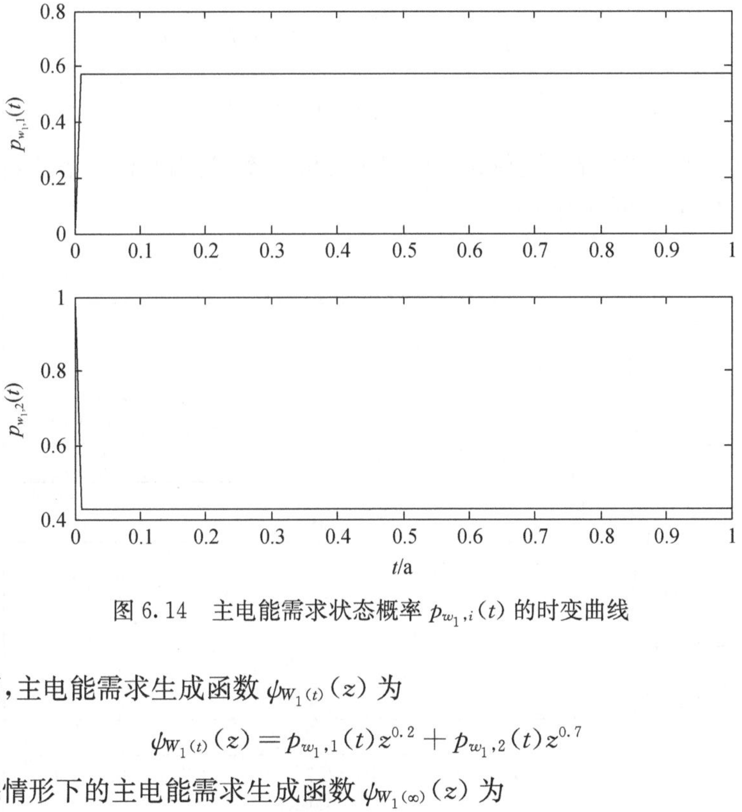

图 6.14　主电能需求状态概率 $p_{w_1,i}(t)$ 的时变曲线

进而，主电能需求生成函数 $\psi_{W_1(t)}(z)$ 为

$$\psi_{W_1(t)}(z)=p_{w_1,1}(t)z^{0.2}+p_{w_1,2}(t)z^{0.7} \tag{6.40}$$

相应稳态情形下的主电能需求生成函数 $\psi_{W_1(\infty)}(z)$ 为

$$\psi_{W_1(\infty)}(z)=0.5713z^{0.2}+0.4287z^{0.7} \tag{6.41}$$

2) 备用电能需求 $W_2(t)$

类似的，备用电能需求 $W_2(t)$存在 0.2 和 0.6 两类状态取值，且两类需求取值间的跳变率也分别为 600a^{-1}和 800a^{-1}，与主电能需求完全一致。因此，易知其状

态概率 $p_{w_2,i}(t)=p_{w_1,i}(t)$，进而，备用电能需求生成函数 $\psi_{W_2(t)}(z)$ 为

$$\psi_{W_2(t)}(z)=p_{w_2,1}(t)z^{0.2}+p_{w_2,2}(t)z^{0.6} \tag{6.42}$$

相应稳态情形下的备用电能需求生成函数 $\psi_{W_2(\infty)}(z)$ 为

$$\psi_{W_2(\infty)}(z)=0.5713z^{0.2}+0.4287z^{0.6} \tag{6.43}$$

4. 补偿电能输送单元

补偿电能输送单元具备两类电能传输状态，分别为传输失效和完全传输，且自身电能传输限额为备用发电单元设计功率的50%，即有

$$\boldsymbol{g}_3=[g_{31},g_{32}]=[0,0.5]$$

进一步，由表6.1可知，两类状态间的失效率为 0.1a^{-1}、修复率为 150a^{-1}，由此可得，其状态概率 $p_{3,i}(t)$ 的微分解算方程如下：

$$\begin{cases}\dfrac{\mathrm{d}p_{3,1}(t)}{\mathrm{d}t}=0.1p_{3,2}(t)-150p_{3,1}(t)\\ \dfrac{\mathrm{d}p_{3,2}(t)}{\mathrm{d}t}=150p_{3,1}(t)-0.1p_{3,2}(t)\end{cases} \tag{6.44}$$

初始时刻补偿电能输送单元处于完全传输状态，利用龙格库塔法数值解算其状态概率 $p_{3,i}(t)$，可得到图6.15。

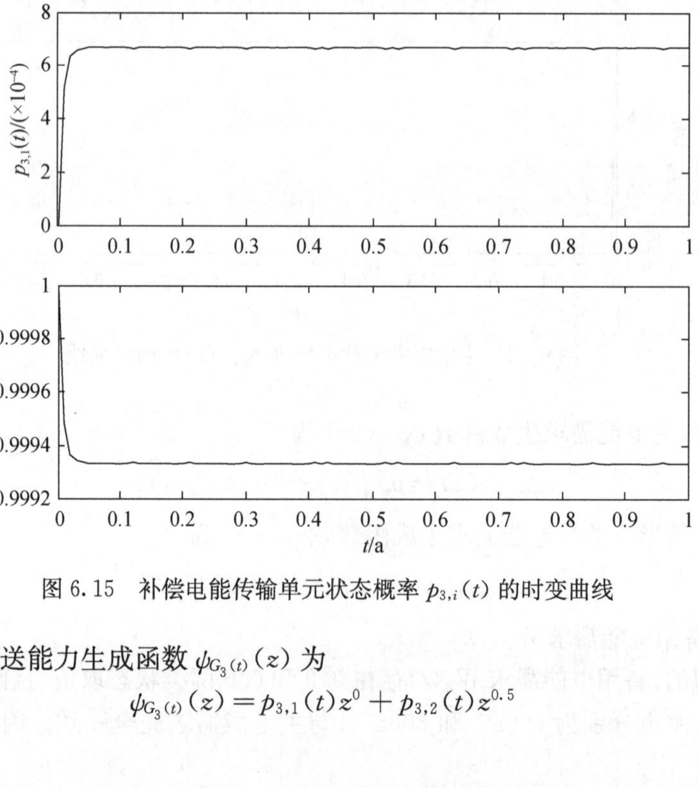

图6.15 补偿电能传输单元状态概率 $p_{3,i}(t)$ 的时变曲线

进而，输送能力生成函数 $\psi_{G_3(t)}(z)$ 为

$$\psi_{G_3(t)}(z)=p_{3,1}(t)z^{0}+p_{3,2}(t)z^{0.5} \tag{6.45}$$

相应稳态情形下的输送能力生成函数 $\psi_{G_3(\infty)}(z)$ 为

$$\psi_{G_3(\infty)}(z)=0.0007z^0+0.9993z^{0.5} \tag{6.46}$$

6.4.5　不计冗余设计的可靠性评估

首先,不计冗余设计因素,评估汽轮主发电单元的可靠性能。此时,不考虑柴油备用发电单元可能提供的电能补偿,完全依赖自身的电能产出 $G_1(t)$,满足主电能需求$W_1(t)$。这里,重点考察汽轮主发电单元的可用度指标 $A(t,W_1(t))$。由式(6.15)易知,满足 $G_1(t)-W_1(t)$不小于零即为可用,因此定义主电能需求满足评判函数 $F_1(\cdot)$为

$$F_1(G_1(t),W_1(t))=G_1(t)-W_1(t) \tag{6.47}$$

与之对应的评判算子记为 Ω_{F_1}。进一步,综合 6.4.4 节中的部分解算结论,汽轮主发电单元通用生成函数 $\psi_{G_1(t)}(z)$ 和主电能需求生成函数 $\psi_{W_1(t)}(z)$ 分别为

$$\begin{cases}\psi_{G_1(t)}(z)=p_{1,1}(t)z^{g_{1,1}}+p_{1,2}(t)z^{g_{1,2}}+p_{1,3}(t)z^{g_{1,3}}+p_{1,4}(t)z^{g_{1,4}}\\ \psi_{W_1(t)}(z)=p_{w_1,1}(t)z^{w_{1,1}}+p_{w_1,2}(t)z^{w_{1,2}}\end{cases} \tag{6.48}$$

由此,依据主电能需求评判关系,易得评判后通用生成函数 $\psi_{G_1^+(t)}(z)$ 为

$$\begin{aligned}\psi_{G_1^+(t)}(z)&=\Omega_{F_1}(\psi_{G_1(t)}(z),\psi_{W_1(t)}(z))\\ &=\sum_{i=1}^{4}\sum_{j=1}^{2}(p_{1,i}(t)p_{w_1,j}(t)z^{g_{1,i}-w_{1,j}})=\sum_{i=1}^{8}p_{1,i}^+(t)z^{g_{1,i}^+}\\ &=p_{1,1}^+(t)z^{-0.7}+p_{1,2}^+(t)z^{-0.2}+p_{1,3}^+(t)z^{-0.1}+p_{1,4}^+(t)z^{0.1}\\ &\quad+p_{1,5}^+(t)z^{0.2}+p_{1,6}^+(t)z^{0.4}+p_{1,7}^+(t)z^{0.6}+p_{1,8}^+(t)z^{0.7}\end{aligned} \tag{6.49}$$

式中,$g_{1,i}^+$ 为主电能需求评判后的瞬时状态输出性能;$p_{1,i}^+(t)$ 为与之对应的状态概率。基于式(6.32)和式(6.40)的数值解算结果,易得状态概率 $p_{1,i}^+(t)$ 的时变曲线如图 6.16 和图 6.17 所示。

需要注意是,初始时刻汽轮主发电单元处于最优状态性能($g_{1,4}=0.9$),主电能需求处于高需求量值($w_{1,2}=0.7$),此时,主电能需求评判后输出状态性能 $g_{1,5}^+=g_{1,4}-w_{1,2}=0.2$。图 6.17 中,$p_{1,5}^+(0)$ 对应于汽轮主发电单元的初始触发状态概率,取值为 1,此时其他状态性能的概率取值 $p_{1,i}^+(0)(i\neq 5)$ 均为 0。

进一步,由式(6.15)有

$$A(t,W_1(t))=\sum_{i=4}^{8}p_{1,i}^+(t) \tag{6.50}$$

相关时变曲线如图 6.18 所示。

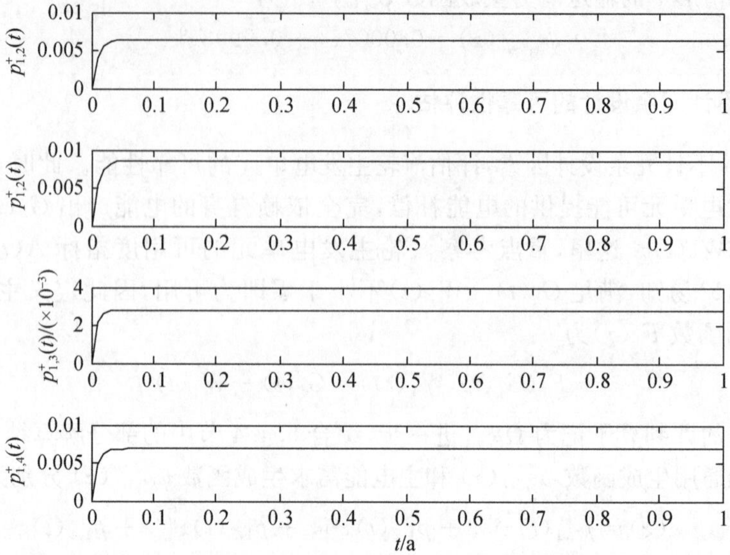

图 6.16 主电能需求评判后瞬时输出状态性能概率 $p^+_{1,i}(t)$ 的时变曲线(i=1,2,3,4)

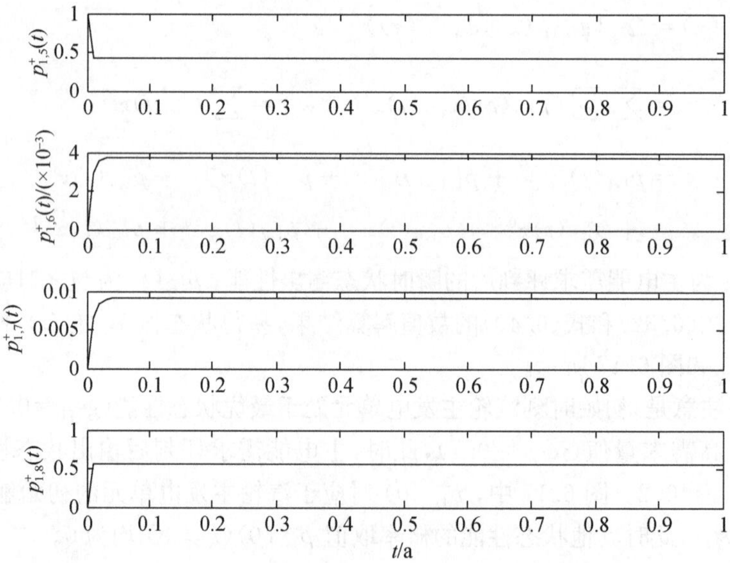

图 6.17 主电能需求评判后瞬时输出状态性能概率 $p^+_{1,i}(t)$ 的时变曲线(i=5,6,7,8)

由图 6.18 可知，不及冗余设计下，汽轮主发电单元启动运行约 430h 后，可用度趋于稳定，稳态可用度 $A(\infty,W_1(\infty))$取值为 0.9821。

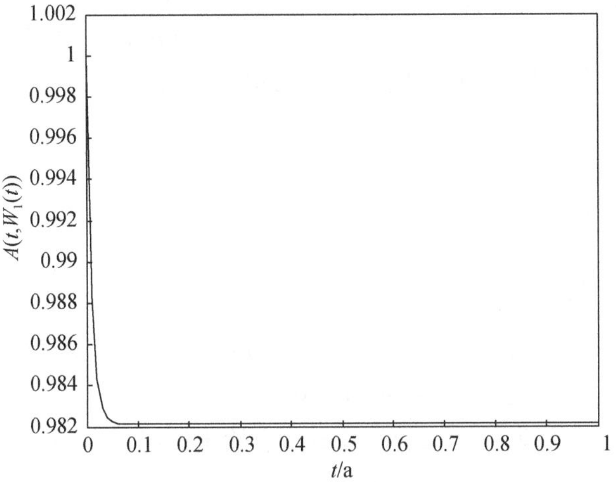

图 6.18　不计冗余设计前提下汽轮主发电单元可用度时变曲线

6.4.6　考虑冗余设计的可靠性评估

下面考查考虑冗余设计的汽柴混合发电系统可靠性能。此时，柴油发电单元作为备用发电单元，在满足自身电能供应需求的前提下，按照电能补偿协议，承担主发电单元的补偿电能输送任务。鉴于柴油备用发电单元仅在满足自身供应需求后才会实现电能补偿活动，因此，需首先对其进行备用电能需求满足评判。类似的，满足 $G_2(t)-W_2(t)$ 不小于零即为可用，定义备用电能需求满足评判函数 $F_2(\cdot)$ 为

$$F_2(G_2(t),W_2(t))=G_2(t)-W_2(t) \tag{6.51}$$

与之对应的评判算子记为 Ω_{F_2}，则评判后通用生成函数 $\psi_{G_2^+(t)}(z)$ 为

$$\begin{aligned}\psi_{G_2^+(t)}(z)&=\Omega_{F_2}(\psi_{G_2(t)}(z),\psi_{W_2(t)}(z))\\&=\sum_{i=1}^{3}\sum_{j=1}^{2}(p_{2,i}(t)p_{w_2,j}(t)z^{g_{2,i}-w_{2,j}})\\&=\sum_{i=1}^{6}p_{2,i}^{+}(t)z^{g_{2,i}^{+}}\\&=p_{2,1}^{+}(t)z^{-0.6}+p_{2,2}^{+}(t)z^{-0.2}+p_{2,3}^{+}(t)z^{0.15}+p_{2,4}^{+}(t)z^{0.35}\\&\quad+p_{2,5}^{+}(t)z^{0.55}+p_{2,6}^{+}(t)z^{0.75}\end{aligned} \tag{6.52}$$

式中，$g_{2,i}^{+}$ 为备用电能需求评判后的瞬时状态输出性能；$p_{2,i}^{+}(t)$ 为与之对应的状态概率。进一步，对备用电能需求评判后的状态性能进行协议解算，协议补偿函数 $F_3(\cdot)$ 取为

$$F_3(G_2(t),W_2(t))=\begin{cases}G_2(t)-W_2(t), & G_2(t)-W_2(t)>0\\ 0, & G_2(t)-W_2(t)\leqslant 0\end{cases}\tag{6.53}$$

与之对应的协议算子记为 Ω_{F_3}，则协议后通用生成函数 $\psi_{G_3^-(t)}(z)$ 为

$$\begin{aligned}\psi_{G_3^-(t)}(z)&=\Omega_{F_3}(\psi_{G_2^+(t)}(z))\\&=\sum_{i=1}^{3}\sum_{j=1}^{2}(p_{2,i}(t)p_{w_2,j}(t)z^{F(g_{2,i}-w_{2,j})})\\&=\sum_{i=1}^{5}p_{3,i}^-(t)z^{g_{3,i}^-}\\&=(p_{2,1}^+(t)+p_{2,2}^+(t))z^0+p_{2,3}^+(t)z^{0.15}+p_{2,4}^+(t)z^{0.35}\\&\quad+p_{2,5}^+(t)z^{0.55}+p_{2,6}^+(t)z^{0.75}\end{aligned}\tag{6.54}$$

式中，$g_{3,i}^-$ 为备用补偿电能协议后的瞬时状态输出性能；$p_{3,i}^-(t)$ 为与之对应的状态概率。相关时变曲线如图 6.19 所示。

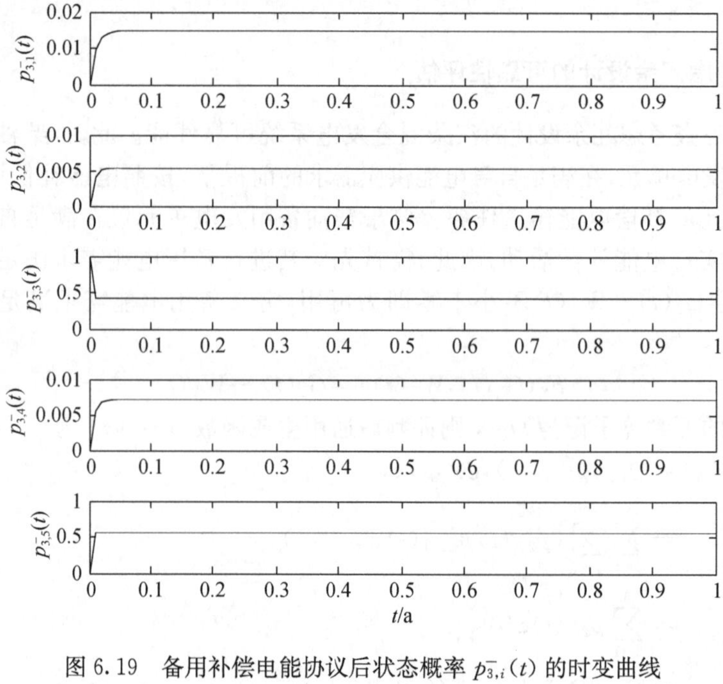

图 6.19　备用补偿电能协议后状态概率 $p_{3,i}^-(t)$ 的时变曲线

然而，在柴油备用发电单元可实现电能补偿的前提下，最终能否实现补偿电能向汽轮主发电单元完全输送，还与系统补偿电能传输单元的状态性能与传输能力有关。这里，利用补偿输送函数 $f_3(\cdot)$ 刻画主发电单元和备用发电单元间补偿电能的实际输送关联，具体数学表达式如下：

$$f_3(G_3(t),G_3^-(t))=\begin{cases}0, & G_3(t)=0\\ G_3^-(t), & G_3(t)>0\ \&\ G_3^-(t)<0.5\\ 0.5, & G_3(t)>0\ \&\ G_3^-(t)\geqslant 0.5\end{cases} \tag{6.55}$$

与之对应的补偿输送算子记为 Ω_{f_3} ，则补偿电能输送后通用生成函数 $\psi_{G_3^+(t)}(z)$ 为

$$\begin{aligned}\psi_{G_3^+(t)}(z)&=\Omega_{f_3}(\psi_{G_3(t)}(z),\psi_{G_3^-(t)}(z))\\&=\sum_{i=1}^{5}\sum_{j=1}^{2}(p_{3,i}^-(t)p_{3,j}(t)z^{f_3(g_{3,i}^-,g_{3,j})})\\&=\sum_{i=1}^{4}p_{3,i}^+(t)z^{g_{3,i}^+}\\&=p_{3,1}^+(t)z^0+p_{3,2}^+(t)z^{0.15}+p_{3,3}^+(t)z^{0.35}+p_{3,4}^+(t)z^{0.5}\end{aligned} \tag{6.56}$$

式中，$g_{3,i}^+$ 为补偿电能输送后的瞬时状态输出性能；$p_{3,i}^+(t)$ 为与之对应的状态概率。相关时变曲线如图 6.20 所示。

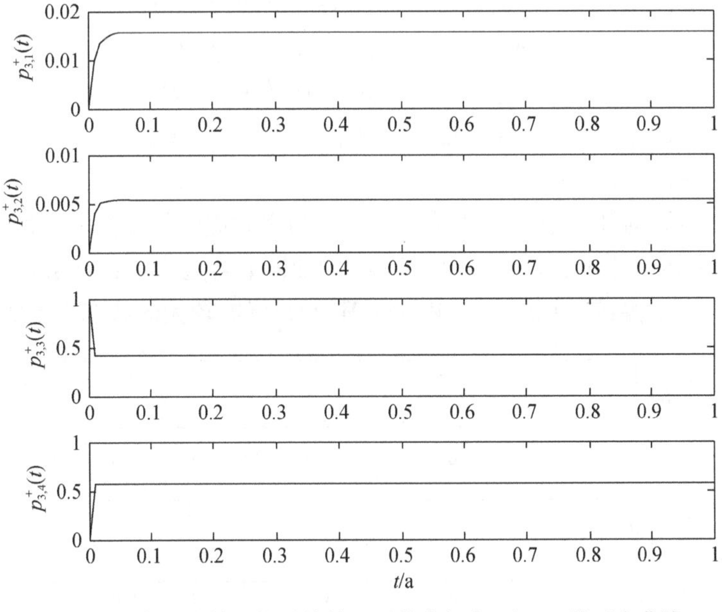

图 6.20　备用补偿电能最终输送后状态概率 $p_{3,i}^+(t)$ 的时变曲线

至此，主电能需求评判后通用生成函数 $\psi_{G_1^+(t)}(z)$ 和备用补偿电能最终输送后通用生成函数 $\psi_{G_3^+(t)}(z)$ 均已获得。下面实施对整个汽柴混合冗余发电系统的可靠性评估。这里，为便于与不计冗余设计情形的可靠性能进行比较分析，仍考查可用度指标 $A(t,W_1(t),W_2(t))$，相关总电能输出评判函数 $F(\cdot)$定义为

$$\begin{aligned}&F(G_1(t),W_1(t),G_2(t),W_2(t),G_3(t))\\&=F_1(G_1(t),W_1(t))+\eta f_3(G_3(t),F_3(G_2(t),W_2(t)))\end{aligned} \tag{6.57}$$

式中，η为备用发电单元与主发电单元的设计功率比，按照案例前提假设，取值为0.8。与总电能输出评判函数$F(\cdot)$对应的总电能输出算子记为Ω_F，综合式(6.49)和式(6.56)的解算结论，可得考虑冗余设计情形下，全系统输出通用生成函数$\psi_{G(t)}(z)$为

$$
\begin{aligned}
\psi_{G(t)}(z) &= \Omega_F(\psi_{G_1^+(t)}(z), \psi_{G_3^+(t)}(z)) \\
&= \sum_{i=1}^{8}\sum_{j=1}^{4}(p_{1,i}^+(t)p_{3,j}^+(t)z^{F(g_{1,i}^+, g_{3,j}^+)}) \\
&= \sum_{i=1}^{30} p_i(t)z^{g_i} \\
&= p_1(t)z^{-0.7} + p_2(t)z^{-0.58} + p_3(t)z^{-0.42} + p_4(t)z^{-0.3} + p_5(t)z^{-0.2} \\
&\quad + p_6(t)z^{-0.1} + p_7(t)z^{-0.08} + p_8(t)z^{0.02} \\
&\quad + p_9(t)z^{0.08} + p_{10}(t)z^{0.1} + p_{11}(t)z^{0.18} + p_{12}(t)z^{0.20} \\
&\quad + p_{13}(t)z^{0.22} + p_{14}(t)z^{0.3} + p_{15}(t)z^{0.32} + p_{16}(t)z^{0.38} \\
&\quad + p_{17}(t)z^{0.4} + p_{18}(t)z^{0.48} + p_{19}(t)z^{0.50} + p_{20}(t)z^{0.52} \\
&\quad + p_{21}(t)z^{0.6} + p_{22}(t)z^{0.68} + p_{23}(t)z^{0.7} + p_{24}(t)z^{0.72} \\
&\quad + p_{25}(t)z^{0.80} + p_{26}(t)z^{0.82} + p_{27}(t)z^{0.88} + p_{28}(t)z^{0.98} \\
&\quad + p_{29}(t)z^{1} + p_{30}(t)z^{1.1}
\end{aligned} \tag{6.58}
$$

式中，g_i为全系统瞬时状态输出性能；$p_i(t)$为与之对应的状态概率。相关时变曲线如图6.21所示。鉴于反映$p_i(t)$时变规律的曲线数目过多，共30条，图6.21中仅列举其中4条对系统可用度$A(t,W_1(t),W_2(t))$影响较大的状态概率曲线。

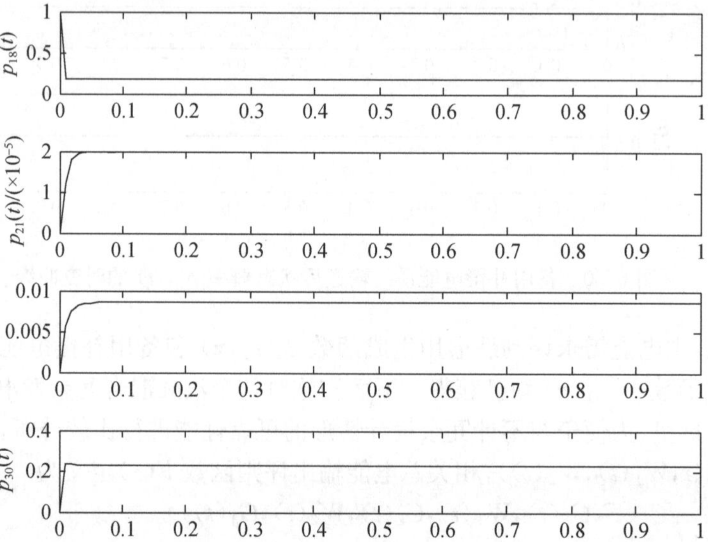

图6.21　考虑冗余设计下全系统瞬时电能输出状态概率$p_i(t)$的时变曲线(i=18,21,28,30)

进一步，由式(6.15)有

$$A(t,W_1(t),W_2(t))=\sum_{i=8}^{30}p_i \tag{6.59}$$

相关时变曲线如图 6.22 所示。

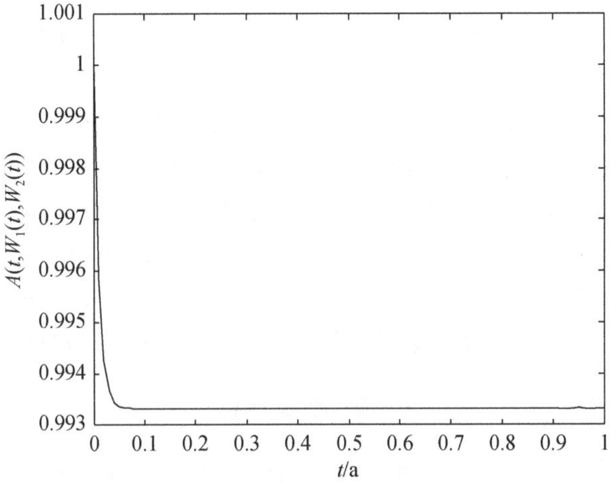

图 6.22　考虑冗余设计下全系统可用度时变曲线

由图 6.22 可知，考虑冗余设计下，系统启动运行约 525h 后，可用度趋于稳定，稳态可用度 $A(\infty,W_1(\infty),W_2(\infty))$ 取值为 0.9933。

考虑冗余设计与不计冗余设计两种情况下，汽柴混合冗余发电系统的可用度时变对比曲线如图 6.23 所示。

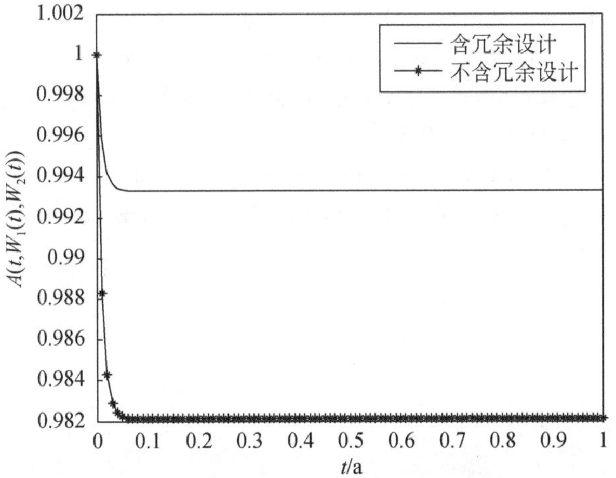

图 6.23　两类设计情况下全系统可用度时变曲线对比

观察图 6.23 中曲线可知:①考虑冗余设计的发电系统,与不计冗余设计的发电系统相比,可有效提升系统可用度,本例中,系统稳态可用度数值由 0.9821 提升至 0.9933;②冗余设计理念将同步并行工作的备用相似物理系统冗余输出性能,用于实现主系统输出性能的实时补偿,既充分挖掘了装(设)备的使用效率,又有效提高了全系统的可靠性能。

最后需要说明的是:①冗余设计的精髓是最大限度地发挥购置装(设)备的使用效能,而不应简单地理解为并联设计;②冗余设计中所谓的主系统和备用系统并没有严格的物理定义界限,实际工程应用中,可互相转化,本例中,也可将柴油发电单元列为主发电单元,汽轮发电单元列为备用发电单元,以实现冗余电能的实时补偿;③冗余设计系统往往内含多个不同子系统或子单元,相关状态性能复杂、耦合结构多变,直接罗列全系统总状态的可靠性解算思路往往行不通或根本无法实现终期解算。因此,解算该类工程问题时,多沿用逐级切分、分步迭代的解算思路,本章论述的通用生成函数解算方法即为其中一类先进、有效的解算技术。

参考文献

[1] Anatoly L, Ilia F, Yi D. Multi-state System Reliability Analysis and Optimization for Engineers and Industrial Managers[M]. London: Springer-Verlag, 2010:1-20.

[2] David E. New Computational Methods in Power System Reliability[M]. Berlin: Springer-Verlag, 2008.

[3] Kobbacy A H, Prabhakar D N. Complex System Maintenance Handbook[M]. London: Springer-Verlag, 2008.

[4] kwiatuszewska S. Multistate system reliability models with independent and dependent redundancy application in port transport[C]//Proceedings of the 25th European Safety and Reliability Conference, Zurich, 2015: 1281-1286.

[5] Wang J, Li M. Redundancy allocation optimization for multistate systems with failure interactions using semi-Markov process[J]. Journal of Mechanical Design, Transactions of the ASME, 2015, 137(10): 42-52.

[6] Wang J, Li M. Redundancy allocation for multistate systems with component dependencies and load sharing[J]. Journal of Mechanical Design, Transactions of the ASME, 2016, 138(11): 142-152.

第 7 章　两类特殊装备复杂系统的可靠性分析与评估

工程领域中的复杂装备系统，除去具备组成结构复杂、运行状态复杂、性能刻画复杂等特征外，往往还具有使用环境复杂的特征。以船用汽轮发电机组为例，相关组部件长期工作于高温、高压、高盐度、高冲击的环境应力中，且寿命期内使用强度大、可供维护周期短，由此，装备状态性能及其演变规律长期保持预期理想趋势的难度较大。与之相反，此类使用环境中的复杂装备系统状态性能，常表现出状态性能逐渐趋于劣化或状态性能漂移、极难准确观测等非理想特征。如何应对非理想运行环境下的多状态复杂装备系统可靠性建模、分析与评估难题，并给出有效解决对策，仅依赖书中前述章节中的论述内容，显然还是远远不够的。具体来说，前述章节列举的典型案例中，均将寿命期内复杂装备系统各状态性能间的跃迁强度视为常量，但在存在状态性能劣化的情形下，其可能存在时变特征；此外，前述章节列举的典型案例中，均将寿命期内复杂装备系统的各状态性能视为唯一确定值，但实际工程观测经验表明，其通常伴有数值漂移，获取唯一精确量化值的可能性不大。因此，在前述章节论述研究的基础上，还有必要针对复杂使用环境约束下可能衍生出的几类工程应用中常见的典型特殊装备复杂系统，开展可靠性分析与评估的专题研究。本章选择多状态劣化系统和多状态模糊系统作为研究范例，旨在通过明确解算思想、分析技术难点、给出仿真案例，起到抛砖引玉的作用，并为读者在实际工程应用中处理类似问题，提供技术借鉴和理论参考。

7.1　考虑单元老化的多状态系统

对于部分多状态复杂装备系统，依据长期的使用经验可知，寿命期内，受使用环境恶劣、使用强度巨大等诸多因素的影响，系统及其组成单元都或多或少地会历经性能老化(最常见的一类装备状态性能劣化表现)过程[1,2]。工程上将具备该类特征的多状态系统统称为多状态老化系统。出现性能老化现象后，将直接导致系统及其组成单元原有失效率发生变更，一般来说，失效率会随时间增加呈递增趋势[3]。当然，影响多状态老化系统失效率时变趋势的因素颇多，时变趋势也不仅仅局限为单调递增形式，有时也会呈反抛物线、反浴盆曲线形式[4]，这又与多状态老化系统的配套维修工作策略、工作质量密切相关[5~8]。

这里，给出一类较为经典的数学定义，用于刻画多状态老化系统各状态性能间的时变失效率 $\lambda_{ij}(t)$，相关数学表达式如下：

$$\lambda_{ij}(t)=\eta\lambda_{ij}(0)+(1-\eta)\lambda_{ij}^{-}(t) \tag{7.1}$$

式中，$\lambda_{ij}(t)$ 为多状态老化系统实施维修后 i 状态性能至 j 状态性能的时变失效率；$\lambda_{ij}^{-}(t)$ 为实施维修前 i 状态性能至 j 状态性能的时变失效率；η 为维修质量因子，取值范围为 $0\leqslant\eta\leqslant1$，当 η 取 0 值时，代表按照保持性恢复维修策略实施相关维修活动，维修活动仅保证修后系统状态性能恢复至故障前工作状态，各状态性能间的失效率时变趋势延续原始趋势；当 η 取 1 值时，代表按照更新性恢复维修策略实施相关维修活动，维修活动保证修后系统状态性能恢复至初始最优工作状态，各状态性能间的失效率时变趋势重新自时间原点演变[9~11]。

其中，更新性恢复维修策略多涉及大量的换件维修购置费用和昂贵的更新维修人力费用，因此在多状态老化系统的维修工程实践中，一般不直接将其作为首选维修策略；而保持性恢复维修策略，因其经济优势明显，且维修成效也多处于可接受范围，常被多状态老化系统维修决策人员选用。后续论述内容如无特别说明，均基于保持性恢复维修策略假设。此时，多状态老化系统失效率 $\lambda_{ij}(t)$ 可写为

$$\lambda_{ij}(t)=\lambda_{ij}^{-}(t) \tag{7.2}$$

式(7.2)表达的含义为：系统投入使用后遭遇的历次维修活动，均不会对其各状态性能间的失效率 $\lambda_{ij}(t)$ 时变趋势产生影响，这在一定程度上降低了多状态老化系统的可靠性解算维度和难度。

综上，假设某多状态老化系统由 n 个不同元件构成。其中，第 j 个元件具备性能老化特征，且有 k_j 种状态性能，相关状态性能及其概率取值分别由 g_{ji}、p_{ji} 标识，$i=1,\cdots,k_j$，则老化元件 j 的状态概率 $p_{ji}(t)$的微分解算方程为

$$\frac{\mathrm{d}p_{ji}(t)}{\mathrm{d}t}=\sum_{k\neq i}^{k_j}\zeta_{ki}^{j}(t,\lambda_{ki}^{j}(t))p_{jk}(t)-p_{ji}(t)\sum_{k\neq i}^{k_j}\zeta_{ik}^{j}(t,\lambda_{ik}^{j}(t)) \tag{7.3}$$

式中，$\zeta_{ki}^{j}(t,\lambda_{ki}^{j}(t))$ 为元件 j 由 k 状态性能向 i 状态性能跃迁的强度函数，取值通常与失效率函数 $\lambda_{ki}^{j}(t)$ 相关。对于不计性能老化的常规多状态元件，$\zeta_{ki}^{j}(t,\lambda_{ki}^{j}(t))$ 为常值；对于考虑性能老化的多状态元件，$\zeta_{ki}^{j}(t,\lambda_{ki}^{j}(t))$ 多为非线性时变值。

基于式(7.3)，沿用第 3 章中有关马尔可夫报酬模型的解算思路，可得考虑性能老化元件 j 的期望累计报酬 $L_{ji}(t)$ 的微分解算方程为

$$\frac{\mathrm{d}L_{ji}(t)}{\mathrm{d}t}=r_{ii}^{j}+\sum_{k\neq i}^{k_j}\zeta_{ik}^{j}(t,\lambda_{ik}^{j}(t))r_{ik}^{j}+\sum_{k=1}^{k_j}\zeta_{ik}^{j}(t,\lambda_{ik}^{j}(t))L_{jk}(t) \tag{7.4}$$

式中，r_{ii}^{j}、r_{ik}^{j} 分别为老化元件 j 的状态驻留报酬和状态跃迁报酬。获取老化元件 j 的状态概率 $p_{ji}(t)$和期望累计报酬 $L_{ji}(t)$ 后，沿用书中前述章节论述结论，即可完成老化元件 j 的可用度 A、可靠度 R、期望性能输出 G_E、期望性能失效 D_E等可靠性参数指标解算。进一步，利用通用生成函数解算方法，将老化元件 j 的可靠性能反馈给原系统，即可完成多状态老化系统的可靠性评估解算。

7.2　多状态老化系统可靠性评估案例

为加深读者对多状态老化系统的直观理解，同时，也为便于工程技术人员消化多状态老化系统可靠性解算方法，本节沿用前述章节两类可靠性评估案例，通过将案例多状态系统内含组件做性能老化处理，实现多状态老化系统的建模、分析与评估，并给出老化历程对多状态系统可靠性能的关联影响。

[案例 7.1]　沿用 6.4 节所列案例，某船用汽轮发电系统由蒸汽锅炉 A、汽轮机 B、发电机 C 三个组件构成，如图 7.1 所示。

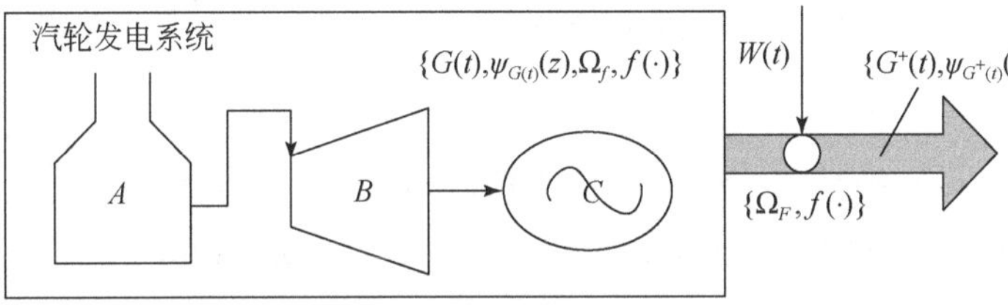

图 7.1　考虑老化的船用汽轮发电系统可靠性解算图示

其中，锅炉设备 A 含有三类状态性能，分别为设计功率的 90%、60%和 0%；汽轮机 B 含有 3 类状态性能，分别为设计功率的 100%、80%和 0%；发电机 C 含有两类状态性能，分别为设计功率的 100%和 0%。为满足船载装备日常运行要求，汽轮发电系统存在两种电能供应需求，分别为设计功率的 70%和 20%。同时，由于锅炉设备物理选材的原因，伴随锅炉设备的日常运行，相关状态性能呈逐渐老化趋势，锅炉设备由 90%状态性能向 60%状态性能跃迁的强度函数不再为常值，而为时变非线性量。

该汽轮发电系统可靠性解算相关符号标识和初始条件分别如表 7.1～表 7.3 所示。试解算考虑锅炉设备老化情况下（老化项用灰色背景标注），汽轮发电系统的可用度 $A(t,W(t))$、期望性能输出 $G_{\mathrm{E}}(t)$、期望性能失效 $D_{\mathrm{E}}(t,W(t))$，并与 6.4 节所列案例进行比较分析。

表 7.1　考虑锅炉老化的汽轮发电系统多状态可靠性解算符号标识

序号	符号标识	所属组件/系统	符号含义	备注说明
1	$G_A(t)$	锅炉	瞬态输出性能函数	具备 3 个性能输出值，代表 3 类状态性能
2	$g_{A,i}$	锅炉	瞬态输出性能值	$i=1,2,3,g_{A,1}\leqslant g_{A,2}\leqslant g_{A,3}$
3	$p_{A,i}$	锅炉	瞬态输出性能概率分布值	$i=1,2,3,p_{A,1}+p_{A,2}+p_{A,3}=1$

续表

序号	符号标识	所属组件/系统	符号含义	备注说明
4	$\psi_{G_A(t)}(z)$	锅炉	通用生成函数	组件级函数
5	$G_B(t)$	汽轮机	瞬态输出性能函数	具备3个性能输出值,代表3类状态性能
6	$g_{B,i}$	汽轮机	瞬态输出性能值	$i=1,2,3,g_{B,1}\leqslant g_{B,2}\leqslant g_{B,3}$
7	$p_{B,\mathrm{i}}$	汽轮机	瞬态输出性能概率分布值	$i=1,2,3,p_{B,1}+p_{B,2}+p_{B,3}=1$
8	$\psi_{G_B(t)}(z)$	汽轮机	通用生成函数	组件级函数
9	$G_C(t)$	发电机	瞬态输出性能函数	具备2个性能输出值,代表2类状态性能
10	$g_{C,i}$	发电机	瞬态输出性能值	$i=1,2,g_{C,1}\leqslant g_{C,2}$
11	$p_{C,i}$	发电机	瞬态输出性能概率分布值	$i=1,2,p_{C,1}+p_{C,2}=1$
12	$\psi_{G_C(t)}(z)$	发电机	通用生成函数	组件级函数
13	$G(t)$	系统	瞬态输出性能函数	具备$3\times3\times2$个性能输出值,代表$3\times3\times2$类状态性能;同量值性能输出可视情合并,此时状态性能维度会下降
14	g_i	系统	瞬态输出性能值	$i=1,\cdots,3\times3\times2,g_1\leqslant\cdots\leqslant g_{3\times3\times2}$
15	p_i	系统	瞬态输出性能概率分布值	$i=1,\cdots,3\times3\times2,\ \sum_{i=1}^{3\times3\times2}p_i=1$
16	$\psi_{G(t)}(z)$	系统	通用生成函数	系统级函数,表达形式取决于相关物理构型函数
17	$f(\cdot)$	系统	物理构型函数	系统级函数,表达形式取决于锅炉、汽轮机、发电机间实际物理耦合关联
18	Ω_f	系统	通用生成算子	系统级算子,与物理构型函数相关,用于解算系统通用生成函数
19	$\lambda_{ij}(t)$	组件/系统	失效率函数	i状态性能→j状态性能,$i>j$
20	$\mu_{ij}(t)$	组件/系统	修复率函数	i状态性能→j状态性能,$i<j$
21	$W(t)$	系统	瞬态电能需求函数	具备2个需求输出值,代表2类电能需求
22	w_i	系统	瞬态电能需求输出值	$i=1,2,w_1\leqslant w_2$
23	p_{w_i}	系统	瞬态电能需求输出概率分布值	$i=1,2,\ p_{w_1}+p_{w_2}=1$
24	$\psi_{W(t)}(z)$	系统	需求生成函数	系统级函数,仿通用生成函数定义构造

续表

序号	符号标识	所属组件/系统	符号含义	备注说明
25	$\psi_{G^{+}(t)}(z)$	系统	评判后通用生成函数	系统级函数，由 $\psi_{G(t)}(z)$、$\psi_{W(t)}(z)$ 及评判算子确定，用于明确电能需求评判后系统的瞬态输出性能
26	$G^{+}(t)$	系统	评判后瞬态输出性能	具备 3×3×2×2 个性能输出值，代表 3×3×2×2 类状态性能；同量值性能输出可视情合并，此时状态性能维度会下降
27	g_i^{+}	系统	评判后瞬态输出性能值	$i=1,\cdots,3\times3\times2\times2$，$g_1^{+}\leqslant\cdots\leqslant g_{3\times3\times2\times2}^{+}$，直接用于系统可靠性参数评估
28	p_i^{+}	系统	评判后瞬态输出性能概率分布值	$i=1,\cdots,3\times3\times2\times2$，$\sum_{i=1}^{3\times3\times2\times2}p_i^{+}=1$，直接用于系统可靠性参数评估
29	$F(\cdot)$	系统	需求满足评判函数	系统级函数，表达形式依据供电协议确定
30	Ω_F	系统	需求评判算子	系统级算子，与需求满足评判函数相关，用于解算系统评判后通用生成函数
31	$A(t,W(t))$	系统	系统瞬态可用度函数	系统级可靠性参数，与电能需求相关
32	$G_E(t)$	系统	系统瞬态期望性能输出	系统级可靠性参数，与电能需求无关
33	$D_E(t,W(t))$	系统	系统瞬态期望性能失效	系统级可靠性参数，与电能需求相关

表 7.2　考虑锅炉老化的汽轮发电系统多状态可靠性解算初始条件

序号	组件标识	组件名称	状态编号 i	状态标识	状态取值	失效率 $\lambda_{ij}(i>j)$		修复率 $\mu_{ij}(i<j)$		备注
						$j=1$	$j=2$	$j=2$	$j=3$	
1	A	锅炉	1	$g_{A,1}$	0	—	—	120a^{-1}	—	
2	A	锅炉	2	$g_{A,2}$	0.6	0.8a^{-1}	—	—	150a^{-1}	
3	A	锅炉	3	$g_{A,3}$	0.9	—	$(1+t^2)\text{a}^{-1}$	—	—	老化项
4	B	汽轮机	1	$g_{B,1}$	0	—	—	100a^{-1}	—	
5	B	汽轮机	2	$g_{B,2}$	0.8	1.5a^{-1}	—	—	120a^{-1}	
6	B	汽轮机	3	$g_{B,3}$	1.0	—	2a^{-1}	—	—	
7	C	发电机	1	$g_{C,1}$	0	—	—	100a^{-1}	—	
8	C	发电机	2	$g_{C,2}$	1.0	0.3a^{-1}	—	—	—	

表 7.3　汽轮发电系统电能供应时变需求

序号	需求标识	状态编号 i	状态标识	状态取值	跳变率 $i \to j$	
					$j=1$	$j=2$
1	$W(t)$	1	$w_{1,1}$	0.2	—	600a^{-1}
2	$W(t)$	2	$w_{1,2}$	0.7	800a^{-1}	—

解:由题意可知,汽轮发电系统基本沿用 6.4 节案例模型,仅将锅炉设备做性能老化变更处理。因此,汽轮机 B 和发电机 C 可直接引用 6.4 节案例结论,不再重复解算相关状态概率 $p_{B,i}(t)$和 $p_{C,i}(t)$。此处,主要围绕锅炉老化组件 A,解算分析考虑老化情形下的汽轮发电系统可靠性特征。

首先,解算锅炉老化组件 A 的时变状态概率 $p_{A,i}(t)$,相关微分解算方程如下:

$$\begin{cases}\dfrac{\mathrm{d}p_{A,1}(t)}{\mathrm{d}t}=0.8p_{A,2}(t)-120p_{A,1}(t)\\ \dfrac{\mathrm{d}p_{A,2}(t)}{\mathrm{d}t}=120p_{A,1}(t)+(1+t^2)p_{A,3}(t)-(0.8+150)p_{A,2}(t)\\ \dfrac{\mathrm{d}p_{A,3}(t)}{\mathrm{d}t}=150p_{A,2}(t)-(1+t^2)p_{A,3}(t)\end{cases} \tag{7.5}$$

比照式(7.5)与式(6.21)可知,考虑锅炉组件老化情形下,相关状态概率解算方程由普通的常系数线性微分方程,变换为变系数非线性微分方程,解算难度大大加大。这里,仍假设初始时刻锅炉处于最优状态性能,则利用 MATLAB 数值解算工具可得其状态概率 $p_{A,i}(t)$的时变曲线,如图 7.2 所示。

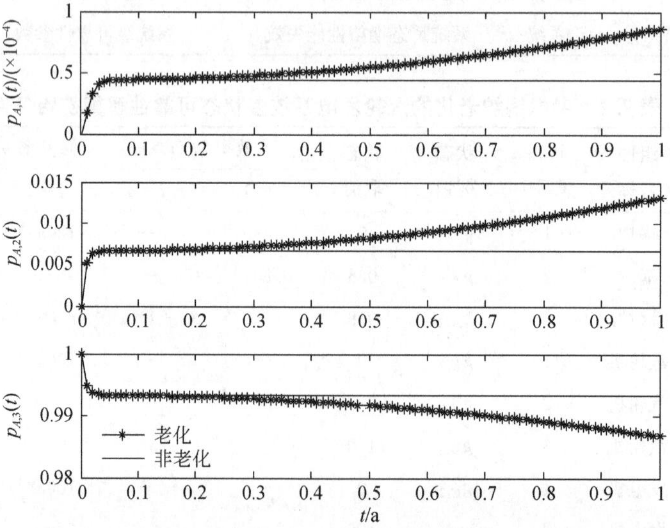

图 7.2　两类情形下锅炉设备输出状态性能概率对比

图 7.2 中，“——”为不计老化情形的锅炉设备状态概率时变曲线，“—*—”为考虑老化情形的锅炉设备状态概率时变曲线。由图 7.2 可知，随着锅炉设备的运行使用，老化因素对其状态概率 $p_{A,i}(t)$ 的影响逐渐加大，时变规律会发生较大变更，总体趋势为锅炉处于最优状态性能的概率逐渐降低，处于欠优或失效状态性能的概率逐渐加大。注意，考虑老化因素后，稳态状态概率的概念已不再适用，这里选择 1 年寿命周期点，解算老化锅炉设备的通用生成函数 $\psi_{G_A(t)}(z)$：

$$\begin{aligned}\psi_{G_A(1)}(z) &= p_{A,1}(t)z^0 + p_{A,2}(t)z^{0.6} + p_{A,3}(t)z^{0.9} \\ &= 0.00001z^0 + 0.0131z^{0.6} + 0.9868z^{0.9}\end{aligned} \tag{7.6}$$

下面比较老化情形和非老化情形下的状态性能的概率。将式(7.6)与式(6.23)比较分析可知，考虑老化因素后，1 年寿命周期点，锅炉设备处于最优状态性能的概率由 0.9933 降低至 0.9868，处于欠优状态性能的概率由 0.0066 上升至 0.0131，处于失效状态性能的概率鉴于数值解算误差原因，保持不变。进一步，取物理构型函数 $f(\cdot)$ 为 $\min\{\cdot\}$，则汽轮发电系统通用生成函数 $\psi_{G(t)}(z)$ 为

$$\begin{aligned}\psi_{G(t)}(z) &= \Omega_f(\psi_{G_A(t)}(z), \psi_{G_B(t)}(z), \psi_{G_C(t)}(z)) \\ &= \sum_{i=1}^{3}\sum_{j=1}^{3}\sum_{k=1}^{2}(p_{A,i}(t)p_{B,j}(t)p_{C,k}(t)z^{\min\{g_{A,i}, g_{B,j}, g_{C,k}\}}) \\ &= p_1(t)z^{g_1} + p_2(t)z^{g_2} + p_3(t)z^{g_3} + p_4(t)z^{g_4}\end{aligned} \tag{7.7}$$

注意，式(7.7)中所列 4 类汽轮发电系统输出状态性能，为经过合并化简后的状态性能输出结果，未经合并化简前系统具备 18 类输出状态性能。汽轮发电系统 4 类状态概率 $p_i(t)$ 的时变曲线如图 7.3 所示。

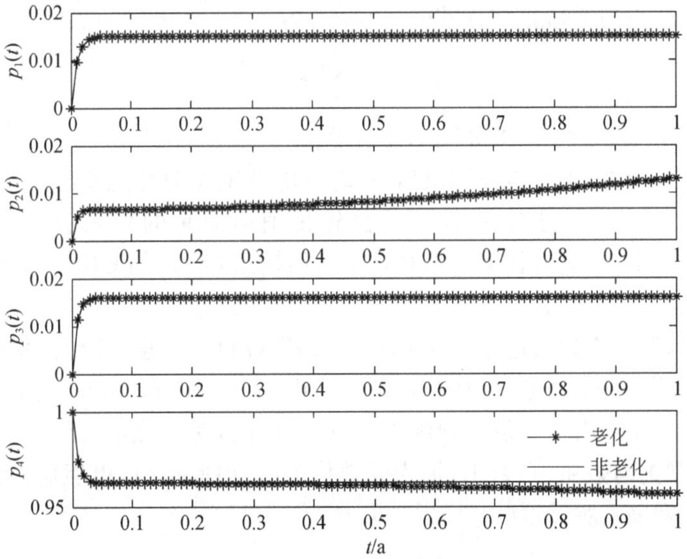

图 7.3　两类情形汽轮发电系统输出状态性能概率对比

图 7.3 中，状态概率 $p_4(t)$ 和 $p_2(t)$ 受锅炉设备老化因素影响较大，随着时间的累积，影响后果呈逐渐递增趋势；状态概率 $p_1(t)$ 和 $p_3(t)$ 受锅炉设备老化因素影响较小，鉴于图示分辨率有限，在图 7.3 中较难区分。图 7.4 为局部放大的汽轮发电系统 4 类状态概率 $p_i(t)$ 的时变曲线，其中清晰可见，锅炉设备老化因素对状态概率 $p_1(t)$ 和 $p_3(t)$ 也有影响，但量值很小。

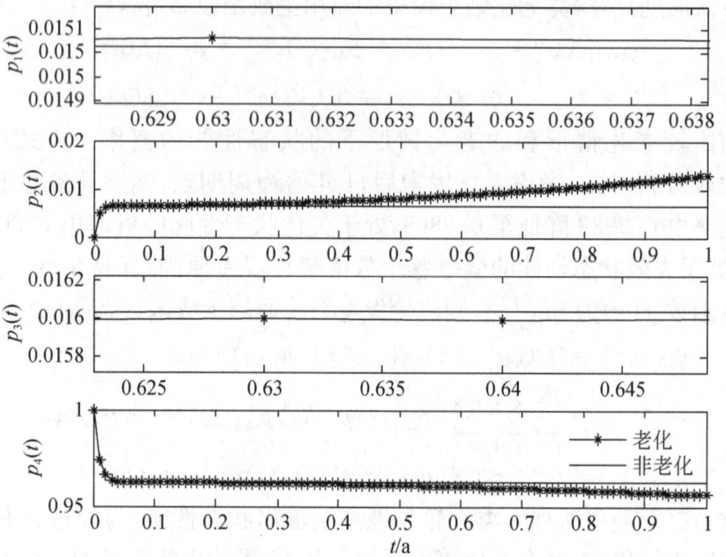

图 7.4　局部放大的两类情形下汽轮发电系统输出状态性能概率对比

解算汽轮发电系统期望性能输出 $G_E(t)$ 为

$$G_E(t) = \sum_{i=1}^{4} p_i(t) g_i \tag{7.8}$$

相关数值解算时变曲线如图 7.5 所示。

由图 7.5 可知，考虑老化因素后，汽轮发电系统期望性能输出 $G_E(t)$ 呈逐渐下降趋势；至 1 年寿命周期点，期望性能输出值由原来的稳态值 0.8829 降低至 0.8809；约 440h 后，老化因素对系统期望性能输出 $G_E(t)$ 的影响才逐渐凸现，前期影响较小。

进一步，解算汽轮发电系统可用度 $A(t,W(t))$。注意，鉴于案例中电能需求 $W(t)$ 为时变值，而非恒定值，为便于实现可用度 $A(t,W(t))$ 求解，此处引入需求生成函数 $\psi_{W(t)}(z)$ 和需求满足评判函数 $F(\cdot)$。同时，明确供电协议为“全载荷满足用电需求，视为有效供电；否则，视为无效供电”。由此可得，电能需求评判后系统通用生成函数 $\psi_{G^+(t)}(z)$ 为

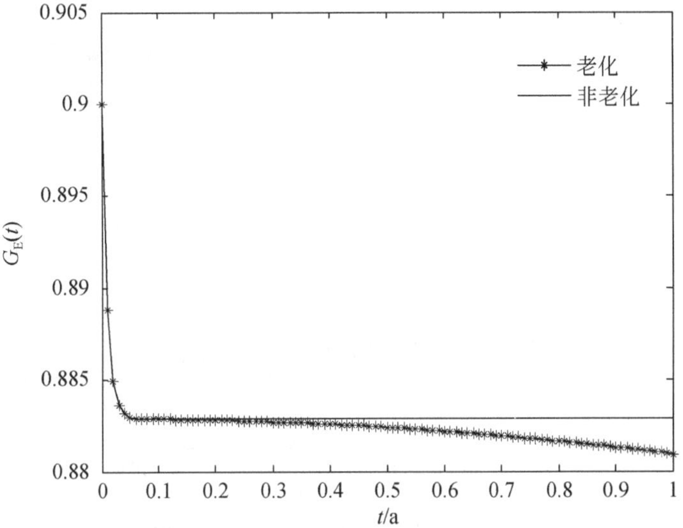

图 7.5　两类情形下汽轮发电系统期望性能输出对比

$$\begin{aligned}\psi_{G^+(t)}(z) &= \Omega_F(\psi_{G(t)}(z), \psi_{W(t)}(z)) \\ &= \sum_{i=1}^{4}\sum_{j=1}^{2}(p_i(t)p_{w_j}(t)z^{g_i-w_j}) = \sum_{i=1}^{8}p_i^+(t)z^{g_i^+} \\ &= p_1^+(t)z^{-0.7} + p_2^+(t)z^{-0.2} + p_3^+(t)z^{-0.1} \\ &\quad + p_4^+(t)z^{0.1} + p_5^+(t)z^{0.2} + p_6^+(t)z^{0.4} + p_7^+(t)z^{0.6} + p_8^+(t)z^{0.7}\end{aligned} \tag{7.9}$$

进而，系统可用度 $A(t,W(t))$ 为

$$A(t,W(t)) = \sum_{i=4}^{8}p_i^+(t) \tag{7.10}$$

相关数值解算时变曲线如图 7.6 所示。

由图 7.6 可知，考虑老化因素后，汽轮发电系统可用度 $A(t,W(t))$ 呈逐渐下降趋势；至 1 年寿命周期点，可用度由原来的稳态值 0.9821 降低至 0.9794。类似的，解算汽轮发电系统期望性能失效 $D_E(t,W(t))$，相关数值解算时变曲线如图 7.7 所示。

由图 7.7 可知，考虑老化因素后，汽轮发电系统期望性能失效 $D_E(t,W(t))$ 呈逐渐上升趋势；至 1 年寿命周期点，期望性能失效值由原来的稳态值 0.0065 上升至 0.0068。

需要注意的是，虽然 1 年寿命周期内，案例考虑老化因素的汽轮发电系统可用度 $A(t,W(t))$、期望性能输出 $G_E(t)$、期望性能失效 $D_E(t,W(t))$ 数量值变化不大，

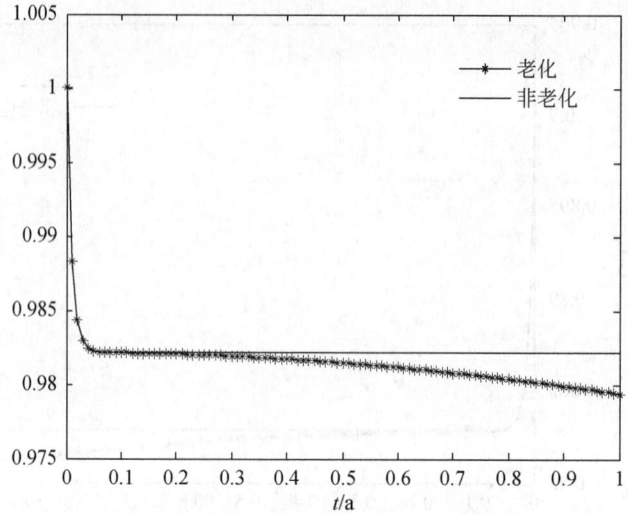

图 7.6 两类情形下汽轮发电系统可用度对比

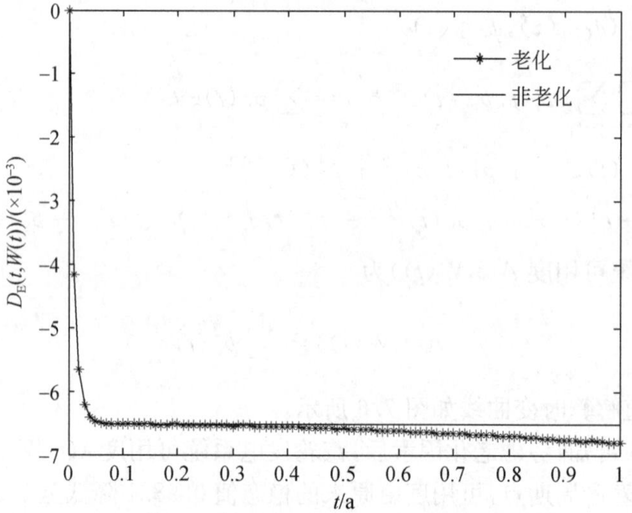

图 7.7 两类情形下汽轮发电系统期望性能失效对比

均小于 0.5%，但随着系统关注寿命期的增长，如 5 年、10 年，相关可靠性参数量值可能变化很大。

如图 7.8 所示，5 年寿命周期内，考虑老化因素的汽轮发电系统可用度 $A(t,W(t))$ 大幅度下降，由原来的稳态值 0.9821 降低至 0.9218，降幅达 6.1%，此量级上的数值变更在工程上已不容忽视。综上，老化因素对多状态复杂装备系统寿命期内的可靠性影响作用明显，因此，可靠性工程技术人员应给予足够重视。

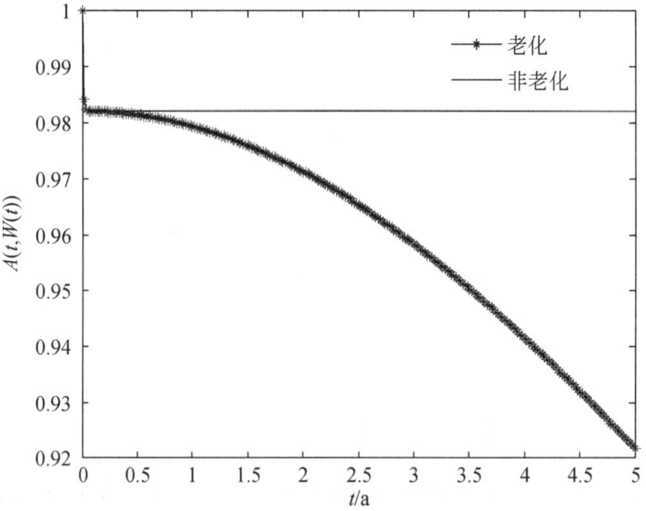

图 7.8　5年寿命期两类情形汽轮发电系统可用度对比

［**案例 7.2**］　沿用案例 3.8，某型装备发电系统满足连续时间马尔可夫链特征，瞬态电能输出具备三类状态性能，分别为 $g_1=0\text{kW}$、$g_2=60\text{kW}$、$g_3=80\text{kW}$。考虑到发电系统投入使用后，装备性能会逐渐老化，相关电能输出状态跃迁强度矩阵 $\boldsymbol{\zeta}^g$ 变更为

$$\boldsymbol{\zeta}^g=\begin{bmatrix}\zeta_{11}^g & \zeta_{12}^g & \zeta_{13}^g\\ \zeta_{21}^g & \zeta_{22}^g & \zeta_{23}^g\\ \zeta_{31}^g & \zeta_{32}^g & \zeta_{33}^g\end{bmatrix}=\begin{bmatrix}-400 & 0 & 400\\ 0 & -800 & 800\\ 0.8+2t & 8+3t^2 & -8.8-2t-3t^2\end{bmatrix}$$

此外，系统阶段电能需求及时变规律仍维持案例 3.8 中假设不变，即有 $w_1=0\text{kW}$、$w_2=50\text{kW}$、$w_3=70\text{kW}$，需求状态跃迁强度矩阵 $\boldsymbol{\zeta}^w$ 为

$$\boldsymbol{\zeta}^w=\begin{bmatrix}\zeta_{11}^w & \zeta_{12}^w & \zeta_{13}^w\\ \zeta_{21}^w & \zeta_{22}^w & \zeta_{23}^w\\ \zeta_{31}^w & \zeta_{32}^w & \zeta_{33}^w\end{bmatrix}=\begin{bmatrix}-626 & 235 & 391\\ 876 & -876 & 0\\ 876 & 0 & -876\end{bmatrix}$$

试解算该型发电系统年度平均失效次数 $\bar{N}_f(t)$，并与案例 3.8 进行比较分析。

解：首先，构建多状态解算变量 ν 如下：

$$\nu_k=g_i-w_j,\quad i=1,2,3;j=1,2,3;k=1,\cdots,9 \tag{7.11}$$

则与变量 ν 对应的状态跃迁强度矩阵 $\boldsymbol{\zeta}^\nu$ 为

$$
\boldsymbol{\zeta}^{\nu}=\begin{array}{c}1\\2\\3\\4\\5\\6\\7\\8\\9\end{array}\begin{bmatrix}
\zeta_{11}^{\nu} & \zeta_{12}^{w} & \zeta_{13}^{w} & 0 & 0 & 0 & \zeta_{13}^{g} & 0 & 0\\
\zeta_{21}^{w} & \zeta_{22}^{\nu} & 0 & 0 & 0 & 0 & 0 & \zeta_{13}^{g} & 0\\
\zeta_{31}^{w} & 0 & \zeta_{33}^{\nu} & 0 & 0 & 0 & 0 & 0 & \zeta_{13}^{g}\\
0 & 0 & 0 & \zeta_{44}^{\nu} & \zeta_{12}^{w} & \zeta_{13}^{w} & \zeta_{23}^{g} & 0 & 0\\
0 & 0 & 0 & \zeta_{21}^{w} & \zeta_{55}^{\nu} & 0 & 0 & \zeta_{23}^{g} & 0\\
0 & 0 & 0 & \zeta_{31}^{w} & 0 & \zeta_{66}^{\nu} & 0 & 0 & \zeta_{23}^{g}\\
\zeta_{31}^{g} & 0 & 0 & \zeta_{32}^{g} & 0 & 0 & \zeta_{77}^{\nu} & \zeta_{12}^{w} & \zeta_{13}^{w}\\
0 & \zeta_{31}^{g} & 0 & 0 & \zeta_{32}^{g} & 0 & \zeta_{21}^{w} & \zeta_{88}^{\nu} & 0\\
0 & 0 & \zeta_{31}^{g} & 0 & 0 & \zeta_{32}^{g} & \zeta_{31}^{w} & 0 & \zeta_{99}^{\nu}
\end{bmatrix}
$$

式中

$$
\zeta_{ii}^{\nu}=-\sum_{j\neq i}^{9}\zeta_{ij}^{\nu},\quad i=1,2,\cdots,9
$$

其次,解算系统期望累计报酬函数 $L(t)$。定义与年度平均失效次数 $\bar{N}_f(t)$ 相应的报酬矩阵 $\boldsymbol{r}$ 为

$$
\boldsymbol{r}=\begin{array}{c}1\\2\\3\\4\\5\\6\\7\\8\\9\end{array}\begin{bmatrix}
0 & 1 & 1 & 0 & 0 & 0 & 0 & 0 & 0\\
0 & 0 & 0 & 0 & 0 & 0 & 0 & 0 & 0\\
0 & 0 & 0 & 0 & 0 & 0 & 0 & 0 & 0\\
0 & 0 & 0 & 0 & 0 & 1 & 0 & 0 & 0\\
0 & 0 & 0 & 0 & 0 & 0 & 0 & 0 & 0\\
0 & 0 & 0 & 0 & 0 & 0 & 0 & 0 & 0\\
0 & 0 & 0 & 0 & 0 & 0 & 0 & 0 & 0\\
0 & 1 & 0 & 0 & 0 & 0 & 0 & 0 & 0\\
0 & 0 & 1 & 0 & 0 & 1 & 0 & 0 & 0
\end{bmatrix}
$$

则由式(7.4)可得,考虑性能老化的系统期望累计报酬函数 $L(t)$ 的微分解算方程为

$$
\begin{cases}
\dfrac{\mathrm{d}L_1(t)}{\mathrm{d}t}=(\zeta_{12}^{\nu}+\zeta_{13}^{\nu})+\zeta_{11}^{\nu}L_1(t)+\zeta_{12}^{\nu}L_2(t)+\zeta_{13}^{\nu}L_3(t)+\zeta_{17}^{\nu}L_7(t)\\
\dfrac{\mathrm{d}L_2(t)}{\mathrm{d}t}=\zeta_{21}^{\nu}L_1(t)+\zeta_{22}^{\nu}L_2(t)+\zeta_{28}^{\nu}L_8(t)\\
\dfrac{\mathrm{d}L_3(t)}{\mathrm{d}t}=\zeta_{31}^{\nu}L_1(t)+\zeta_{33}^{\nu}L_3(t)+\zeta_{39}^{\nu}L_9(t)\\
\dfrac{\mathrm{d}L_4(t)}{\mathrm{d}t}=\zeta_{46}^{\nu}+\zeta_{44}^{\nu}L_4(t)+\zeta_{45}^{\nu}L_5(t)+\zeta_{46}^{\nu}L_6(t)+\zeta_{47}^{\nu}L_7(t)\\
\dfrac{\mathrm{d}L_5(t)}{\mathrm{d}t}=\zeta_{54}^{\nu}L_4(t)+\zeta_{55}^{\nu}L_5(t)+\zeta_{58}^{\nu}L_8(t)
\end{cases}
$$

$$\begin{cases} \dfrac{\mathrm{d}L_6(t)}{\mathrm{d}t} = \zeta_{64}^{\nu} L_4(t) + \zeta_{66}^{\nu} L_6(t) + \zeta_{69}^{\nu} L_9(t) \\ \dfrac{\mathrm{d}L_7(t)}{\mathrm{d}t} = \zeta_{71}^{\nu} L_1(t) + \zeta_{74}^{\nu} L_4(t) + \zeta_{77}^{\nu} L_7(t) + \zeta_{78}^{\nu} L_8(t) + \zeta_{79}^{\nu} L_9(t) \\ \dfrac{\mathrm{d}L_8(t)}{\mathrm{d}t} = \zeta_{82}^{\nu} + \zeta_{82}^{\nu} L_2(t) + \zeta_{85}^{\nu} L_5(t) + \zeta_{87}^{\nu} L_7(t) + \zeta_{88}^{\nu} L_8(t) \\ \dfrac{\mathrm{d}L_9(t)}{\mathrm{d}t} = \zeta_{93}^{\nu} + \zeta_{96}^{\nu} + \zeta_{93}^{\nu} L_3(t) + \zeta_{96}^{\nu} L_6(t) + \zeta_{97}^{\nu} L_7(t) + \zeta_{99}^{\nu} L_9(t) \end{cases} \tag{7.12}$$

给定初始条件 $L_i(t)=0, i=1,\cdots,9$，解算上述微分方程组后，可得该型发电系统年度平均累计失效次数 $\bar{N}_f(t)$，如图 7.9 所示。

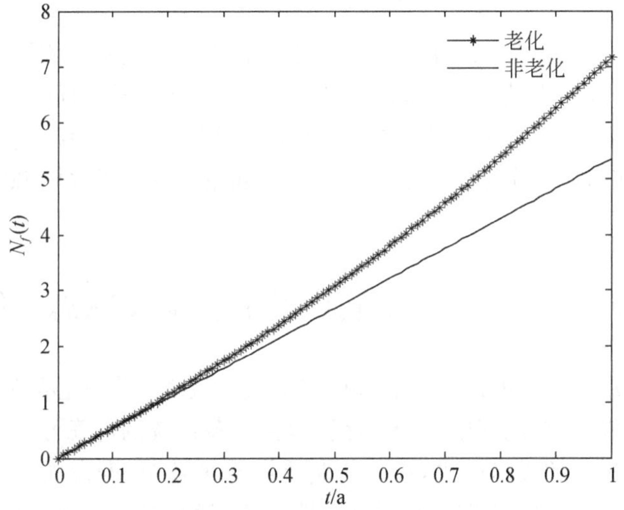

图 7.9　两类情形下发电系统年度平均累计失效次数对比

图 7.9 中，假设系统自最优状态性能触发，即

$$\nu_k = g_i - w_j = 80\mathrm{kW} - 0\mathrm{kW}$$

此时有

$$\bar{N}_f(t) = L_7(t)$$

由图 7.9 可知，考虑装备性能老化因素后，该型发电系统平均累计失效次数量值与不计老化因素相比，会发生较大变更，且自系统投入运行起，老化因素导致的平均累计失效量值呈逐渐增大趋势；1 年寿命周期内，考虑老化因素的发电系统平均累计失效次数 $\bar{N}_f(1)$ 上限由原来的 6 次(5.4)上升至 8 次(7.2)，量值上升 33.3%；两类情形下，系统首次发生失效的时间均约为 1576h，但自第二次失效起，发生失效时间差距逐渐增大，详见表 7.4。

表 7.4　两类情形下系统平均失效次数累计时间对照表

序号	失效次数	常规累计时间/h	考虑老化累计时间/h	差值	百分比/%	备注
1	1	1576	1576	0	0	
2	2	3329	2978	351	10.5	
3	3	4906	4292	614	12.5	
4	4	6570	5519	1051	16.0	
5	5	8234	6570	1664	20.2	
6	6	—	7621	—	—	考虑老化后发生
7	7	—	8585	—	—	考虑老化后发生

分析表 7.4 中数据可知，老化因素不仅导致系统年度平均累计失效次数上升，而且导致历次(>1)失效发生时间大大提前，因此，将对系统预防性维修策略编定及维修资源筹措，产生较大影响。综上，装备性能老化因素对该型发电系统的可靠性影响明显，在后期编定系统预防性维修策略和量化管理维修资源时，应给予高度重视。

7.3　考虑观测不确定性的模糊多状态系统

书中前述章节论述的以多状态理论和生成函数算法为核心的复杂系统建模与可靠性分析工作，虽然已能解决绝大多数复杂装备系统的可靠性工程技术问题，但随着现代工业技术的飞速前进，产品研制周期越来越短，寿命周期越来越长，有些复杂装备系统尚未经历足够时长的可靠性观测，就已投入高强度使用，因此，较难获取足量有效数据，用以精确评估其不同状态性能及其发生概率。同时，为降低计算载荷，采用的各类复杂系统建模简化方法、数值算法，也或多或少地在一定程度上降低了问题解算精度。此外，复杂装备系统长期处于恶劣使用环境下，寿命期内的状态性能经常会发生量值漂移，始终处于唯一确定理想量值的可能性不大。为此，亟须进一步发展一类新技术和新理论，以弥补多状态复杂系统建模理论的现存技术短板。模糊多状态建模理论及数值处理技术，正是为解决前述相关问题而被尝试引入复杂系统可靠性建模、分析与评估领域[12~16]。目前，此方面的研究工作成果尚不多见[17~20]。

7.3.1　模糊多状态系统

对于由 n 个组件构成的常规多状态系统，系统输出性能 $G(t)$ 及其概率分布可由组件 $j(j=1,2,\cdots,n)$ 的输出性能 $G_j(t)$、概率分布 $\{g_{ji},p_{ji}\}(i=1,\cdots,k_j)$ 以及系

统构型函数 $f(\cdot)$唯一确定，且有如下数学表达式成立：

$$\begin{cases} f(G_1(t),\cdots,G_n(t)) \to G(t), & G_j(t) \in \{\boldsymbol{g}_j,\boldsymbol{p}_j\} \\ \boldsymbol{g}_j=[g_{j1},g_{j2},\cdots,g_{jk_j}], & \boldsymbol{p}_j=[p_{j1},p_{j2},\cdots,p_{jk_j}] \end{cases} \tag{7.13}$$

式中，$\boldsymbol{g}_j$为元件 j 的 k_j维状态性能向量；$\boldsymbol{p}_j$为与其相关的状态概率向量。工程实践中，鉴于观测时间、观测手段有限，以及状态性能量值漂移等原因，获取 $\boldsymbol{g}_j$、$\boldsymbol{p}_j$两类向量的精确值往往较难，而多采用区间值或模糊值代替。由此，为更加有效地基于现有观测手段、观测数据，分析获取所研究的多状态系统的状态性能及可靠性特征，模糊多状态理论被引入其中。此时，组件 j 的状态性能向量 $\boldsymbol{g}_j$和状态概率向量 $\boldsymbol{p}_j$均变更为模糊数，并写为

$$\begin{cases} \tilde{\boldsymbol{g}}_j=[\tilde{g}_{j1},\tilde{g}_{j2},\cdots,\tilde{g}_{jk_j}] \\ \tilde{\boldsymbol{p}}_j=[\tilde{p}_{j1}(t),\tilde{p}_{j2}(t),\cdots,\tilde{p}_{jk_j}(t)] \end{cases} \tag{7.14}$$

式中，上标"～"用于标识模糊数学量，后续论述内容统一采用此种标注方法。有关模糊数的表达方式有很多种，这里选用满足 Kaufmann-Gupta 排序规则的三角模糊数 M，相关数学定义如下[12]：

$$M=[a,b,c] \tag{7.15}$$

式中，模糊数间的排序运算次序为

$$\widehat{M}_1=\frac{a+2b+c}{4} \to \widehat{M}_2=b \to \widehat{M}_3=c-a \tag{7.16}$$

式中，$\widehat{M}_1$ 为首选排序比较量值，$\widehat{M}_2$ 为次选，$\widehat{M}_2$ 为最后。与常规多状态系统不同，模糊多状态系统对于系统输出性能 $\tilde{G}(t)$ 所处状态的判断较为复杂，这里给出一类判断定义。

假设模糊多状态系统具有 L 类输出状态性能，任一状态性能 $i(i=1,\cdots,L)$均可由一预定值 $\tilde{d}_i$（确定值或模糊值）明确标识，且状态排序依次按照从小到大排列（$i_1<i_2 \to \tilde{d}_{i_1}<\tilde{d}_{i_2}$），则系统处于或高于状态性能 i，当且仅当其输出性能 $\tilde{G}(t) \geqslant \tilde{d}_i$ 时，式(7.17)成立。

$$\Pr\{\tilde{f}(\tilde{G}_1(t),\cdots,\tilde{G}_n(t)) \geqslant \tilde{d}_i\}=\Pr\{l \geqslant i\} \tag{7.17}$$

式中，$\tilde{G}_j(t) \in \tilde{\boldsymbol{g}}_j$；$l$ 为系统输出性能所处状态编号。为便于后续计算，构建如下模糊集 $\tilde{r}_i$：

$$\tilde{r}_i=\{\tilde{G}(t)-\tilde{d}_i,\mu_{\tilde{r}_i}(r_i) \mid r_i \in R_i\} \tag{7.18}$$

式中，$\mu_{\tilde{r}_i}(r_i)$ 为模糊集 $\tilde{r}_i$ 的隶属度函数；R_i为与之相应的模糊集定义域。进一步，定义相关模糊子集 $\mathrm{s}\tilde{r}_i$。

$$\begin{cases}\widetilde{\mathrm{sr}}_i=\{\mathrm{sr}_i,\mu_{\widetilde{\mathrm{sr}}_i}(\mathrm{sr}_i)\mid\mu_{\widetilde{\mathrm{sr}}_i}(\mathrm{sr}_i)=\mu_{\widetilde{r}_i}(r_i),\mathrm{sr}_i\in\mathrm{SR}_i\}\\ \mathrm{SR}_i=\{r_i\in R_i\mid r_i\geqslant 0\}\end{cases}\tag{7.19}$$

由此，将式(7.17)左侧表达式可改写为

$$\Pr\{\widetilde{f}(\widetilde{G}_1(t),\cdots,\widetilde{G}_n(t))\geqslant\widetilde{d}_i\}=\Pr\{\widetilde{G}(t)\}\,|\mathrm{sr}_i|/|r_i|\tag{7.20}$$

式中，$|r_i|$、$|\mathrm{sr}_i|$ 分别为模糊集 $\widetilde{r}_i$、$\widetilde{\mathrm{sr}}_i$ 的势函数，对于连续形式的模糊集，相关数值可由式(7.21)确定。

$$\begin{cases}|r_i|=\displaystyle\int_{r_i\in R_i}\mu_{\widetilde{r}_i}(r_i)\mathrm{d}r_i\\ |\mathrm{sr}_i|=\displaystyle\int_{\mathrm{sr}_i\in\mathrm{SR}_i}\mu_{\widetilde{\mathrm{sr}}_i}(\mathrm{sr}_i)\mathrm{d}\mathrm{sr}_i\end{cases}\tag{7.21}$$

7.3.2 模糊通用生成函数

为便于读者理解，此处对通用生成函数和通用生成算子的概念进行一次简单回顾。不失一般性，考虑 n 个独立随机变量 X_j，以及与其相关的随机变量 $Y=f(X_1,X_2,\cdots,X_n)$。其中，变量 X_j 存在 k_j 种状态取值，且满足如下概率分布：

$$p_{x_j}=\Pr\{X_j=x_j\}$$

则可定义变量 X_j 的 z 变换函数如下

$$\psi_{X_j}(z)=\sum_{x_j}p_{x_j}z^{x_j}$$

进一步，引入通用生成算子 Ω_f，则可确定变量 Y 的 z 变换函数 $\psi_Y(z)$ 如下：

$$\psi_Y(z)=\Omega_f(\psi_{X_1}(z),\cdots,\psi_{X_n}(z))\tag{7.22}$$

注意，若将变量 Y 视为系统的状态性能输出，X_j 视为组件 j 的状态性能输入，$f(\cdot)$ 视为系统构型函数，并按如下规则量化变量 X_j 的概率分布：

$$(\boldsymbol{x}_j,\boldsymbol{p}_j)=[(x_{j1},p_{j1}),\cdots,(x_{jk_j},p_{jk_j})]$$

则式(7.22)又可写为

$$\psi_Y(z)=\sum_{j_1=1}^{k_1}\cdots\sum_{j_n=1}^{k_n}\left[\left(\prod_{i=1}^{n}p_{ij_i}\right)z^{f(x_{1j_1},\cdots,x_{nj_n})}\right]\tag{7.23}$$

对于给定生成算子 Ω_f 定义的 z 变换函数 $\psi_{X_j}(z)$、$\psi_Y(z)$，又将其称为变量 X_j、Y 的通用生成函数。值得说明的是，算子 Ω_f 同步继承构型函数 $f(\cdot)$ 的全部运算特性，只要应用式(7.22)解算获取系统输出的通用生成函数，即可依据生成函数基本定义，反求得出系统输出的概率分布，而无须面向全部组件输入状态性能，解算大维度微分方程，因此，计算优势明显。

下面基于模糊多状态理论，给出模糊通用生成函数定义。仍针对由 n 个组件 j 构成的多状态系统，沿用式(7.14)中符号定义，则组件 j 的模糊 z 变换函数 $u_j(z)$ 如下：

$$u_j(z)=\sum_{i_j=1}^{k_j}\widetilde{p}_{ji_j}z^{\widetilde{g}_{ji_j}} \tag{7.24}$$

式中，$\widetilde{g}_{ji_j}$、$\widetilde{p}_{ji_j}$ 为组件 j 处于第 i_j 类状态性能时的模糊状态性能和模糊状态概率。进一步，给定模糊构型函数 $\widetilde{f}(\cdot)$ 和模糊发生算子 $\widetilde{\Omega}_{\widetilde{f}}$，则多状态模糊系统的模糊通用生成函数 $U(z)$ 为

$$\begin{cases}U(z)=\widetilde{\Omega}_{\widetilde{f}}(u_1(z),\cdots,u_n(z))=\sum_{i_1=1}^{k_1}\cdots\sum_{i_n=1}^{k_n}\widetilde{p}_i z^{\widetilde{g}_i}\\ \widetilde{p}_i=\{p_i,\mu_{\widetilde{p}_i}(p_i)\mid p_i=\prod_{j=1}^{n}p_{ji_j},p_{ji_j}\in P_{ji_j}\}\\ \widetilde{g}_i=\{g_i,\mu_{\widetilde{g}_i}(g_i)\mid g_i=\widetilde{f}(g_{1i_1},\cdots,g_{ni_n}),g_{ji_j}\in G_{ji_j}\}\end{cases} \tag{7.25}$$

式中，$\widetilde{g}_i$、$\widetilde{p}_i$ 为组件 j 可能对应的任意模糊状态性能和模糊状态概率；P_{ji_j}、G_{ji_j} 为相关模糊变量的定义域集合；$\mu_{\widetilde{p}_i}(p_i)$、$\mu_{\widetilde{g}_i}(g_i)$ 为与 P_{ji_j}、G_{ji_j} 对应的隶属度函数，且有

$$\begin{cases}\mu_{\widetilde{p}_i}(p_i)=\sup\limits_{p_i=\prod_{j=1}^{n}p_{ji_j}}\min\{\mu_{p_{1i_1}},\cdots,\mu_{p_{ni_n}}\}\\ \mu_{\widetilde{g}_i}(g_i)=\sup\limits_{\widetilde{f}(g_{1i_1},\cdots,g_{ni_n})}\min\{\mu_{g_{1i_1}},\cdots,\mu_{g_{ni_n}}\}\end{cases}$$

式中，$\sup(\cdot)$为上确界函数。

7.3.3　模糊多状态系统可靠性评估参数

模糊多状态系统由于状态性能的量化描述具有模糊化特征，因此相关可靠性参数指标的数学表达形式极具自身特点。这里，给出一类模糊多状态系统的可用度 $\widetilde{A}$ 数学定义，其他可靠性参数指标可参照类似方法处理。

由式(7.25)可知，对于任意给定的模糊多状态系统，其模糊通用生成函数 $U(z)$均可整理为如下形式：

$$U(z)=\sum_{i=1}^{k_s}\widetilde{p}_i z^{\widetilde{g}_i} \tag{7.26}$$

式中，k_s为模糊系统可能存在的最大状态性能数；$\widetilde{g}_i$、$\widetilde{p}_i$ 为相应的模糊状态性能和模糊状态概率。因此，模糊系统可用度 $\widetilde{A}$ 可由如下算子 $\widetilde{\delta}_{\mathrm{A}}$ 确定：

$$\begin{aligned}\widetilde{A}(\widetilde{w})&=\widetilde{\delta}_{\mathrm{A}}(U(z),\widetilde{w})=\widetilde{\delta}_{\mathrm{A}}\Big(\sum_{i=1}^{k_s}\widetilde{p}_i z^{\widetilde{g}_i},\widetilde{w}\Big)\\&=\widetilde{\delta}_{\mathrm{A}}\{(\widetilde{p}_1,|\mathrm{sr}_1|/|r_1|),\cdots,(\widetilde{p}_{k_s},|\mathrm{sr}_{k_s}|/|r_{k_s}|)\}\\&=\widetilde{\delta}_{\mathrm{A}}\{\cdots,\{\widetilde{p}_i|\mathrm{sr}_i|/|r_i|,\mu_{\widetilde{p}_i}(p_i)\mid p_i\in P_i\},\cdots\}\end{aligned}$$

$$=\{A,\mu_{\widetilde{A}}(A)\left|A=\sum_{i=1}^{k_s}\widetilde{p}_i\left|\mathrm{sr}_i\right|/\left|r_i\right|,p_i\in P_i\right\}\quad(7.27)$$

式中

$$\widetilde{r}_i=\{\widetilde{g}_i-\widetilde{w},\mu_{\widetilde{r}_i}(r_i)\mid r_i\in R_i\},\quad \mu_{\widetilde{A}}(A)=\sup_{A=\sum_{i=1}^{k_s}p_i\left|\mathrm{sr}_i\right|/\left|r_i\right|}\min\{\mu_{p_1},\cdots,\mu_{p_{k_s}}\}$$

式中，$\widetilde{w}$ 为给定的系统模糊性能需求。

7.4　模糊多状态系统可靠性评估案例

7.4.1　模糊多状态系统案例假设

如图 7.10 所示，某型船用汽轮发电系统由供汽、主发电、备用发电三个子单元组成。其中，供汽单元由两台锅炉组成，联合提供蒸汽工质；发电单元由汽轮机和发电机组成，主、辅发电单元互为备用，择一提供电能载荷。鉴于船用汽轮发电系统组成结构复杂，海上运行环境恶劣，运行工况多样，且状态性能不易精确观测，将其视为模糊多状态复杂系统处理，并选用三角模糊数，量化描述系统模糊状态。

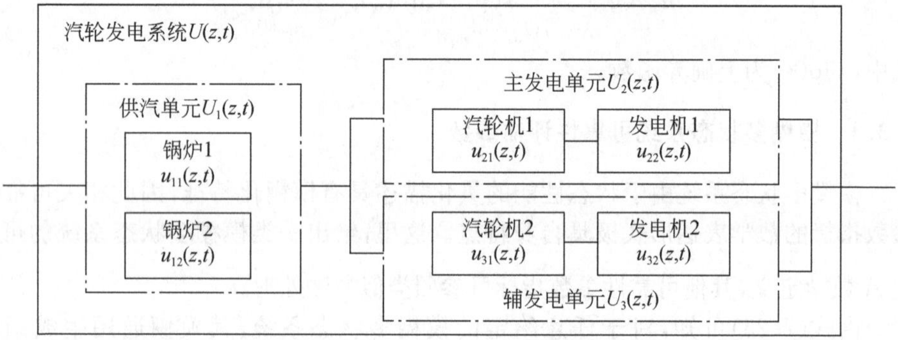

图 7.10　船用汽轮发电系统可靠性构架

进一步，假定选用期望功率输出比，判定系统及其各级组成单元的状态性能。此时，本例系统可靠性构架原则上可视为与 4.4 节案例一致。由此，借鉴 4.4 节中有关系统可靠性的稳态解算结论，并综合行业专家经验，给出如表 7.5 所示的初始条件。

表 7.5　汽轮发电系统初始条件

j	1(锅炉 1)	2(锅炉 2)	3(汽轮机 1)
$\widetilde{p}_{j1}$	(0.00007,0.0001,0.00012)	(0.00007,0.0001,0.00012)	(0.00015,0.0002,0.00025)
$\widetilde{p}_{j2}$	(0.0061,0.0066,0.0070)	(0.0061,0.0066,0.0070)	(0.0160,0.0164,0.0169)

续表

j	1(锅炉 1)	2(锅炉 2)	3(汽轮机 1)
$\widetilde{p}_{j3}$	(0.9927,0.9933,0.9938)	(0.9927,0.9933,0.9938)	(0.9829,0.9834,0.9838)
$\widetilde{g}_{j1}$	(0,0,0)	(0,0,0)	(0,0,0)
$\widetilde{g}_{j2}$	(0.5,0.6,0.7)	(0.5,0.6,0.7)	(0.73,0.8,0.88)
$\widetilde{g}_{j3}$	(0.9,0.9,0.9)	(0.9,0.9,0.9)	(1.0,1.0,1.0)
j	4(发电机 1)	5(汽轮机 2)	6(发电机 2)
$\widetilde{p}_{j1}$	(0.0025,0.003,0.0034)	(0.008,0.0083,0.0088)	(0.0024,0.003,0.0035)
$\widetilde{p}_{j2}$	(0.9968,0.997,0.9972)	(0.9910,0.9917,0.9920)	(0.9965,0.997,0.9976)
$\widetilde{p}_{j3}$	—	—	—
$\widetilde{g}_{j1}$	(0,0,0)	(0,0,0)	(0,0,0)
$\widetilde{g}_{j2}$	(1.0,1.0,1.0)	(0.80,0.85,0.90)	(1.0,1.0,1.0)
$\widetilde{g}_{j3}$	—	—	—

表 7.5 中，j 为系统内含组件编号，$\widetilde{g}_{ji}$、$\widetilde{p}_{ji}$ 分别为组件 j 处于第 i 级状态性能的模糊状态值和状态概率。分析表 7.5 中数据可知：汽轮发电系统供汽锅炉运行存在 3 种状态，即完全失效状态、部分失效状态和充分工作状态，且两台供汽锅炉状态性能完全一致；类似的，汽轮发电系统主发电单元汽轮机运行也存在 3 种状态，完全失效状态、部分失效状态和完全工作状态；与主发电单元不同，汽轮发电系统辅发电单元汽轮机运行仅存在两种状态，完全失效状态和充分工作状态；汽轮发电系统主辅发电机均性能稳定，较难发生失效，仅存在完全失效和完全工作两种状态。

7.4.2　模糊多状态系统通用生成函数

鉴于实际工程应用中往往重点关注所研究系统的稳态输出性能，为此，后续各类量化参数解算均以稳态情形为前提，不再额外说明。

首先，计算船用汽轮发电系统各组成单元的模糊通用生成函数 $U_j(z)$。这里，以汽轮机 1 和发电机 1 组成的主发电单元 $U_2(z)$ 为例进行解算说明，则有

$$U_2(z)=\widetilde{\Omega}_{\widetilde{f}_{34}}(u_{21}(z,t),u_{22}(z,t))=\widetilde{\Omega}_{\widetilde{f}_{34}}\Big(\sum_{i=1}^{3}\widetilde{p}_{3i}z^{\widetilde{g}_{3i}},\sum_{i=1}^{2}\widetilde{p}_{4i}z^{\widetilde{g}_{4i}}\Big)\tag{7.28}$$

式中，$\widetilde{\Omega}_{\widetilde{f}_{34}}$ 为针对主发电单元的模糊生成算子；$\widetilde{f}_{34}(\cdot)$ 为反映汽轮机 1 和发电机 1 间性能输出串联关联的模糊构型函数，取为 $\min\{\cdot\}$。将表 7.5 中数据代入式(7.28)，整理后有

$$U_2(z)=\sum_{j_3=1}^{3}\sum_{j_4=1}^{2}\left[\left(\prod_{i=3}^{4}\widetilde{p}_{ij_i}\right)z^{\min\{\widetilde{g}_{3j_3},\widetilde{g}_{4j_4}\}}\right]=(0.0026,0.0032,0.0037)z^0 \\ +(0.0159,0.0164,0.0169)z^{(0.73,0.80,0.88)} \\ +(0.9798,0.9804,0.9810)z^1 \tag{7.29}$$

采用类似方法，可求供汽单元和辅发电单元的模糊通用生成函数 $U_1(z)$、$U_3(z)$，解算结果如下：

$$U_1(z)=10^{-7}(0.049,0.1,0.144)z^0+10^{-5}(0.0854,0.132,0.168)z^{(0.25,0.3,0.35)} \\ +10^{-3}(0.139,0.1987,0.2385)z^{0.45} \\ +10^{-4}(0.3721,0.4356,0.49)z^{(0.5,0.6,0.7)} \\ +(0.0121,0.0131,0.0139)z^{(0.7,0.75,0.80)} \\ +(0.9855,0.9866,0.9876)z^{0.9} \tag{7.30}$$

$$U_3(z)=(0.0104,0.0113,0.0123)z^0+(0.9875,0.9887,0.9896)z^{(0.80,0.85,0.90)} \tag{7.31}$$

其次，针对整个发电模块(包含主、辅发电单元)和整个汽轮发电系统，分别定义其模糊发生算子 $\widetilde{\Omega}_{\widetilde{f}_{U_{23}}}$、$\widetilde{\Omega}_{\widetilde{f}_U}$，以及反映其各单元间输出性能关联的模糊构型函数 $\widetilde{f}_{U_{23}}(\cdot)$、$\widetilde{f}_U(\cdot)$，则船用汽轮发电系统的模糊通用生成函数 $U(z)$ 为

$$U(z)=\widetilde{\Omega}_{\widetilde{f}_U}[U_1(z),\widetilde{\Omega}_{\widetilde{f}_{U_{23}}}(U_2(z),U_3(z))] \\ =10^{-4}(0.2698,0.3617,0.4561)z^0 \\ +10^{-5}(0.0851,0.132,0.1686)z^{(0.25,0.30,0.35)} \\ +10^{-3}(0.1385,0.1987,0.2393)z^{0.45} \\ +10^{-4}(0.3707,0.4356,0.4917)z^{(0.5,0.6,0.7)} \\ +(0.0121,0.0131,0.0139)z^{(0.7,0.75,0.8)} \\ +10^{-3}(0.163,0.1828,0.2053)z^{(0.73,0.8,0.88)} \\ +(0.018,0.0191,0.0201)z^{(0.80,0.85,0.9)} \\ +(0.9636,0.9673,0.9707)z^{0.9}=\sum_{i=1}^{8}\widetilde{p}_i z^{\widetilde{g}_i} \tag{7.32}$$

式中，$\widetilde{f}_{U_{23}}(\cdot)$ 取为 $\max\{\cdot\}$；$\widetilde{f}_U(\cdot)$ 取为 $\min\{\cdot\}$；$\widetilde{g}_i$、$\widetilde{p}_i$ 分别为汽轮发电系统状态性能的模糊状态值和状态概率。

分析式(7.32)可知：①船用汽轮发电系统作为一类模糊多状态复杂装备系统，具有 8 种不同的运行状态，相关状态性能及其概率分布模糊特征明显，较难实现量化精确描述，这里采用三角模糊数，实现模糊特征的量化描述；②若 8 类运行状态按照量化性能数值依次从小到大排序(0→1，(0.25，0.30，0.35)→2，…，0.9→8)，则比照不同状态概率分布量值可知，汽轮发电系统运行处于第 5、7、8 类状态的概

率较大，即系统常态运行功率将长期保持在设计功率的 70%以上；③已知汽轮发电系统各组成单元通用生成函数 $U_i(z)$ 的前提下，全系统的多类模糊运行状态可通过引入模糊生成算子 Ω，嵌套迭代实现解算；解算过程仅涉及数乘、求和等简单代数运算，计算资源依赖程度低、程式化大、解算速度快。

7.4.3　模糊多状态系统可用度评估

综上，给定船用汽轮发电系统的日常功率运行需求 w 后，参照式(7.27)，即可实施全系统的模糊可用度 $\widetilde{A}$ 评估。这里，不失一般性，假定功率运行需求 w 也为模糊值，取为 $\widetilde{w}=(0.80,0.82,0.85)$，则有

$$\begin{cases}\widetilde{A}(\widetilde{w})=\widetilde{\delta}_{\mathrm{A}}(U(z),\widetilde{w})=\sum\limits_{i=1}^{8}\widetilde{p}_i\,|\,\mathrm{sr}_i\,|\,/\,|\,r_i\,| \\ \widetilde{r}_i=\{\widetilde{g}_i-\widetilde{w},\mu_{\widetilde{r}_i}(r_i)\,|\,r_i\in R_i\}\end{cases} \tag{7.33}$$

式中，模糊集 $\widetilde{r}_i$ 及其势函数 $|r_i|$、$|\mathrm{sr}_i|$ 的计算结果如表 7.6 所示。

表 7.6　模糊集 $\widetilde{r}_i$ 势函数计算结果

j	1	2	3	4	5	6	7	8
$\|r_i\|$	0.025	0.075	0.025	0.125	0.075	0.1	0.075	0.025
$\|\mathrm{sr}_i\|$	0	0	0	0	0	0.032	0.0594	0.025
$\|\mathrm{sr}_i\|_{\mathrm{rel}}$	0	0	0	0	0	0.32	0.7917	1

注：$|\mathrm{sr}_i|_{\mathrm{rel}}=|\mathrm{sr}_i|/|r_i|$。

进一步，基于表 7.6 中数值，量化解算船用汽轮发电系统模糊可用度 $\widetilde{A}(\widetilde{w})$ 如下：

$$\begin{aligned}\widetilde{A}(\widetilde{w})&=0+0+0+0+0+10^{-3}\times(0.163,0.1828,0.2053)\times0.32\\&\quad+(0.018,0.0191,0.0201)\times0.7917+(0.9636,0.9673,0.9707)\\&=(0.9779,0.9825,0.9867)\end{aligned} \tag{7.34}$$

分析式(7.34)中的模糊可用度 $\widetilde{A}(\widetilde{w})$ 量值可知：①船用汽轮发电系统的可用度量值稳定于 0.98 左右，假定船用汽轮发电系统的可用度门限要求 $\bar{A}$ 为 0.95，则书中汽轮发电系统完全可满足使用需求，确保系统运行安全。当然，不失一般性，系统可用度门限要求 $\bar{A}$ 也可取为模糊值，此时则需依赖 7.3 节中引入的 Kaufmann-Gupta 排序规则，比较解算值与门限值，从而确定最终评估结论。②鉴于系统建模、分析、解算全程已充分关注有关观测数据的不确定性和模糊性，并采用恰当数学方法预置处理，因此，评估结论与常规多状态建模方法相比，更真实、更

贴近工程实际。

参考文献

[1] Joanna S B, Krzysztof K. Reliability and Safety of Complex Technical Systems and Processes [M]. London: Springer-Verlag, 2011.

[2] Finkelstein M. On some reliability approaches to human aging[J]. International Journal of Reliability Quality and Safety Engineering, 2005, 12(4): 337-346.

[3] Gertsbakh I B, Kordonsky K B. Models of Failure[M]. New York: Springer-Verlag, 1969.

[4] Finkelstein M. A model of aging and a shape of the observed force of mortality[J]. Lifetime Data Analysis, 2003, 9: 93-109.

[5] Ding Y, Lisnianski A, Frenkel I, et al. Optimal corrective maintenance contract planning for aging multi-state system[J]. Applied Stochastic Model in Business and Industry, 2009, 25(5): 612-631.

[6] Finkelstein M. Failure Rate Modelling for Reliability and Risk[M]. London: Springer-Verlag, 2008.

[7] Gertsbakh I B. Reliability Theory with Applications to Preventive Maintenance[M]. Berlin: Springer-Verlag, 2000.

[8] Jackson C, Pascual R. Optimal maintenance service contract negotiation with aging equipment[J]. European Journal of Operational Research, 2008, 189(2): 387-398.

[9] Liu Y, Chen C J. Dynamic reliability assessment for nonrepairable multistate systems by aggregating multilevel imperfect inspection data[J]. IEEE Transactions on Reliability, 2017, 66(1): 915-923.

[10] Lisnianski A, Frenkel I, Khvatskin L, et al. Maintenance contract assessment for aging systems[J]. Quality and Reliability Engineering International, 2008, 24: 519-531.

[11] Martorell S, Sanchez A, Serdarell V. Age-dependent reliability model considering effects of maintenance and working conditions[J]. Reliability Engineering and Systems Safety, 1999, 64: 19-31.

[12] Zimmermann H J. Fuzzy Set Theory and Its Application[M]. Amsterdam: Kluwer, 1991.

[13] Kaufmann A, Gupta M M. Fuzzy Mathematical Models in Engineering and Management Science[M]. New York: Elsevier, 1988.

[14] Cai K. Introduction to Fuzzy Reliability[M]. Amsterdam: Kluwer, 1996.

[15] Klir G J, Clair U S, Yuan B. Fuzzy Set Theory Foundations and Applications [M]. Englewood Cliffs: Prentice Hall, 1997.

[16] Zadeh L A. Fuzzy sets as a basis for the theory of possibility[J]. Fuzzy Sets and System, 1978, 1: 3-28.

[17] Ding Y, Lisnianski A. Fuzzy universal generating functions for multi-state system reliability assessment[J]. Fuzzy Sets and System, 2008, 159: 307-324.

[18] Huang H, Zuo M, Sun Z. Bayesian reliability analysis for fuzzy lifetime data[J]. Fuzzy

Sets and System, 2006, 157:1674-1686.

[19] 马德仲,周真,于晓洋,等. 基于模糊概率的多状态贝叶斯网络可靠性分析[J]. 系统工程与电子技术, 2012, 34(12):2607-2611.

[20] Chang P C, Lin Y K. Reliability analysis for an apparel manufacturing system applying fuzzy multistate network[J]. Computers and Industrial Engineering, 2015,88: 458-469.

第 8 章　基于多分辨率建模的装备复杂系统多状态可靠性设计优化

前面各章为复杂多状态系统可靠性分析和评估提供了多样化的分析技术。一旦能够准确获知复杂系统处于何种程度的多状态可靠性，就有可能依据可靠性度量来设计可靠性更高、性能更稳定、成本更低廉、维修保障更经济的系统。实现这一目标需要具备两个条件：一是对复杂多状态系统可靠性设计优化问题中可行方案对应的系统可靠性及其相关特性指标进行评估；二是运用优化方法对复杂多状态系统的可靠性设计进行建模和求解。前者可以通过前面章节提供的技术手段实现，后者将在本章重点讨论。

8.1　装备复杂系统多状态可靠性设计优化问题

可靠性设计是以满足可靠性需求为目标，在设计过程中系统考虑各类影响可靠性的因素，对候选方案进行分析、评价和再设计的过程和方法。对于简单的系统或单元，可靠性设计的核心是防止故障点的发生；对于大型系统、复杂系统和多状态系统，以单元级故障预防为基础的可靠性设计远不能满足可靠性需求。

8.1.1　面临的主要问题

复杂系统不同层次单元之间的关联和影响复杂多样，不同任务剖面下性能输出的多样性、故障表现界定上的模糊性、故障发生规律的随机性、外部影响的相关性，显著地增大了可靠性设计对象辨识和优化的难度。总体而言，系统可靠性设计优化面临两个主要问题：一是优化的对象；二是如何优化。前者是要明确优化的目标、条件和价值导向，后者是要通过优化技术对问题进行求解。

1. 优化对象

以往我国装备研制的可靠性设计与性能设计还不能有效结合。从工作开展方式来看，在设计方法、系统技术状态、工作进度等环节中，可靠性设计与性能设计之间存在“两张皮”的脱节现象；从系统综合集成来看，船舶等大型、复杂系统可能包含多类子系统，各系统构成之间“烟囱林立”的分割式分析方法可能忽略系统内外的关联影响。因此，在设计阶段开展可靠性设计优化工作，应考虑可靠性与性能的协调关系，并考虑各系统间的关联影响。前者需要实现可靠性与性能的同步优化，或者至少是在性能约束条件下的可靠性优化。后者应对每个需要进行可靠性设计的优化对象加以正确识别和限定,关联影响范围、系统构成的细分程度都会直接影响优化问题的规模、合理性和可信度。本书将在 8.2 节中通过多分辨率建模方法,处理优化对象的辨识和界定问题。

2. 优化方法

复杂多状态系统可靠性设计优化往往可以归结为组合优化问题,问题规模扩大导致计算量增加。相对于精确型求解的动态规划、整数规划、混合型规划或非线性规划方法,在兼顾计算规模和最优解质量的条件下,遗传算法、蚁群算法等启发式优化算法往往具有全局最优性的潜在优势,为搜索优化方案提供现实可能。本书将在 8.3 节中运用具有代表性的优化算法及其改进算法,求解可靠性设计优化问题。

3. 基本模型

系统可靠性设计优化是在性能、费用等约束条件下寻求系统方案的最优解或满意解,对于传统可靠性而言,优化问题的基本模型如下:

$$\text{Maximize: } R = \Upsilon(R_1, R_2, \cdots, R_s) \tag{8.1}$$

$$\text{Subject to } C_i = \sum_{j=1}^{m_i} C_{ij} \leqslant C_i^{\max}, \quad 1 \leqslant i \leqslant n \tag{8.2}$$

$$g_i = f(g_{i1}, g_{i2}, \cdots, g_{im_i}) \geqslant g_i^{\min}, \quad 1 \leqslant i \leqslant n \tag{8.3}$$

式(8.1)~式(8.3)中,R、C、g 分别为可靠度、成本和性能指标;$f(\cdot)$为将部件、设备或子系统等下级性能量综合为上级、系统或总体性能量的物理构型函数;$\Upsilon(\cdot)$为反映系统下级可靠度与上级可靠度关联的映射传递函数;n 为构成系统的子系统或设备数。此处,式(8.1)为系统可靠性寻优问题的通用目标函数表达式,式(8.2)和式(8.3)分别为与之匹配的费用成本约束发达式和性能要求约束表达式。对于多状态系统,式(8.3)中性能指标 g_i 可能为包含多状态取值的向量。

8.1.2　可靠性设计优化问题的主要约束条件

可靠性设计优化问题需要实现高可靠性、低故障率的首要目标,同时需要根据具体情况考虑优化约束、限制条件以及系统的其他设计需求。概括来说,可靠性设计优化问题可能遭遇的约束(限制)条件主要有以下 5 类。

1) 性能约束

性能约束是指针对性能要求而指定的性能规定值、门限值或其他限制条件。对于多状态系统而言,性能输出可能具有多种状态,系统处于不同状态应具有相应的性能约束。此外,根据任务剖面、工况条件、环境应力等差异,性能约束应是多元的，而不是单一的。

2）费用约束

费用约束是指达到可靠性要求的费用限制条件。目前大量的产品、装备系统往往要求考虑全寿命周期中采购、支持和维护的相关费用。因此，费用约束一般都需要考虑全寿命周期中采购、维修和保障费用的总量限制或平均费用。

3）重量约束

重量约束是指达到可靠性要求的重量限制条件。尤其对于装备系统，重量可能影响装备的稳定性、载荷、姿态、能耗、强度等性能和安全性问题。

4）能耗约束

能耗约束是指达到可靠性要求的所需能源消耗量及消耗占比等限制条件。超出装备系统能耗供给值或总能耗分配比例，可能导致装备系统无法正常开启和持续使用，更无从实现相应可靠性特性指标对应的性能输出。

5）空间约束

空间约束是指达到可靠性要求的体积、尺寸、形状等限制条件。科学的设计和选型能够确保装备系统位置合理、衔接有序，并拥有足够的安装和修理空间。

8.2　装备多状态复杂系统的多分辨率建模方法

可靠性设计与性能设计应共同纳入装备系统的研制阶段。作为研制阶段的重要内容，可靠性设计优化成为综合集成范围广、过程迭代复杂、耦合程度高的工程演化过程，需要建立一种能够科学辨识可靠性优化对象及其关联影响的系统性分析方法。

8.2.1　复杂系统多分辨率建模的背景和相关研究

复杂装备系统研制成本高、规模大、技术密集，具有并行开发、反复迭代、自上推进、自下集成的特点，不能简单使用序贯、线性的结构描述研发过程。需要研究能够描述不同设计阶段、不同设计构成之间关联影响的相关方法，用以辨识和分析复杂系统演化过程中不同种类、不同层面的设计对象及其相互关联关系。对于复杂系统往往需要采用多种精度、多种角度分析处理问题的思维方式，而多分辨率建模正是这样一种方法。

所谓分辨率是指模型对现实世界细节描述的详细和精确程度。多分辨率建模的提法多见于建模仿真领域，还有一些与多分辨建模名称相近、内涵相关的概念。例如，多尺度建模[1]、可变分辨率建模、混合分辨率建模、跨分辨率建模或多粒度建模。其中，多尺度建模与多分辨率建模在理念上相通，均认为人们对现象或过程的观察及测量往往处于不同尺度（分辨率），尺度间及层次间存在相互作用和耦合机制，不同尺度（分辨率）的模型在不同尺度条件下各有优势，有机结合才能做到计算精确性和实现便捷性的兼顾和统一。

多分辨率建模研究内容丰富，是一项专门的研究课题和方向，在此不做全面的介绍，仅评述其中有代表性的相关研究。早期有 RAND 公司的 Davis 和 Bigelow[2] 对多分辨率建模的开创性研究及 Zeigler[3] 基于 SES/MB 的多分辨率建模方法。20 世纪 90 年代中期至今，随着复杂系统研究的深入，作为重要技术手段的分布交互式仿真迅速兴起，多分辨率建模技术不断发展。多分辨率建模有面向实体和面向参数两大类：前者是一种实体的层次分解、聚合方法，模型中包含基元实体（不再细分的模型实体）及其各种聚合程度的实体；后者是一种面向参数的层次分解、聚合方法，参数按层次变化，高层参数既可直接输入，也可通过底层参数聚合。根据多分辨率建模的特点，存在多分辨率建模的多种实现方法，其中有代表性的是：视点选择法[2,4]、替代子模型法[4]、聚合解聚法[5]、一体化层次多分辨率建模方法[6]。近年来，Hong 和 Kim[7] 提出多分辨率建模空间等新概念和描述方法，为多分辨率系统仿真中的多分辨率建模空间提供一种规范性描述，对动态改变仿真模型结构的分辨率转化方法、不同分辨率条件下事件之间分辨率匹配接口等问题提出了实现途径。在多分辨率建模应用方面，尤其在复杂系统建模分析、军事作战模拟、军事装备效能评估等方面已取得一些成功应用。其中有代表性的包括：基于美国军方军事作战及装备发展的需求背景，RAND 公司的 Davis[8] 发表的一系列采用多分辨率建模技术的探索性分析研究；MITRE 公司的 Bowers 和 Prochnow[9] 基于多分辨率建模技术，实现高级体系结构（high level architecture，HLA）架构下战术级仿真系统（JCATS）和战役级仿真系统（JTLS）的集成。在多分辨率建模研究领域，国内的研究主要有：程旺迟等[10] 在多分辨率建模的早期探索性研究及综述；刘宝宏[11] 关于多分辨建模关键技术及其作战仿真的应用研究；华玉光和徐浩军[12] 基于多分辨率建模的航空武器装备体系对抗效能评估等。

总体而言，多分辨率建模主要应用在计算科学及仿真领域，与其称为一种技术方法，不如视作一种研究问题的解决思路和指导思想，需要针对具体问题运用具体的技术方法。在复杂系统可靠性分析及风险研究领域，多分辨率建模研究的相关成果还较少。在该研究领域建立适用的复杂系统多分辨率建模方法，主要动因来自以下几个方面：

1）从结构上看，源自系统构成的复杂性

复杂装备系统规模庞大，系统内部和外部的相互关联关系复杂。例如，船舶等大型复杂装备往往包含多类平台及载荷系统，系统构成及关联关系呈现出多层次的网络化结构。

2）从过程上看，源自系统需求和演化的不确定性

复杂装备系统的需求在研制前和研制初期可能十分模糊，难以明确和细化。

研制阶段需求也存在大量不确定性因素，工程演化中更是可能历经逐步细化、反复迭代的过程。这些不确定性源自相关技术的成熟度以及设计者对系统理解和认识的程度。

3）从分析技术上看，源自建模技术的实际需要

观察、测量、分析往往是在不同分辨率或计算尺度上进行的。高分辨率模型往往由较小尺度的变量构成，可以用来对问题的深层现象进行解释，是对现实世界的逼近和仿真，但细节信息的需求量和计算量较大。低分辨率模型往往由较大尺度的变量构成，可以用来对问题进行更高层次或总体性分析，跳出问题的局部或细节，全面理解问题整体，反映问题的整体性规律，但不免会损失细节信息。因此，建模过程中可能需要同时在小尺度和大尺度两个层面进行描述，通过应用一定的建模方法，实现两者对系统建模的协同优势。

8.2.2 复杂系统多分辨率建模的界定和内涵

本书提出的多分辨率建模也认同多尺度建模以及仿真领域的多分辨率建模的基本理念。不论是多分辨率建模还是多尺度建模，从不同层次、不同粒度对复杂系统进行描述、分析是它们的共同目标和开放性课题。

1. 复杂系统多分辨率建模的界定

复杂系统多分辨率建模是描述系统、组织、过程及其关联关系，根据复杂系统分析需要，对建模对象进行模型分辨率提升（包括扩展、分解、细化等）或降低（包括分割、重组、集成等），并描述、转化和跟踪建模对象及其关联关系的系统性方法，其核心是根据研究阶段的不同，采用多视域、多属性、多粒度的方法分析复杂系统。

2. 复杂系统多分辨率建模的要素

1）多视域

根据系统组成、任务模块、人员分组、多学科领域、信息管理、配套资源等不同角度描述层次结构和关联关系。在此基础上，还可以根据研究问题的需要，设置具有特定含义的研究视角。

2）多属性

系统中各元素之间的联系是多样的，其联系或作用关系的属性可划分为 4 类，还可在此基础上根据研究对象的需要增加新类型的联系属性。

空间联系：表示元素间的联系依赖物理空间和位置排列关系。

物料联系：表示元素间的联系依赖物质或材料的输入输出或资源限制关系。

信息联系：表示元素间存在信息交流或数据、信号的传递关系。

能量联系：表示元素间存在能源、能耗的交流、传递或限制关系。

3）多粒度

复杂系统内部具有层次性，各层次之间相互联系和影响。低层次模型往往由微观变量构成，模型具有高分辨率，低层次的微观变量通过系统结构和过程，影响高层次的宏观变量，从而影响系统整体性能和行为，对问题的深层现象给予解释。高层次模型往往具有低分辨率，低分辨率模型用来对问题进行全局性、概括性分析，跳出问题细节，全面理解问题整体，且低分辨率模型能够快速计算，具有计算上的经济性和敏捷性。

8.2.3　复杂系统多分辨率建模方法

1. 复杂系统多分辨率建模框架

复杂系统多分辨率建模的主要工作包括对系统结构和过程的辨识、对分析问题的剖面选取，以及最终实现对多分辨率差异的比较和集成。

1）结构建模

结构模型从多视域、多属性、多粒度的方式描述系统组成、任务模块、人员分组、多学科领域、信息管理、配套资源等方面的层次结构和关联关系。结构建模将多视域、多分辨率的系统构成转化为以矩阵为基础的规范化描述，实现高分辨率模型与低分辨率模型之间的信息分解与聚合，并实现对复杂系统的结构性辨识与描述。

2）过程建模

复杂系统的发展和演化通常是多学科领域和高迭代性的，包含不同系统组成和活动之间的关联或耦合。这些关联或耦合关系取决于工程的物理要求、过程要求、信息接口和任务结构。多分辨率过程模型辨识和描述复杂系统演化中存在的各类过程，将动态过程转化为矩阵模型，为建模和分析计算提供便利。

3）分析剖面选择和多分辨率集成

针对问题对象选择合适的分析剖面，构建分析剖面内涉及的系统结构模型和过程模型。将多分辨率结构模型嵌入过程模型，构建描述过程复杂性的层次化网络结构（图8.1），识别过程及系统构成之间的关联关系，分析和评估网络节点之间的关联影响。

比较不同分辨率下的分析结果。尤其在设计阶段，模型分辨率的提升需要对系统细节情况做出预设。分析结果详细程度提高的同时，也面临分析结果在可信度上的接受风险。需要对不同分辨率下的分析结果进行对比研究，评估不同分辨率结果的可信度。

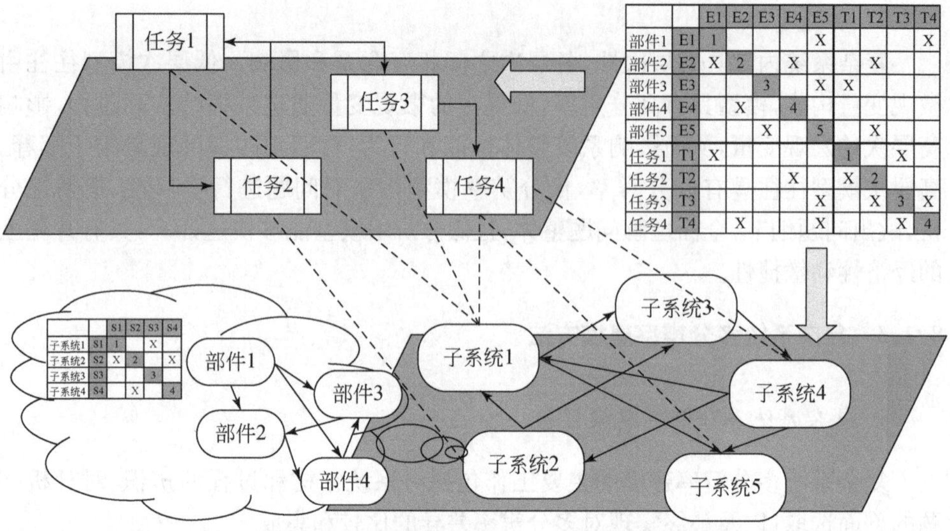

图 8.1　复杂系统多分辨率建模的综合集成

2. 主要实现技术

为了识别可靠性设计对象及其关联关系，合理确定优化对象的范围和细化粒度，所采用的建模方法应适用于描述系统构成及其复杂的关联影响，并能方便地对研究对象进行分解和集成。复杂系统的描述和分析工具种类多样，基于矩阵、图论的方法在产品（系统）设计的信息获取、描述和分析等研究和应用中占有重要地位。其中，有代表性的研究成果主要包括：Steward[13]提出设计结构矩阵的概念和方法，设计结构矩阵是建立和分析系统设计过程的重要分析工具。设计结构矩阵衍生出一系列基于矩阵的系统建模方法，其中域映射矩阵（DMM）、多域矩阵（MDM）可将系统研发涉及的不同领域要素联系起来进行整体描述[14]。Malmqvist[15]研究综合了各类基于矩阵的系统结构建模方法。Ware[16]提供了一种以点和边为基础的描述系统结构的图论式视图方法。对于内部关联关系复杂的系统结构，Battista等[17]建立了能够反映连接方向和连接强度的有向图方法。Sharman 和 Yassine[18]比较了用矩阵和图论方法描述系统结构的各自优势。Eppinger[14]、Lindemann等[19]以及孙亚东等[20]分别采用模块化、层次结构、网状结构进行了系统建模。

这里，借鉴计算科学中多尺度建模及仿真领域多分辨率建模的思想理念，采用以设计结构矩阵及其衍生矩阵为基础的建模和分析方法，作为多分辨率建模的主要实现技术，实现多视角、多学科、多领域的分解和集成，集中而清晰地描述复杂关联关系。通过模型拓展和粒度细化实现模型的多分辨率，运用设计结构矩阵成熟的矩阵分析算法，进行问题对象的系统识别和优化。

设计结构矩阵理论是将系统内外各种实体、对象、信息、过程的关联关系通过矩阵进行描述，并能对这些矩阵做进一步分析处理的系统性方法。设计结构矩阵是一个 $n \times n$ 的方阵。每行和每列对应系统的某个元素，该元素可以表示系统内外各种实体、对象、信息、过程等任何一种需要描述的对象。矩阵的每个元素表示它所在行和列对应系统单元之间的关联关系。正因为如此，设计结构矩阵有时也被称为关联结构矩阵。如图 8.2 所示，标有 X 的矩阵单元表示所在列对应的系统单元对所在行对应的系统单元存在某种关联影响，或者说所在行对应的系统单元受到来自所在列对应系统单元的影响。其中，系统单元可以是某个系统、子系统、设备或部件等任何一种系统的组成部分。本书中均按此种方式规定设计结构矩阵中矩阵单元表示的关联影响含义。有的研究与此规定相反，但并没有实质性区别。尤其对于行或列对应的系统单元存在“序”关系，如任务、活动、流程等，根据上述规定的 X 含义，对角线以下的 X 表示顺序的、前馈的影响，对角线以上的 X 表示逆序的、反馈的影响。而矩阵的对角线单元通常略去不计，在需要对其对应的系统元素进一步细化（分辨率提高）时，才需要进行细化后的详细分析。其中，X 可以是 0 或 1 的二值表示，也可以是能描述不同影响程度的实数值，还可以是包含多属性取值的数值向量。

	A	*B*	*C*	*D*	*E*	*F*
A			X		X	
B	X		X			X
C		X				
D		X			X	
E						
F	X		X			

图 8.2　设计结构矩阵的一般形式

采用设计结构矩阵作为多分辨率建模工具，具有以下几点优势：

(1) 便于描述系统结构、过程及关联关系。关联影响的“序”关系通常有序贯（依赖）型、并行（独立）型、耦合（互相依赖）型。以图 8.2 所列举的设计结构矩阵为例，A 和 B 属于序贯（依赖）型关系，C 和 D 属于并行（独立）型关系，E 和 F 属于耦合（互相依赖）型关系，如图 8.3 所示。

(2) 便于调控模型分辨率。如图 8.4 所示，每个对角线单元都可以根据需要做进一步分解，由一个分辨率更高的设计结构矩阵所代替，从而能不断细化、扩充研究对象，实现模型分辨率的调控。同时，该单元所在行和列也需要相应地分解成多行和多列，扩展后需要补充明确的关联关系，也应由更高分辨率产生的系统元素加以详细确定。

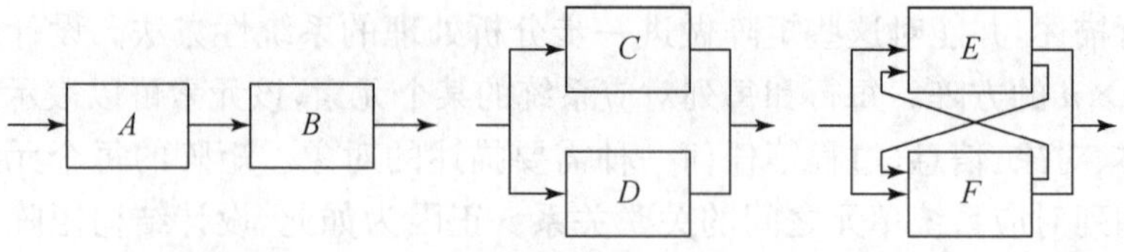

图 8.3　关联影响的“序”关系类型

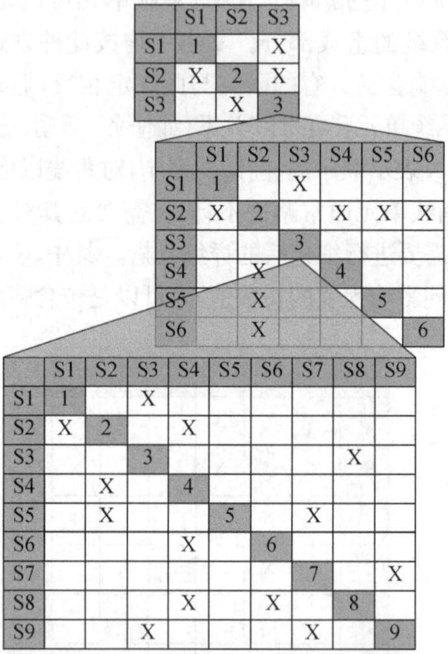

	S1	S2	S3
S1	1		X
S2	X	2	X
S3		X	3

	S1	S2	S3	S4	S5	S6
S1	1		X			
S2	X	2		X	X	X
S3			3			
S4		X		4		
S5		X			5	
S6		X				6

	S1	S2	S3	S4	S5	S6	S7	S8	S9
S1	1		X						
S2	X	2		X					
S3			3					X	
S4		X		4					
S5		X			5		X		
S6				X		6			
S7							7		X
S8				X		X		8	
S9			X				X		9

图 8.4　基于设计结构矩阵的分辨率级别

(3) 便于多学科跨领域表达。不同学科领域、任务类型、工作阶段可能涉及不同划分和组成,通过域映射矩阵可以将多学科、跨领域的工作任务与系统构成建立联系。

(4) 便于使用成熟、丰富的分析算法。设计结构矩阵理论包括划分、撕裂、绑定、聚类等分析矩阵的相关算法。通过这些算法,可以优化设计过程中的任务次序和划分,减弱设计任务间的耦合依赖、信息传递依赖,从而降低设计过程、部门或分系统之间关联的复杂程度。划分算法是对设计结构矩阵的行列元素重新排序的过程,将矩阵元素变换为下三角阵,从而尽量减少矩阵模型中的信息反馈。撕裂算法是寻找最小关联关系的多项任务并对其解耦,从而降低信息反馈量。绑定算法是在不考虑反馈的情况下,根据相邻元素信息关联情况将其固定在对应的相邻矩阵行列,从而识别并行关系和瓶颈元素。聚类算法是把矩阵中联系紧密的行列元素归入对角线上的若干方阵，从而使聚类内部元素的关联强度更高，而聚类之间的关联强度较低。由于篇幅所限，相关的具体算法可以通过 Eppinger[14] 的著作详细了解。

3. 多分辨率建模方法在复杂系统可靠性设计优化中的应用

舰船装备系统作为一类常见的装备应用系统，具备复杂装备系统的全部典型特征，且内含子系统子部件众多、相互之间耦合关联多变、建模难度大。鉴于此，这里引入舰船装备系统建模应用案例，进行多分辨率建模方法的应用说明。

1）系统结构

关于舰船装备系统组成，有多种划分方法。按照功能进行划分，水面舰船可以划分为 18～20 个子系统，包括船体系统、动力系统、电力系统、船舶系统、船舶保障系统、通信系统、导航系统、警戒探测系统、水声系统、水声对抗系统、作战指挥系统、编队指挥系统、舰空导弹系统、舰舰导弹系统、主炮系统、副炮系统、电子战系统、舰载反潜系统、直升机系统和直升机舰面系统。其中，前 5 个子系统属于舰船平台系统，其余属于载荷系统。图 8.5 中，列出了 20 个主要的舰船装备子系统，每个子系统又可以进一步细分，由于篇幅所限，不再逐一具体展现。

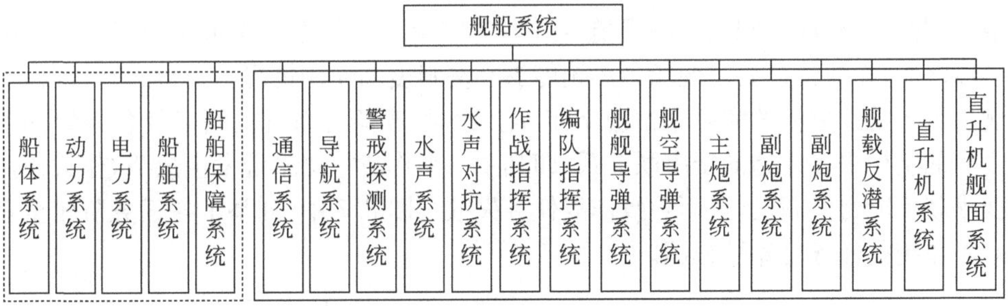

图 8.5　舰船装备系统组成

2）任务过程

水面舰船一般要执行多个不同任务，例如，可用于编队指挥、对空防御，也可用于对海和反潜作战；舰船上的各个子系统也可以用于完成不同的任务，如舰上的指挥系统可以用于控制对空作战，也可以用于对海作战。预期要完成的各阶段任务将构成任务剖面。任务剖面是对某项特定任务从开始到结束时间范围内发生的事件和环境的描述。将舰船担负的主要任务进行归纳，以典型阶段作为代表，便组成了舰船的总体任务过程。通常可分为航渡、待机、作战、撤离、返航阶段，如图 8.6 所示。

3）分析剖面的选择

从系统的角度来看，对于某个特定系统，其基本可靠性框图是确定的。任务可靠性框图则应依据不同的任务背景具体确定。换言之，同一系统在不同的作战背景下，也有可能具有不同的任务可靠性框图。甚至在同一任务的不同阶段，某系统

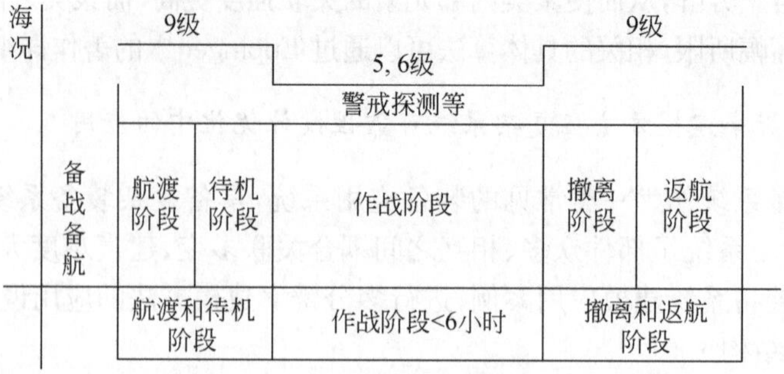

图 8.6　舰船典型任务剖面示意图

的任务可靠性框图也可能不同。

从任务的角度来看,不同的分析剖面内涉及不同的系统。水面舰船进入作战阶段之前,在巡航、待机等阶段,动力、电力等系统并不是全功率运行,大多数情况下只要满足舰船的正常航行即可。例如,动力系统在进入作战阶段之前,即使部分设备发生故障,系统也可在非作战阶段进行修复。其他系统类似,在巡航状态下只要满足舰船航行的基本要求即可。此时,由于性能输出的要求往往无须达到最高值,因此系统构成之间的关联可能为并联等冗余储备关系。当水面舰船进入作战阶段之后,作战使命要求舰船各系统能够在高强度的使用情况下正常运行,即保证舰上各系统在较高的完好率情况下工作。此时,舰船各系统之间以及各系统内部之间的结构更多地趋向于串联关系,即其中一个作战重要系统发生故障,作战使用要求就不能得以满足,进而导致作战任务失败。图 8.7 中,列举了各任务阶段全舰装备系统的任务可靠性框图。

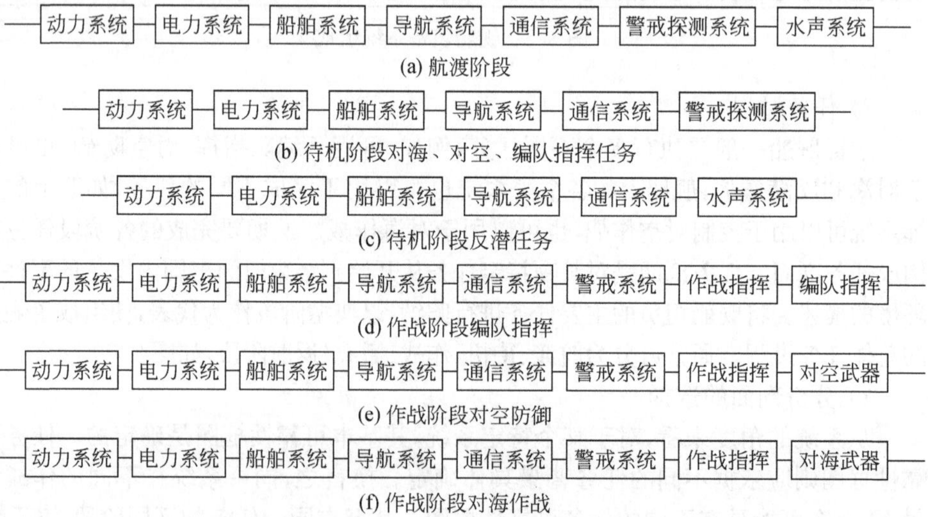

(a) 航渡阶段

(b) 待机阶段对海、对空、编队指挥任务

(c) 待机阶段反潜任务

(d) 作战阶段编队指挥

(e) 作战阶段对空防御

(f) 作战阶段对海作战

(g) 作战阶段反潜作战

图 8.7　各任务阶段全舰装备系统的任务可靠性框图

不同阶段系统内部各设备之间的关联关系不尽相同，下面以动力系统和电力系统为例，进行示例说明。

(1) 动力系统。

对于柴燃联合动力系统(CODOG)的舰船，航渡阶段以左右舷的两台柴油机提供动力，两个螺旋桨同时运转，其系统的基本可靠性框图如图 8.8 所示。

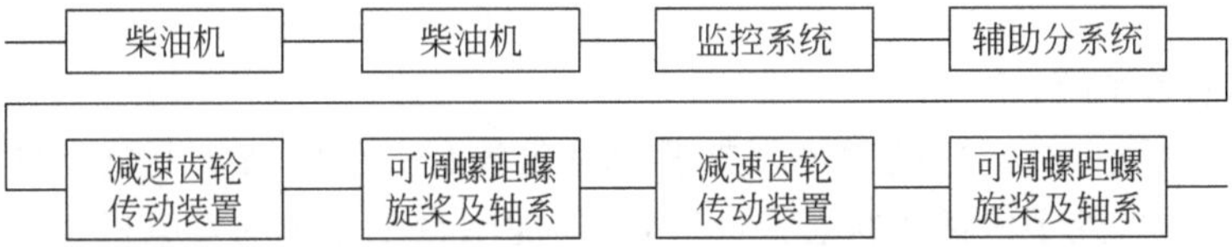

图 8.8　柴燃联合动力系统柴油机运转时的基本可靠性框图

仅由柴油机作为动力时，燃气轮机作为可替换的备用机。如果两台柴油机中有一台发生故障，那么控制和监测系统指令将启用一台燃气轮机带动单侧桨轴工作。此时，燃气轮机作为储备而设计，两台柴油机与两台燃气轮机构成一个冷储备系统。综上，在舰船航渡阶段，动力系统的任务可靠性框图如图 8.9 所示。舰船待机、返航阶段与此相同。

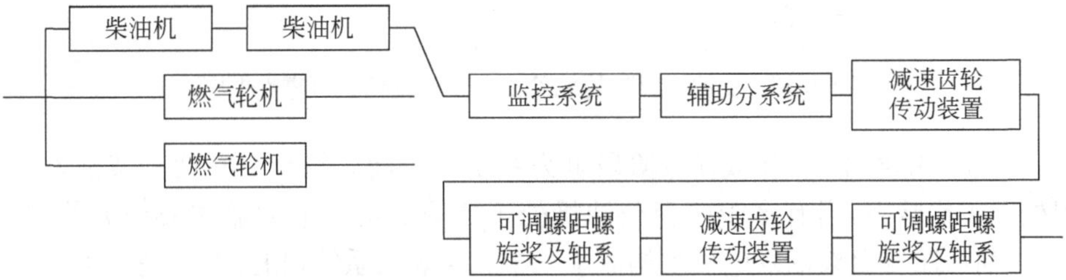

图 8.9　航渡、待机、返航阶段动力系统任务可靠性框图

当燃气轮机运转时，两台燃气轮机互为备份，相关运转的基本可靠性框图如图 8.10 所示。

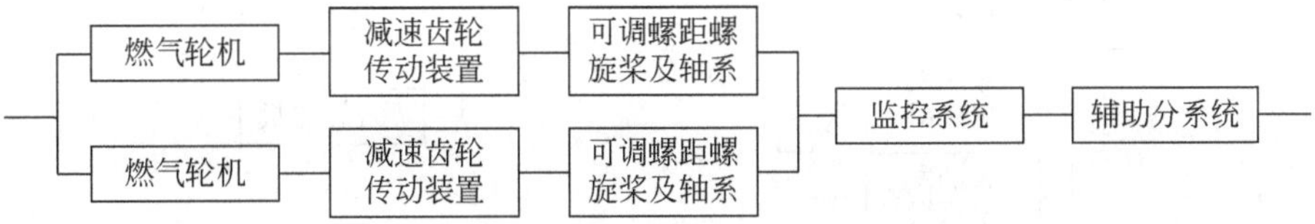

图 8.10　柴燃联合动力系统燃气轮机运转时的基本可靠性框图

作战阶段为满足航速与机动性能的要求,需要两台燃气轮机的全部功率都传送给螺旋桨,其中若有一个单元发生故障,则达不到舰船作战的要求,导致作战任务的失败。因此,作战阶段各单元应视作串联关系,相关任务可靠性框图如图 8.11 所示。

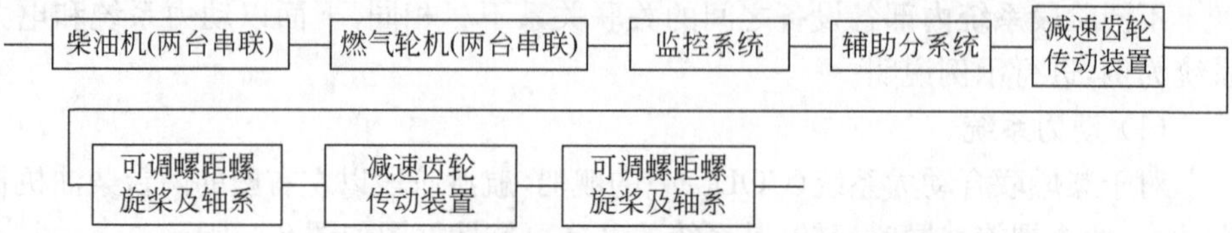

图 8.11　作战阶段动力系统的任务可靠性框图

(2) 电力系统。

对于舰船电力系统,航渡阶段要求前后舱各有一台柴油发电机组处于工作状态即可,另一台处于冷储备状态。此时,前后舱两台工作柴油发电机组之间为并联关系。舰船电力系统在航渡、待机、返航阶段的任务可靠性框图如图 8.12 所示。

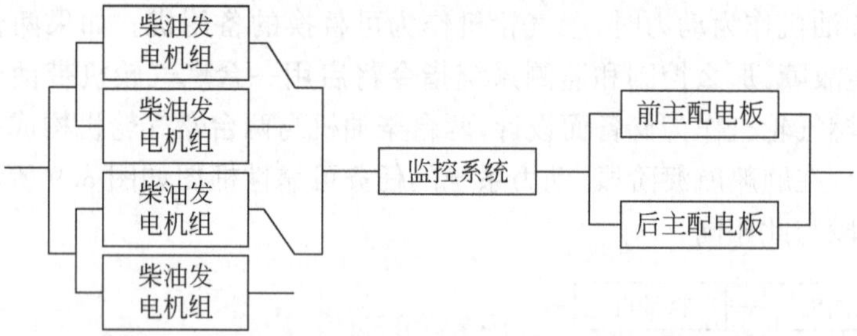

图 8.12　航渡、待机、返航阶段电力系统任务可靠性框图

与航渡阶段不同,作战任务阶段电力系统要求前后舱至少有两台柴油发电机组处于工作状态,当有多于两台柴油机处于故障时会影响舰船作战任务的完成。此时,前后舱 4 台柴油发电机组构成了一个 2/4 表决系统,相关系统任务可靠性框图如图 8.13 所示。

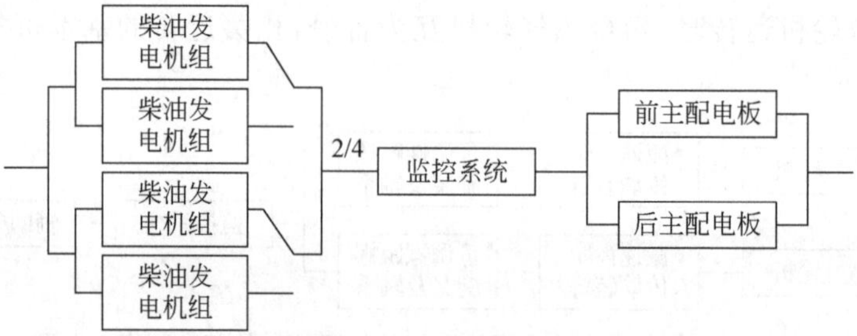

图 8.13　作战阶段电力系统任务可靠性框图

4）可靠性设计对象的识别

明确舰船装备系统的结构组成、任务过程和分析剖面后，即可进一步开展系统的可靠性设计对象识别工作。开展系统可靠性分析与设计对象识别时，需要对系统构成进行分解。分解的详细程度依据可靠性设计目标、计算复杂程度等因素而定。按照多分辨率建模的思想，系统构成的分解程度决定了模型的分辨率。选择合适的分辨率，将有助于识别特定分析剖面下存在关联影响的系统构成，用以作为可靠性设计优化的对象。下面，按照确立关联、综合关联、聚类分析、多分辨率差异分析的基本技术思路，论述复杂装备系统可靠性设计优化对象识别的通用方法。

（1）系统及其构成之间的关联。

建立系统构成的设计结构矩阵，根据关联强度设置关联值。关联强度主要考虑连接关联影响（串联、并联、冗余、旁联等）、信息关联影响（信号输入、输出、入度、出度等）、空间关联影响（空间约束、形状约束等）、能耗关联影响（能耗约束、能耗占比、功率输入输出等）。工程上，一般由式(8.4)综合各类关联影响值，确定系统构成之间关联影响的设计结构矩阵。

$$D_{ij} = aC_{ij} + bI_{ij} + cS_{ij} + eE_{ij} \tag{8.4}$$

式中，D_{ij} 为设计结构矩阵中各系统构成之间的关联强度；i、j 为设计结构矩阵中对应的行和列；C_{ij}、I_{ij}、S_{ij}、E_{ij} 分别为连接、信息、空间、能耗等方面的关联强度（也可视问题具体实际，增补其他类型的关联强度）；a、b、c、e 为相关关联强度的权重系数。表 8.1 给出了一个设计结构矩阵的示例，表中关联强度权重系数均取为 0.25。

表 8.1　描述系统构成之间关联的设计结构矩阵

设备编号	S01-01	S01-02	S02-01	S02-02	S03-01	S03-02	S04-01	S04-02	…
S01-01	S01-01		1.57						
S01-02		S01-02							
S02-01	0.68		S02-01					2.12	
S02-02			2.41	S02-02		0.51			
S03-01		1.45			S03-01				
S03-02				1.42	0.83	S03-02	1.25	0.77	
S04-01		0.27	0.59		2.14		S04-01		
S04-02		2.34					2.36	S04-02	
⋮									⋱

（2）任务与系统构成之间的关联。

任务与系统构成之间存在多种关联。从可靠性角度来看，这种关联主要描述系统故障或多状态性能输出对任务成功的影响程度或依赖关系。舰船装备故障按其性质划分可分为两大类：关键性故障、一般性故障。关键性故障是对舰船完成作战任务有直接影响的故障,引发设备整体功能丧失的均属于关键性故障,如动力系统停车、电力系统掉电、声呐无显示信号等。一般性故障是使系统、设备的功能降低、性能输出水平下降的故障,需要维修但不会直接影响舰船作战任务完成,如管路漏水、漏油、部件磨损、更换垫片等。

通过建立系统构成与任务间的域映射矩阵,可识别任务与系统构成之间的关联,相关关联强度由任务与系统构成之间的关联影响系数确定。表 8.2 给出了一个域映射矩阵的示例,表中关键性故障和一般性故障对某任务的关联影响系数分别取为 1 和 0.5。

表 8.2　描述任务与系统构成之间关联的域映射矩阵

任务 \ 设备编号	S01-01	S01-02	S02-01	S02-02	S03-01	S03-02	S04-01	S04-02	…
任务 01-航渡	0.5			0.5	0.5		1.0	1.0	
任务 02-待机		0.5	1.0			1.0		0.5	
任务 03-编队指挥	0.5		0.5			0.5	1.0		
任务 04-对海作战		1.0					0.5		
任务 05-对空防御	1.0			1.0					
任务 06-反潜作战					0.5		0.5	1.0	
⋮									

(3) 综合关联影响。

联立前述设计结构矩阵和域映射矩阵。由域映射矩阵按系统构成汇总得到任务影响乘数,再将其分别乘以设计结构矩阵中对应的关联影响值,用以综合关联影响。综合关联影响后的设计结构矩阵如表 8.3 所示。

表 8.3　综合关联影响后的设计结构矩阵

任务	设备编号	S01-01	S01-02	S02-01	S02-02	S03-01	S03-02	S04-01	S04-02	…
设计结构矩阵	S01-01	S01-01		2.36						
	S01-02		S01-02							
	S02-01	1.36		S02-01					5.30	
	S02-02			3.62	S02-02		0.77			
	S03-01		2.18			S03-01				
	S03-02				2.13	0.83	S03-02	3.75	1.93	
	S04-01		0.41	0.89		2.14		S04-01		
	S04-02		3.51					7.08	S04-02	
	⋮									⋱

续表

任务＼设备编号		S01-01	S01-02	S02-01	S02-02	S03-01	S03-02	S04-01	S04-02	…
	任务综合影响乘数	2.0	1.5	1.5	1.5	1.0	1.5	3.0	2.5	
域映射矩阵	任务 01-航渡	0.5			0.5	0.5		1.0	1.0	
	任务 02-待机		0.5	1.0			1.0		0.5	
	任务 03-编队指挥	0.5		0.5			0.5	1.0		
	任务 04-对海作战		1.0					0.5		
	任务 05-对空防御	1.0			1.0					
	任务 06-反潜作战					0.5		0.5	1.0	
	⋮									

综合关联影响后的设计结构矩阵，还可以通过图像色彩形式表现，如图 8.14 所示。图中节点表示行、列对应各设备之间存在关联影响，节点越大、颜色越深，表示，关联影响程度越大。关联影响程度越高的设备，越应作为联系紧密的整体进行可靠性分析和设计。

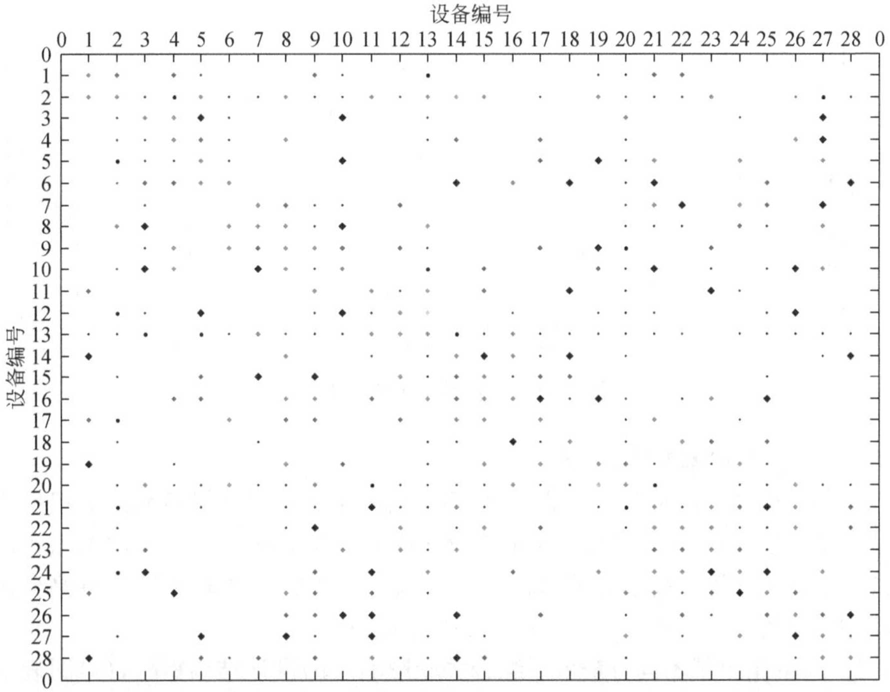

图 8.14　图像色彩形式表现的综合关联影响设计结构矩阵

(4) 聚类分析。

采用聚类算法对综合关联影响后的设计结构矩阵进行分组。聚类算法将系统构成划分为若干分组,每个分组对应一个方阵。这些方阵沿对角线分布,涵盖矩阵中表示关联影响大小的数值。聚类算法将使方阵涵盖的关联影响最大化,使聚类内部元素的关联强度提高,聚类之间的关联强度降低。

采用聚类算法[21]得到的分组如图 8.15 所示,每个方框对应一个分组。每个分组通常包含某个系统的主要设备,同时由于考虑了关联影响,组内还可能包括其他系统的设备。这些分组将作为下一步可靠性设计优化的对象。

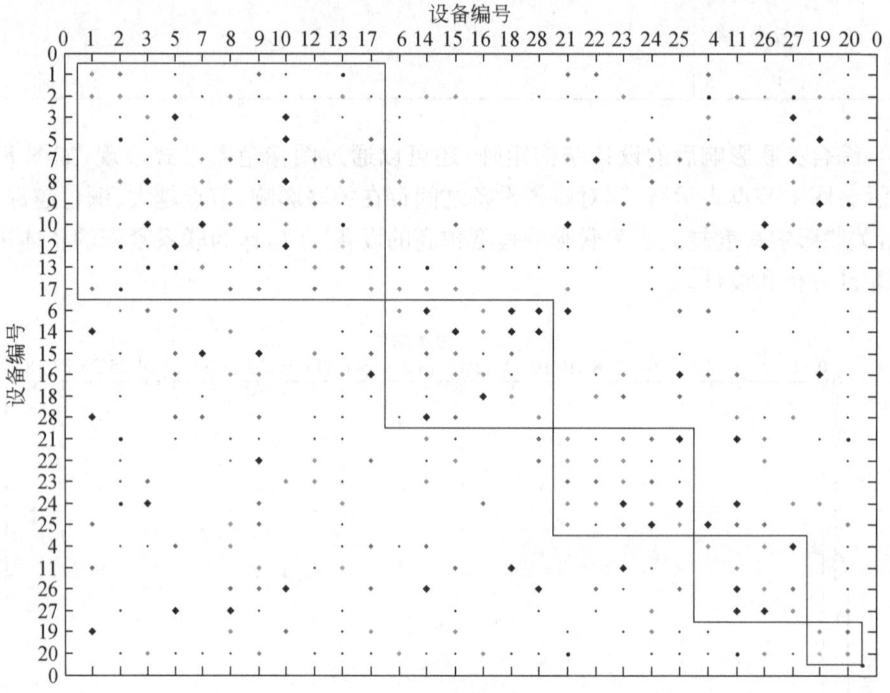

图 8.15 设计结构矩阵聚类分组

(5) 不同分辨率的差异比较。

设某分析剖面涉及 8 个系统,每个系统由若干子系统或设备构成。根据系统构成分解程度不同,不同分辨率下的系统构成如表 8.4 所示。表 8.4 中,灰色区域对应的系统构成均提高了分辨率。例如,系统 S01 中的子系统 S01-02 在高分辨率模型中细分为设备 S01-02、S01-03、S01-04、S01-05。

图 8.16 给出了不同分辨率下综合关联影响后的设计结构矩阵,(a)图表示低分辨率系统构成,(b)图表示高分辨率系统构成。

表 8.4　不同分辨率下的系统构成

系统编号	分辨率	设备/子系统编号
S01	低	S01-01；S01-02
	高	S01-01；S01-02；S01-03；S01-04；S01-05
S02	低	S02-01；S02-02；S02-03；S02-04
	高	S02-01；S02-02；S02-03；S02-04
S03	低	S03-01；S03-02；S03-03；S03-04
	高	S03-01；S03-02；S03-03；S03-04
S04	低	S04-01；S04-02；S04-03
	高	S04-01；S04-02；S04-03；S04-04；S04-05；S04-06；S04-07
S05	低	S05-01；S05-02；S05-03；S05-04；S05-05
	高	S05-01；S05-02；S05-03；S05-04；S05-05
S06	低	S06-01；S06-02
	高	S06-01；S06-02；S06-03；S06-04；S06-05；S06-06
S07	低	S07-01；S07-02；S07-03；S07-04；S07-05
	高	S07-01；S07-02；S07-03；S07-04；S07-05
S08	低	S08-01；S08-02；S08-03
	高	S08-01；S08-02；S08-03

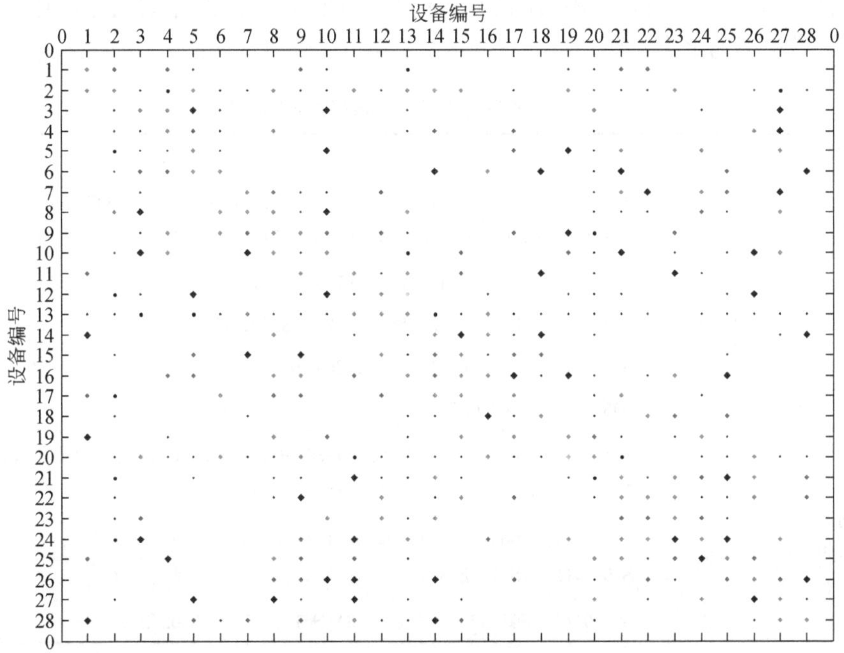

(a) 低分辨率设计结构矩阵

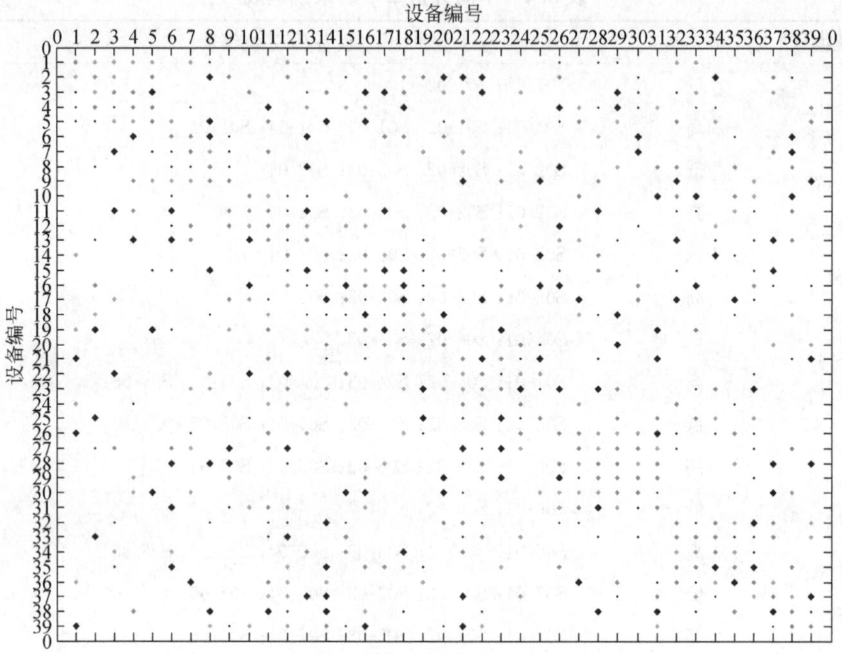

(b) 高分辨率设计结构矩阵

图 8.16 不同分辨率综合关联影响后的设计结构矩阵对比

表 8.5 列出了不同分辨率下的聚类分组。图 8.17 在设计结构矩阵中展示了不同分辨率下的聚类分组。

表 8.5 不同分辨率下的聚类分组对比

分辨率	分组编号	设备编号
低分辨率模型	L-01	S01-01(1);S01-02(2);S02-01(3);S02-03(5);S03-01(7);S03-02(8);S03-03(9);S03-04(10);S04-02(12);S04-03(13);S05-04(17)
	L-02	S02-04(6);S05-01(14);S05-02(15);S05-03(16);S05-05(18);S08-03(28)
	L-03	S07-01(21);S07-02(22);S07-03(23);S07-04(24);S07-05(25)
	L-04	S02-02(4);S04-01(11);S08-01(26);S08-02(27)
	L-05	S06-01(19);S06-02(20)
高分辨率模型	H-01	S01-04(4);S02-01(6);S02-02(7);S02-03(8);S03-01(10);S03-02(11);S03-04(13);S06-06(31);S08-01(37);S08-02(38)
	H-02	S03-03(12);S04-01(14);S04-02(15);S04-03(16);S04-04(17);S04-05(18);S05-04(24);S07-02(33)
	H-03	S01-01(1);S01-02(2);S01-03(3);S01-05(5);S05-02(22)

续表

分辨率	分组编号	设备编号
高分辨率模型	H-04	S07-01(32);S07-03(34);S07-04(35);S07-05(36)
	H-05	S02-04(9);S06-02(27);S06-03(28)
	H-06	S04-06(19);S05-03(23);S05-05(25)
	H-07	S06-01(26);S06-05(30)
	H-08	S05-01(21);S08-03(39)
	H-09	S04-07(20);S06-04(29)

注:括号中数字表示全部设备的总编号。

分析表 8.5 中数据和图 8.17 中图像可知:一方面,随着分辨率提升,分组数量增多,系统构成之间关联强度的识别更趋精细化。分辨率提升后分组内保留了部分设备,也排除了另一部分关联影响弱的设备,在进一步的设计优化中降低了计算复杂性。另一方面,分辨率提升后,系统构成的细化使得关联紧密的分组结构产生局部变化。例如,低分辨率分组 L-01 包含构成复杂的 S01-02、S04-03,该分组的系统构成规模较大,给下一步设计优化工作增加了复杂度和难度。再例如,系统 S04 的分辨率提高以后,系统 S03、S05、S07 中与其关联紧密的设备纳入 S04 的同一分组,为系统 S04 在可靠性设计优化中考虑其他相关系统、设备的关联影响提供了参考。

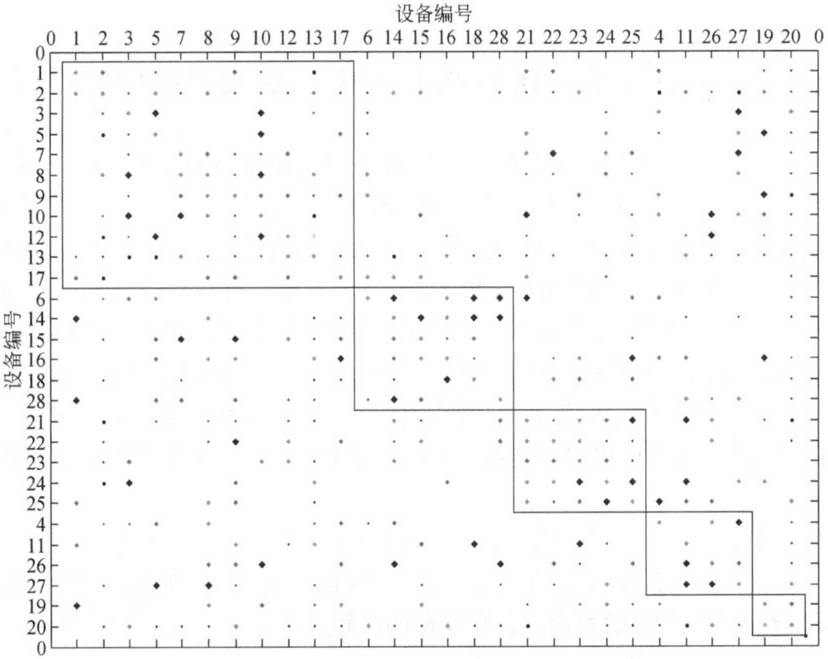

(a) 低分辨率聚类分组

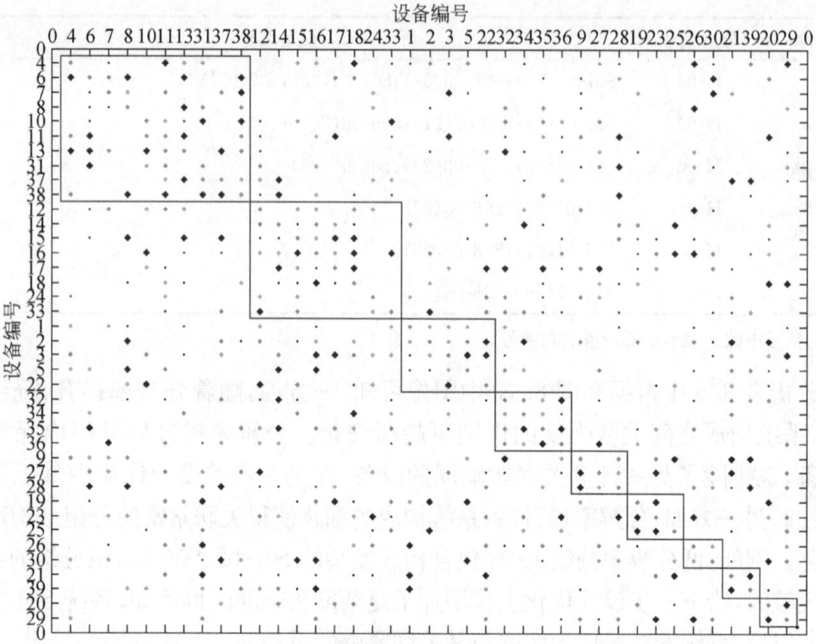

(b) 高分辨率聚类分组

图 8.17 不同分辨率下聚类分组对比

8.3 基于启发式优化技术的多状态复杂系统可靠性设计

明确可靠性设计优化的对象之后，即可进行优化建模和求解。图 8.18 中，给出了多状态复杂系统可靠性设计优化的总体流程。首先，复杂多状态单部件可靠性建模及其稳态概率计算是基础数据，可以通过前面各章基于马尔可夫模型或通用生成函数模型进行计算和评估；其次，多分辨率建模可以识别可靠性设计对象及其关联关系，有助于明确可靠性设计对象的考虑范围和细化程度；然后，运用基于启发式优化技术的系统可靠性设计优化方法，获得在成本费用、工作性能要求等约束条件下的优化配置方案；最后，优化算法提供的配置方案是理论计算结果，在工程设计实施过程中，可根据实际情况对优化配置方案的理论结果进行局部调整。

从本质上看，可靠性优化模型的求解是从组合问题中寻找可靠性设计的优化配置方案。本节将分别采用模拟退火算法、蚁群算法、遗传算法等启发式优化技术，探讨多状态复杂系统可靠性优化模型的求解方法。

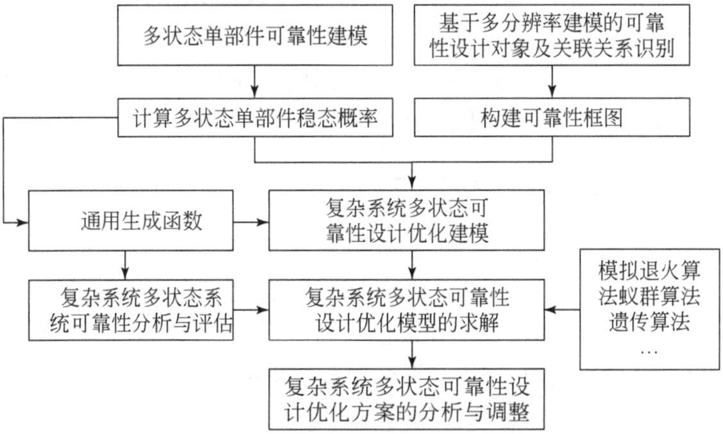

图 8.18　多状态复杂系统可靠性设计优化流程

8.3.1　解的构建

对于多状态复杂系统的可靠性设计优化来说，此类问题的寻解过程多可转化为在成本、性能等约束条件下寻求可靠性高的系统配置方案过程。这里，以典型的串并混联拓扑结构系统为例，进行解的构建说明。

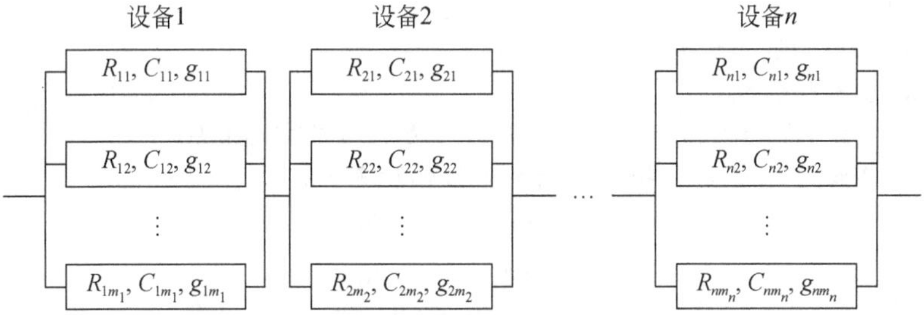

图 8.19　串并混联系统结构图

如图 8.19 所示，系统由 n 个设备($i=1,2,\cdots,n$)构成，设备 i 有 m_i 种可选部件，且最大并联部件数为 u_i。为了计算方便，用 m_i+1 表示空置部件，则用一串数字即可完成串并混联系统解的构建。以 3 个设备组成的系统为例，假设"$m_1=3$，$m_2=5$，$m_3=5$，$u_1=5$，$u_2=6$，$u_3=4$"为其一项可行解，则相关数字编码如图 8.20 所示。

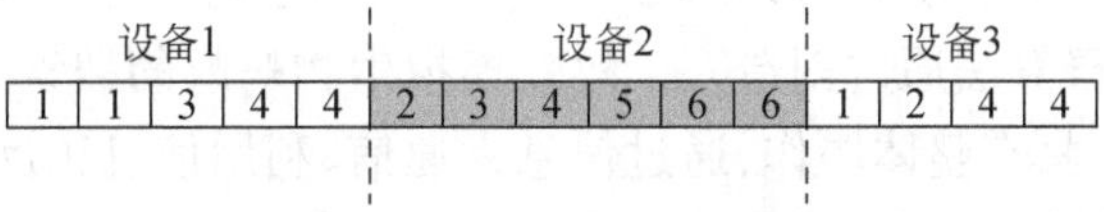

图 8.20　系统可行解的数字编码表示

由图 8.20 可知：整个系统内含 3 个设备，其中设备 1 包含 2 个型号 1 部件和 1 个型号 3 部件，另外 2 个为空置部件；设备 2 包含型号 2、型号 3、型号 4、型号 5 部件各 1 个，另外 2 个为空置部件；设备 3 包含型号 1、型号 2 部件各 1 个，型号 4 的部件 2 个，无空置部件；图示数字编码也可记为(1,1,3,4,4;2,3,4,5,6,6;1,2,4,4)。

8.3.2 基于模拟退火算法的优化方法

模拟退火算法受金属退火的物理过程启发，由 Metropolis 提出，并被 Kirkpatrick 成功应用于组合优化问题的求解。有别于许多邻域搜索方法，模拟退火算法以一定的概率选择领域中评价值大的解，是一种迭代自适应启发式概率搜索算法，能够方便处理离散、连续和混合型的优化设计变量，对目标函数、约束函数没有特别要求，具有较强的鲁棒性和问题适应性。

模拟退火算法包含一个外循环和一个内循环。外循环对应一个缓慢降低的温度序列，内循环则是在这个温度序列中的某个温度下，以特定概率进行邻域搜索。基于模拟退火算法的多状态复杂系统可靠性设计优化解算思路如下：

多状态复杂系统可靠性设计优化模拟退火算法

第 1 步：设定初始温度，随机生成初始解 S_1；

第 2 步：判别当前温度 T_k 是否不超过当前温度下的内循环迭代次数，“是”则执行第 3,4 步，“否”则执行第 5 步；

第 3 步：在邻域中随机生成解 S_2；

第 4 步：按下列准则选择解：

(1) 计算评价值差异：$\Delta f = f(S_2) - f(S_1)$，$f$ 为可行解的适应度函数；

(2) 以概率 p 接受解 S_2，用解 S_2 替代解 S_1；否则保留解 S_1；

$$p = \begin{cases} 1, & \Delta f \leqslant 0 \\ \exp\left(-\dfrac{\Delta f}{T_k}\right), & \Delta f > 0 \end{cases}$$

第 5 步：判别是否满足算法终止条件(温度下降到规定值)，“是”则终止计算，“否”则降低当前温度 $T_{k+1} = 0.99T_k$，并返回执行第 2 步。

其中，第 3 步在邻域中生成的新随机可行解可以仿照遗传算法的变异操作实现，详见 8.3.4 节。

8.3.3 基于蚁群算法的优化方法

蚁群算法由意大利学者 Dorigo 提出，用于模拟生物世界中蚁群搜索食物的路径选择行为。蚁群算法通过创造人工蚂蚁模拟生物蚂蚁的搜索寻优行为，是生物蚂蚁的概念抽象，具有整体协作、通过信息素通信、利用信息正反馈机制寻优等特点。同时，蚁群算法中的人工蚂蚁还具有状态记忆、启发式信息寻优、信息素释放强度及时机可控等生物蚂蚁不具备的特点。

1. 算法的可行解

蚁群算法运用元启发式信息为组合优化问题寻求更好的解。从蚁群算法的角度来看,组合优化问题可看做一个图结构 $G=(N,V)$。每个蚂蚁可视作一个解方案,为可靠性优化问题建立可行解。图 G 包含节点 N 和边 V。节点 N 由设备及其部件构成,边 V 将各设备及其部件联系起来。空节点代表空部件。需要指出的是,边 V 不像节点 N 那样代表具体的实体,但边 V 表示设备或部件之间的联系,这种联系用来构建整个系统的解。可靠性、成本、性能等指标提供启发式信息,图 G 中边 V 上累积的信息素实现蚂蚁之间间接通信的交互机制。当构建一个可行解时,每只蚂蚁利用局部更新规则更新每条边积累的信息素。当所有蚂蚁完成一次搜索后,利用全局更新规则修改信息素。每只蚂蚁初始化时置于首个设备所代表的节点。算法开始运行后,每只蚂蚁将沿着问题对应图结构 G 的边,搜索系统的可行解。如图 8.21 所示,假设设备 1 最多容纳 4 个部件,有 5 种部件可供选择(5 表示空部件,即空缺而不安排实际部件),图中每列表示一个位置,位置数与最多容纳部件数量相同,蚂蚁须由一个位置移动到下一个位置。类似的,设备 2 最多容纳 3 个部件,有 6 种部件可供选择。图 8.21 中,箭头所示的蚂蚁爬行路线即为相关系统优化问题的一个可行解,数字编码记为(1,2,4,5;3,3,5;…)。

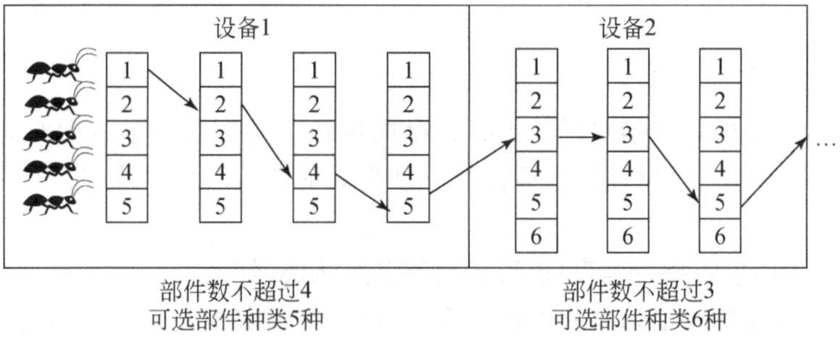

图 8.21　可靠性设计优化问题可行解在蚁群算法中的结构

2. 路径选择

初始时刻每条路径上信息素轨迹强度相等。蚂蚁在运动过程中根据路径上的信息量决定移动方向,相关部件 j 的选择规则为

$$j=\begin{cases}\arg\max\limits_{j\in \mathrm{AC}_i}(\tau_{ij}^{\alpha}\eta_{ij}^{\beta}), & q\leqslant q_0\\ J, & q>q_0\end{cases} \tag{8.5}$$

式中，变量 J 又依据如下概率分布实现选择：

$$p_{ij}=\begin{cases}\dfrac{\tau_{ij}^{\alpha}\eta_{ij}^{\beta}}{\sum_{j\in \mathrm{AC}_i}\tau_{ij}^{\alpha}\eta_{ij}^{\beta}}, & j\in \mathrm{AC}_i\\ 0, & j\notin \mathrm{AC}_i\end{cases} \tag{8.6}$$

式(8.5)、(8.6)中，arg max(·)为使 $\tau_{ij}^{\alpha}\eta_{ij}^{\beta}$ 取最大值时求得对应 j 值的逆函数，η_{ij} 为选择路径 (i,j) 的启发式信息；τ_{ij} 为路径 (i,j) 上残留的信息素轨迹强度；α 和 β 分别为蚂蚁运动过程中累积信息素强度和启发式信息在其选择路径中的相对重要性系数；q_0 为决定探索全局最优与利用局部最优的相对重要性系数；q 为 0 和 1 之间的平均分布随机数；AC_i 为系统第 i 个设备的可选部件集合，由于可靠性设计优化问题往往具有对费用、重量等方面的约束条件，并非所有可选部件都能事实选用，因此实际运算过程会对既往路径的已选部件进行约束检查，从而导致 AC_i 不断发生变化。

工程应用中，启发式信息 η_{ij} 的计算具有多种方法，这里选用如下方法：

$$\eta_{ij}=\begin{cases}\dfrac{1+R_{ij}}{1+C_{ij}}, & 1\leqslant j\leqslant m_i\\ \min\limits_{1\leqslant j\leqslant m_i}\left(\dfrac{1+R_{ij}}{1+C_{ij}}\right), & j=m_i+1\end{cases} \tag{8.7}$$

式中，第二等式对应子设备的空部件；R_{ij} 和 C_{ij} 分别为被选部件的多状态可靠性和成本值。对于空部件而言，$R_{ij}=0, C_{ij}=0$。

3. 信息素更新

信息素轨迹更新包括对局部更新和全局更新。每个蚂蚁走过图 G 的边，通过选择对应的部件形成可行解，之后按如下规则局部更新信息素轨迹：

$$\tau_{ij}^{\mathrm{new}}=(1-\rho)\tau_{ij}^{\mathrm{old}}+\rho\tau_0 \tag{8.8}$$

式中，$1-\rho$ 为信息素挥发强度；τ_0 为初始信息素轨迹强度。

当所有蚂蚁建立了问题的可行解后，通过评价确定相关可行解的优劣，之后利用信息素增量 $\Delta\tau$ 更新最优蚂蚁(精英蚂蚁)经历过的信息素轨迹。对于信息素增量 $\Delta\tau$，工程上常选用蚁周模型、蚁量模型和蚁密模型进行刻画。

蚁周模型：$$\Delta\tau_{ij}^{k}(t,t+n)=\begin{cases}Q/L_k, & \text{蚂蚁 } k \text{ 在本次循环中经过路径}(i,j)\\ 0, & \text{否则}\end{cases} \tag{8.9}$$

蚁量模型：$$\Delta\tau_{ij}^{k}(t,t+1)=\begin{cases}Q/d_{ij}, & \text{蚂蚁 } k \text{ 在本次循环中经过路径}(i,j)\\ 0, & \text{否则}\end{cases} \tag{8.10}$$

蚁密模型：$$\Delta\tau_{ij}^{k}(t,t+1)=\begin{cases}Q, & \text{蚂蚁 } k \text{ 在本次循环中经过路径}(i,j)\\ 0, & \text{否则}\end{cases} \tag{8.11}$$

式(8.9)～(8.11)中，Q 为信息素强度；L_k 为蚂蚁 k 在本次循环中所经历的路径总长度；d_{ij}为路径中从 i 到 j 的路径长度。在蚁量模型和蚁密模型中，蚂蚁在构建解的同时释放信息素($t \rightarrow t+1$)，利用的是局部信息。蚁周模型则是在蚂蚁建立了完整的轨迹后再释放信息素($t \rightarrow t+n$)，利用的是一次循环的整体信息。这里，选用蚁周模型刻画精英蚂蚁的信息素增量 $\Delta\tau$，相关全局信息素轨迹更新规则如下：

$$\tau_{ij}^{\text{new}} = (1-\rho)\tau_{ij}^{\text{old}} + \rho\Delta\tau_{ij} \tag{8.12}$$

$$\Delta\tau_{ij} = \begin{cases} R_e, & (i,j) \in \text{本阶段最优解} \\ 0, & (i,j) \notin \text{本阶段最优解} \end{cases} \tag{8.13}$$

式(8.13)中，R_e为精英蚂蚁对应可行解所构建系统的可靠性。

4. 自适应策略

虽然蚁群算法具有局部寻优和全局搜索的优点，但在一定程度上也存在局部收敛和早熟解的停滞现象。可以采用确定性选择和概率随机性选择结合的搜索策略，避免算法过早陷入局部最优解。在此基础上，根据局部最优解的改进情况，可进一步采用参数自适应调整策略，动态调整算法中的搜索选择方式和信息素更新方式，以求在算法收敛速度和全局最优性之间寻求平衡。

1) 搜索选择方式的自适应调整策略

如果经过连续若干次迭代，当前最优解没有改进，那么此时算法可能陷入局部最优状态。为避免算法搜索陷入局部最优，应选取较小的 q_0 值，增大部件选择的随机性，以促进全局搜索。当跳出局部最优状态后，应恢复 q_0 的最初取值，以加快算法的收敛速度。

2) 信息素更新的自适应调整策略

随着信息素的不断更新，某些组合对应的信息素可能会比较突出，造成不同解之间信息素差异较大，算法搜索容易陷入局部最优解。此时，可通过对不同组合对应信息素加权平均的方法，平滑信息素之间的悬殊差异，以促进生成具有全局优势的新可行解。这里，选用如下方法实现信息素平滑：

$$\tau_{ij}^{*}(t) = \tau_{ij}(t) + \varepsilon[\tau_{\max}(t) - \tau_{ij}(t)] \tag{8.14}$$

式中，$\tau_{ij}(t)$ 和 $\tau_{ij}^{*}(t)$ 分别为平滑前和平滑后的信息素轨迹强度；ε 为平滑系数。

5. 算法思路

多状态复杂系统可靠性设计优化蚁群算法

第 1 步：设置算法参数，初始化信息素轨迹强度。

第 2 步：遍历蚂蚁种群，执行如下步骤。

(1) 运用式(8.5)～式(8.7)，计算关于多状态可靠性、成本的启发式信息和信息素轨迹强度，依次为每个子系统选择部件(包括空部件)；

续表

(2) 运用式(8.8)更新局部信息素强度。
第 3 步：遍历蚂蚁种群，执行如下步骤。
(1) 运用式(8.7)评价种群中所有的蚂蚁，并记录最优解；
(2) 运用式(8.12)、式(8.13)更新全局信息素强度。
第 4 步：判断是否采用自适应策略更新参数，重复执行第 2 步及第 3 步，直到满足终止条件。

8.3.4　基于遗传算法的优化方法

遗传算法由美国密歇根大学 John 教授提出，是一种基于自然遗传和自然优选机理的自适应全局优化概率搜索算法，采用选择、交叉和变异运算来实现对“物竞天择、适者生存”自然法则的模拟，适用于处理传统搜索方法难以解决的复杂非线性问题。鉴于已有大量关于遗传算法的专著，这里不做重复介绍，仅就本书研究对象的具体问题加以明确和补充。

1. 对个体的操作

交叉操作：对每个设备随机选择一个部件作为交叉点，执行交叉操作，如图 8.22 所示。

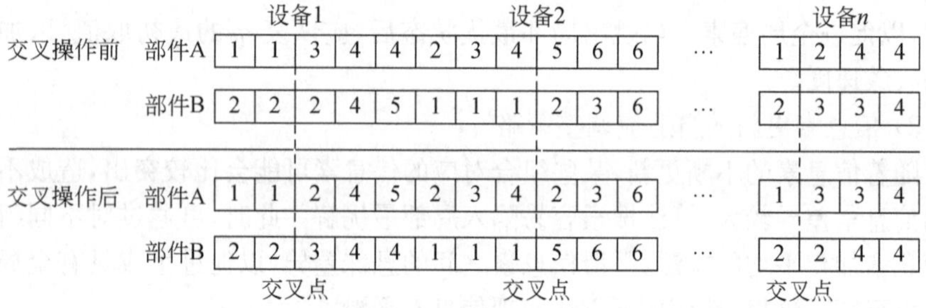

图 8.22　交叉操作示例

变异操作：对每个设备随机选择一个部件作为变异点，随机挑选其他可选部件(包括空部件)执行变异操作，如图 8.23 所示。

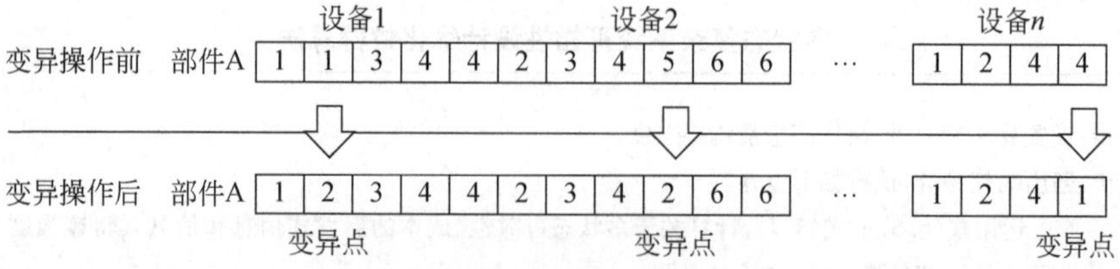

图 8.23　变异操作示例

2. 对遗传算法的改进

为提高遗传算法的计算效率、改善优化结果，这里采用一些技术执行策略，对基本的遗传算法进行改进，包括如下 4 个方面。

1）基于参数调整的自适应策略

对交叉率、变异率等重要算法参数进行自适应控制与调整。

2）基于精英选择的选择策略

在保障种群多样性的同时，确保优秀个体不因概率选择而流失，将当前种群中最优的个体放入下一代种群。

3）基于惩罚函数的评价策略

将费用、重量、尺寸等约束转化为对适应度的惩罚值。

4）基于模拟退火的搜索策略

遗传算法在运行早期个体差异较大，采用经典的轮盘赌方式选择，使得子代个体个数与父代个体适应度大小成正比，因此在早期容易使个别较好的个体产生的后代充斥整个种群，造成子代早熟。在运行后期，种群适应度趋于一致，种群进化缓慢、停滞不前。正如 8.3.2 节中所述，模拟退火算法在全局搜索中具有技术优势，由此将模拟退火算法和遗传算法相结合，能有效缓解传统遗传算法的早熟问题，提高种群个体的多样性，改善原有算法的全局搜索能力。将模拟退火算法和遗传算法相结合的多状态复杂系统可靠性设计优化解算思路如下：

多状态复杂系统可靠性设计优化遗传模拟退火综合算法

第 1 步：设定初始温度，生成初始种群。

第 2 步：计算种群中所有个体的适应度。

第 3 步：对每个个体 x，在其领域中随机选择某个可行解 x'。按下列准则进化个体。

　　(1) 评价个体，$\Delta f = f(x') - f(x)$，f 为适应度函数；

　　(2) 以概率 p 接受 x'，用 x' 替代 x；否则保留 x。

$$p = \begin{cases} 1, & \Delta f \leqslant 0 \\ \exp\left(-\dfrac{\Delta f}{T_k}\right), & \Delta f > 0 \end{cases}$$

式中，T_k 为当前算法设置的退火温度值。

第 4 步：计算新子代个体的适应度：

$$f_i(T_k) = \exp\left(-\frac{f_i - f_{\min}}{T_k}\right)$$

第 5 步：根据新子代适应度决定的概率分布，重新生成子代。

第 6 步：选择个体并实施交叉操作。

第 7 步：选择个体并实施变异操作。

第 8 步：更新算法的温度值 $T_{k+1} = 0.99T_k$ 。

第 9 步：终止条件检查，否则返回第 2 步。

其中,第 3 步提供了更为多样性的个体,体现了与模拟退火相结合的第一个特征。第 4 步提供了一种性能优秀的加速适应度函数,在温度较低时对个体区分度及适应度加速作用更大,体现了与模拟退火相结合的第二个特征。

8.3.5 基于遗传算法的多目标优化方法

8.3.2 节~8.3.4 节介绍的各类算法中,均将费用、重量、尺寸等指标视为约束条件处理,而在实际工程应用中,很可能需要将费用、重量、尺寸等指标与可靠性指标一并作为多个目标进行优化,构成多目标优化问题。费用、重量、尺寸等指标与装备的使用、维修、安全等方面密切相关,若能够求得多目标优化的 Pareto 最优解,则有利于深入分析可靠性与相关指标的影响关系,在各项指标之间做出权衡和改进。复杂多状态系统可靠性设计优化的多目标模型如式(8.15)~式(8.17)所示。在实际问题中,还可根据具体情况增加其他的优化目标。

$$\text{Maximize}: R=\Upsilon(R_1,R_2,\cdots,R_s) \tag{8.15}$$

$$\text{Minimize}: C=\sum_{i=1}^{n}\sum_{j=1}^{m_i}C_{ij} \tag{8.16}$$

$$g_i=f(g_{i1},g_{i2},\cdots,g_{im_i})\geqslant g_i^{\min},\quad 1\leqslant i\leqslant n \tag{8.17}$$

多目标优化问题在工程领域应用广泛,相关优化算法种类很多,其中带精英策略的快速非支配排序遗传算法(NSGA-II)是应用最为广泛的成熟算法。本节将给出基于遗传算法的多目标优化算法。

1. 相关概念

由于问题的优化目标有多个,不同个体对于不同目标可能各有优劣,评价这些个体时需要引入以下概念。

支配与非劣:在最小化的多目标优化问题中,目标函数集合取为 $\text{obj}=\{\text{obj}_1,\text{obj}_2,\cdots,\text{obj}_n\}$。对于可行解 x_1 和 x_2,若 $\text{obj}(x_1)\leqslant\text{obj}(x_2)$,且存在某个目标函数满足 $\text{obj}_i(x_1)\leqslant\text{obj}_i(x_2)$,则称 x_1 支配 x_2,或称 x_1 非劣于 x_2。

Pareto 最优解:在最小化的多目标优化问题中,对于可行解 x^*,当且仅当不存在其余可行解使得 $\text{obj}(x)\leqslant\text{obj}(x^*)$ 对所有目标函数都成立,且至少存在某个目标函数满足 $\text{obj}_i(x)\leqslant\text{obj}_i(x^*)$,则称可行解 x^* 为 Pareto 最优解。Pareto 最优解的集合称为 Pareto 最优解集。Pareto 最优解构成了 Pareto 前沿。

排序值与前沿:若 x_1 支配 x_2,则 x_1 的排序值低于 x_2。若互不支配,则两者具有相同的排序值。具有相同排序值的个体处于同一前沿。通过对个体的排序,个体被划分到不同的前沿。

拥挤距离:拥挤距离用来计算某个体与同一前沿中相邻个体之间的距离,用以表征个体之间的拥挤程度。拥挤距离越大,个体分布越稀疏,所代表的个体多样性越好。

2. 算法思路

基于遗传算法的多目标优化问题解算思路如下：

多状态复杂系统可靠性设计优化多目标遗传算法

第 1 步：生成初始种群；
第 2 步：计算多目标值；
第 3 步：对种群所有个体按支配关系排序；
第 4 步：对于相同前沿的个体按拥挤距离排序；
第 5 步：按锦标赛策略选择个体；
第 6 步：对被选个体实施交叉操作；
第 7 步：对被选个体实施变异操作；
第 8 步：生成新一代种群；
第 9 步：终止条件检查，否则返回第 2 步。

其中，对可行解的编码、生成个体和种群、执行交叉和变异操作、参数调整的自适应策略均与 8.3.4 节内容相同，此处不再赘述。

1）按支配关系排序

排序值从 1 开始，对种群中所有未被排序的个体进行逐一检查。若某个体被其他个体支配，则将该个体剔除，留待下一级别排序值的检查；若某个体与其他个体互不支配，则将该个体赋予当前的排序值。通过排序，所有个体均被赋予相应的排序值，根据不同排序值将所有个体划分到相应的前沿，之后按照拥挤距离再对同一前沿内的个体进行排序。

2）相同前沿的个体按拥挤距离排序

不同排序值的个体之间不存在拥挤距离的问题。拥挤距离只用于度量相同前沿中不同个体的聚集程度，以反映其代表性和多样性。对种群执行选择操作时，如果选中了相同排序值的多个个体，那么为使个体在解空间中更具代表性，应选择拥挤距离更大的个体。式(8.18)给出了一类个体拥挤距离 $d(x)$的数学定义。

$$d(x)=\sum_{i=1}^{m}\frac{\mathrm{obj}_i^{+}-\mathrm{obj}_i^{-}}{\mathrm{obj}_i^{\max}-\mathrm{obj}_i^{\min}} \tag{8.18}$$

式中，obj_i^{+} 和 obj_i^{-} 为相邻个体的第 i 项目标值；$\mathrm{obj}_i^{\max}$ 和 $\mathrm{obj}_i^{\min}$ 为同一前沿中第 i 项目标值的最大值和最小值。

3）锦标赛方法选择个体

锦标赛方法是一种竞争性选择法。二元锦标赛的选择策略为：每次从种群中随机选出两个个体，之后挑选其中最好的个体放入子代种群；重复该操作，直到新的种群规模达到原来的种群规模。这里的选优比较过程基于前述支配关系排序和拥挤距离排序。当排序值不同时，选择排序值较小的个体；当排序值相同时，选择拥挤距离更大的个体。

8.4 多状态复杂系统可靠性设计优化案例

8.4.1 案例说明及参数设置

以包含5个设备的串并混联系统作为研究案例，其可靠性框图如图8.24所示。相关各设备部件的稳态概率取值可通过本书前述各章节论述的可靠性分析与评估方法获得，鉴于本章关注的重点在于复杂装备系统的可靠性设计优化，因此相关计算过程从略，直接给出可选择部件对应不同状态的稳态概率分布及其购置成本，如表8.6所示。

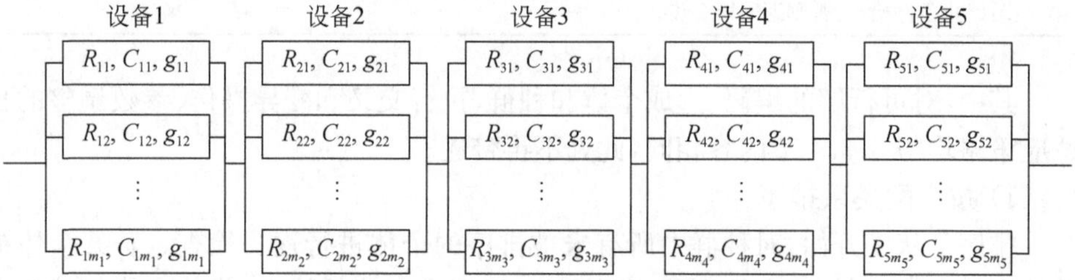

图8.24 串并混联系统案例的可靠性框图

表8.6 可选部件稳态概率分布及购置成本

设备		可选部件编号	稳态概率			购置成本/万元
编号	最大冗余部件数		状态0	状态1	状态2	
1	4	1	0.7311	0.2599	0.0090	7.0
		2	0.7717	0.2188	0.0095	9.0
		3	0.7554	0.2353	0.0093	8.0
2	5	1	0.7554	0.2353	0.0093	16.0
		2	0.7392	0.2517	0.0091	14.0
		3	0.7473	0.2435	0.0092	15.0
		4	0.7717	0.2188	0.0095	16.5
3	4	1	0.7798	0.2106	0.0096	5.0
		2	0.7717	0.2188	0.0095	4.0
		3	0.7676	0.2229	0.0094	3.5
		4	0.7757	0.2147	0.0095	4.5
		5	0.7839	0.2065	0.0096	6.0

续表

设备		可选部件编号	稳态概率			购置成本/万元
编号	最大冗余部件数		状态 0	状态 1	状态 2	
4	3	1	0.6724	0.3185	0.0091	20.0
		2	0.6938	0.2963	0.0099	21.5
		3	0.7012	0.2898	0.0090	22.5
5	4	1	0.7476	0.2426	0.0098	35.0
		2	0.7558	0.2353	0.0089	36.5
		3	0.7761	0.2148	0.0091	37.0
		4	0.7933	0.1985	0.0082	38.0

由表 8.6 可知:①设备 1 最大并联部件数为 4,有 3 类部件可供选择;设备 2 最大并联部件数为 5,有 4 类部件可供选择;设备 3 最大并联部件数为 4,有 5 类部件可供选择;设备 4 最大并联部件数为 3,有 3 类部件可供选择;设备 5 最大并联部件数为 4,有 4 类部件可供选择。②全部可选部件均含 3 类状态性能,0 状态为完好状态;1 状态为低性能输出状态,此时部件处于性能退化但尚可接受状态,可不维修或视情维修;2 状态为故障状态,此时部件性能退化严重或完全失效,必须进行维修。

8.4.2　优化结果及算法比较

应用前述模拟退火算法、蚁群算法、遗传算法等各类启发式优化算法,针对不同成本、性能约束条件,可得研究案例的可靠性优化结果如表 8.7 所示。表 8.7 中,“≥2”表示至少有 1 个部件处于状态 0,“≥3”表示至少有 1 个部件处于状态 0,1 个部件处于状态 1。需要注意的是,模拟退火算法、蚁群算法、遗传算法均是在一定约束条件下进行优化解算,而多目标优化则将约束条件也纳为优化目标之一,是在无约束条件下的优化解算。下面通过量化分析、比较,阐述不同算法之间的差异与优劣,并讨论算法结果对可靠性设计优化的启示。

1. 带约束的优化

由表 8.7 可知:对于相同算法,算例组 A02 相对算例组 A01 而言,费用约束提升,相关优化结果的方案结构也发生了变化,算法在即定约束条件下选择成本较低的部件,系统总体可靠度略有降低;算例组 A03 相对算例组 A02 而言,性能要求提高,从而算法选择成本更高、可靠性更好的部件;需要指出的是,算例组 A03 相比算例组 A02 而言,总成本高而总体可靠度低,是由于算例组 A03 针对总体性能状态“≥3”解算可靠度,而算例组 A02 则是针对总体性能状态“≥2”解算可靠度。

比较表 8.7 中不同算法间的优化结果可知:模拟退火算法具有较好的搜索潜力(如在算例 A02 中的表现);蚁群算法与遗传算法相比,优化效果接近,但蚁群算法的优化结果略优于基本型的遗传算法(不结合模拟退火算法);引入模拟退火机制后,在满足约束的前提下,原有的遗传算法优化结果得到进一步提升;综合权衡各类算法的优化表现,蚁群算法和模拟退火遗传算法给出的优化结果较好。

2. 多目标优化

基于遗传算法的多目标优化算法将费用约束纳入优化目标。参照表 8.7 中算例,指定性能输出需求 1 和需求 2 分别对应算例 A01、算例 A03 的性能需求,则依照 8.3.5 节明确的多目标优化方法,可得多目标优化的 Pareto 解,如图 8.25 所示。Pareto 解形成 Pareto 前沿,反映了系统可靠性设计在不同优化目标之间权衡的趋势和分布。限于篇幅,表 8.8 仅列出了部分 Pareto 解对应的系统可靠度、成本及系统构成设计方案。

由图 8.25 反映的总体趋势来看,对性能输出要求较高的系统配置成本较高、系统可靠度表现较低,图中性能输出需求 1 的 Pareto 前沿在外侧,性能输出需求 2 的 Pareto 前沿在内侧。此外,Pareto 解对应点呈单调递增的趋势,在单调递增的同时还呈现阶梯增长的现象(图 8.25 中椭圆形区域),这是由于可用成本的增长,导致可以采用更多的冗余配置,或者选择价格更高、可靠性更好的部件,且冗余配置的数量和部件的选型是离散的,因此呈现出阶梯式增长的现象。注意,此时随这些成本投入伴生的可靠性提升边际效应较高,在工程实际中应充分利用这种阶梯式增长。例如,表 8.8 中性能输出需求 2 的条件下,Pareto 解第 3 点和第 4 点之间所需增加投入的成本仅为 0.5 万元(表 8.8 右侧灰色背景标注),而系统可靠度显著提高了 3%,工程实际中应该利用这些资金投入小但可靠性改进明显的提升空间。当然,如果成本投入超过一定范围,那么其相对系统可靠性提升的边际效应可能很低。例如,图 8.25 右上侧的尾部阶段,即使增加再多的投入也对可靠性提升意义有限,应考虑改进系统结构设计或选择其他更好的部件。

比较表 8.7 与表 8.8 中所列的系统构成设计方案可知,多目标优化的解算结果更好。例如,性能输出需求 1 下总成本为 280.5 万元(表 8.8 左侧背景标注)对应的系统可靠度(0.999116)大于表 8.7 算例 A01 中模拟退火遗传算法的优化结果(0.999025)。产生这种结果的原因是,多目标优化没有设置成本约束,而带约束的优化结果是基于对每个设备有相应成本约束的条件下获得的。如果考虑设备成本约束条件,那么在多目标优化结果给出的方案中,设备 1 和设备 3 均超出了成本约束。由此可见,设备成本约束的设定需要适度,除非有确切的依据或限制,否则不合理的成本约束可能影响系统总体可靠度。

表 8.7　不同约束条件下的串并混联系统可靠性设计优化结果

算例编号	性能输出需求与约束			模拟退火算法			蚁群算法			遗传算法			模拟退火遗传算法		
	设备编号	性能需求	成本/万元	部件组成	总成本/万元	系统可靠度	部件组成	总成本/万元	系统可靠度	部件组成	总成本/万元	系统可靠度	部件组成	总成本/万元	系统可靠度
	1	≥2	28	1-1-1-2			1-1-1-2			1-1-3-3			1-1-1-1		
	2	≥2	63	1-1-3-4			1-1-4-4			2-4-4-4			1-2-3-3		
A01	3	≥2	15	1-2-2	283.5	0.998915	1-1-1	290.5	0.999054	1-2-5	285	0.998993	1-2-2	280.5	0.999025
	4	≥2	67	1-3-3			2-3-3			2-3-3			2-3-3		
	5	≥2	115	3-3-4			4-4-4			1-3-4			3-4-4		
	1	≥2	26	2-3-3			1-2-2			1-2-2			2-2-3		
	2	≥2	61	2-3-3-4			2-2-2-4			1-2-2-2			2-3-3-3		
A02	3	≥2	13	1-2-2	270.5	0.998607	1-2-2	270.5	0.998597	2-2-2	267	0.998591	2-2-2	270.5	0.998631
	4	≥2	64	1-2-3			1-2-3			1-2-3			1-2-3		
	5	≥2	110	1-1-4			2-2-3			1-1-4			1-2-4		
	1	≥3	26	1-2-2			2-2-3			2-2-3			2-2-3		
	2	≥3	61	1-2-3-3			2-2-4-4			2-2-4-4			1-2-3-3		
A03	3	≥3	13	3-3-3	271	0.932733	2-2-2	273	0.934438	2-2-3	272.5	0.934148	1-2-3	272.5	0.934551
	4	≥3	64	1-2-3			1-2-3			1-2-3			1-2-3		
	5	≥3	110	2-3-4			1-3-4			1-3-4			1-3-4		

表 8.8　多目标优化的可靠性设计优化结果

序号	性能输出需求 1[a]							性能输出需求 2[b]						
	总成本/万元	系统可靠度	设备 1	设备 2	设备 3	设备 4	设备 5	总成本/万元	系统可靠度	设备 1	设备 2	设备 3	设备 4	设备 5
1	260.5	0.998692	3-1-1-1	2-2-2	2-2-5-2	2-2-2	1-1-3	246	0.879166	3-1-3-1	3-2-1-2-	2-3-2-2	2-3-2	4-4
2	261	0.998694	3-3-3-1	2-2-2	2-2-2-2	2-3-2	1-1-2	247	0.879701	1-2-1-1	3-2-4-2	2-3-3-2	3-3-2	4-4
3	261.5	0.998721	3-1-1-3	2-2-2	2-2-1-2	2-2-2	1-1-4	247.5	0.879701	3-2-1-1	3-3-3-2	2-3-2-3	3-3-2	4-4
4	262.5	0.998727	3-3-1-1	2-2-2	2-2-5-2	2-3-2	1-1-3	248	0.910554	1-4-1-1	2-2-3	3-2-3	1-3-2	1-3-3
5	263	0.998741	3-1-3-1	2-2-2	2-2-1-2	3-2-2	3-1-2	250	0.912504	1-2-4-1	3-2-2	2-2-3	1-3-1	4-1-3
6	263.5	0.998757	3-3-1-3	2-2-2	2-2-1-2	2-3-2	1-1-4	250.5	0.913967	3-3-4-1	3-3-2	2-3-2	2-3-1	1-1-4
7	264	0.998775	3-1-3-1	2-2-2	2-1-2-2	3-3-2	3-1-2	252	0.922208	2-4-1-3	2-2-4	2-3-4-3	1-2-1	1-1-2
8	265	0.998775	3-1-3-1	2-2-2	2-1-1-2	3-3-2	3-1-2	253	0.925292	1-1-1-1	2-4-2	3-2-3	1-1-2	1-2-2
9	265.5	0.998801	3-1-1-1	2-2-2	2-1-5-2	3-3-2	3-1-3	255	0.926407	3-4-1-1	2-2-3	3-3-2-3	2-3-2	4-3-1
10	266.5	0.998825	3-1-1-3	2-2-2	2-1-1-2	3-3-2	3-1-4	256.5	0.936909	1-1-1-1	2-4-2	3-2-3-3	1-1-2	1-2-2
11	267.5	0.998825	3-1-3-1	2-2-2	2-1-1-1	3-3-2	3-1-4	259	0.937137	1-3-1-1	1-2-2	3-2-1-3	2-1-1	1-3-2
12	268	0.998851	3-3-3-1	3-2-2	2-1-2-2	3-3-3	4-1-2	260	0.941804	1-1-1-1	2-2-3	3-4-2-3	2-3-2	1-4-1
13	269	0.998888	3-1-3-1	2-2-4	2-1-1-2	3-3-2	3-1-4	263	0.943123	3-3-1-1	3-2-2	3-3-2-3	3-3-3	1-4-1
14	271	0.998900	2-1-3-1	3-4-2	1-1-2-2	3-3-2	4-3-1	264	0.944687	1-1-1-1	4-2-3	4-2-2-3	2-2-2	3-4-1
15	272	0.998928	3-1-1-3	2-4-2	5-2-1-2	3-3-3	3-3-3	265.5	0.945279	3-1-1-1	4-2-3	4-3-2-3	2-3-2	4-3-1
16	274.5	0.998932	1-1-3-1	2-2-3-2	2-1-2	3-3-3	2-1-2	266.5	0.945390	3-1-3-1	2-1-2	2-3-2-3	3-3-2	4-4-1
17	275	0.999011	3-3-3-1	2-2-2-2	2-2-2-2	2-3-2	1-1-2	267	0.946590	3-1-1-1	3-2-2	3-3-2-3	3-3-3	3-4-4
18	279.5	0.999044	3-1-1-1	2-2-1-2	2-2-5-5	2-2-3	1-1-3	268	0.946960	3-1-1-1	3-1-2	3-3-2-3	3-3-2	3-4-4
19	280	0.999092	1-3-3-1	3-2-2-2	2-2-1-1	3-3-2	1-3-2	269.5	0.947273	3-1-3-1	2-1-2	2-3-2-3	3-3-2	4-4-4
20	280.5	0.999116	3-1-1-3	2-2-2-2	2-2-5-2	3-2-2	3-3-3	270.5	0.947782	1-3-1-1	1-2-4	1-4-3-3	2-2-3	4-3-4
21	282.5	0.999128	3-1-1-3	3-2-2-2	1-1-1-2	3-2-2	4-1-4	271.5	0.947783	1-3-1-3	1-2-4	1-4-3-3	2-2-3	4-3-4

续表

序号	性能输出需求 1[a]							性能输出需求 2[b]						
	总成本/万元	系统可靠度	设备 1	设备 2	设备 3	设备 4	设备 5	总成本/万元	系统可靠度	设备 1	设备 2	设备 3	设备 4	设备 5
22	283.5	0.999173	3-1-3-3	2-2-3-2	2-1-1-2	3-3-3	3-1-4	272	0.947864	1-2-1-3	3-1-2	2-3-2-2	2-3-3	4-4-4
23	286	0.999186	1-1-1-3	2-4-2-2	1-1-1-2	3-3-2	4-3-4	272.5	0.954081	1-1-1-1	3-2-2-3	3-4-2-3	1-1-2	4-2-1
24	286.5	0.999186	1-2-3-1	3-2-2-2	1-2-1-1	3-3-2	4-3-4	274	0.954654	1-1-1-1	2-3-3-2	3-3-2-1	2-1-1	3-3-2
25	289	0.999186	2-1-1-3	3-4-2-2	1-1-1-2	3-3-2	4-3-4	275	0.956869	1-1-1-1	2-2-3-2	3-4-2-1	2-3-3	1-1-2
26	290.5	0.999218	1-1-1-3	3-4-2-4	1-1-1-2	3-3-3	4-4-3	276	0.958185	1-3-1-1	2-2-2-3	4-2-2-3	2-1-2	4-4-1
27	291	0.999218	2-1-2-1	3-4-2-2	1-1-1-2	3-3-3	4-3-4	276.5	0.958428	1-1-1-1	2-2-3-2	3-2-2-4	2-1-3	4-3-2

注：上标 a 表示等同算例 A01、A02 的性能需求；上标 b 表示等同算例 A03 的性能需求。

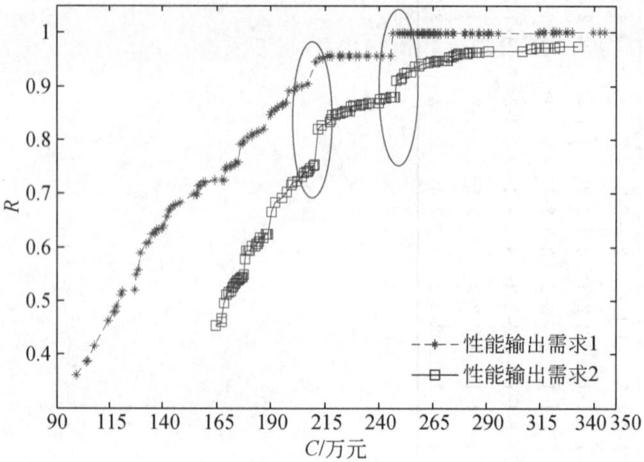

图 8.25　不同性能输出需求下系统可靠性设计的 Pareto 解

参考文献

[1] Ge W, Ma J S, Zhang J Y, et al. Particle methods for multiscale simulation of complex flows[J]. Science Bulletin, 2005, 50(11): 1057.

[2] Davis P K, Bigelow J. Experiments on Multi-resolution Modeling (MRM)[R]. The RAND Corporation, 1998.

[3] Zeigler B P. A systems methodology for structuring families of models at multiple levels of resolution[C]//Variable Resolution Modeling Conference, Washington D. C., 1992: 1-34.

[4] Bigelow J H, Davis P K. Implications of Multi-resolution Modeling (MRM) and Exploratory Analysis for Validation[R]. The RAND Corporation, 1998.

[5] Davis P K. Introduction to Multi-resolution, Multiperspective Modeling(MRMPM) and Exploratory Analysis[R]. The RAND Corporation, 2005.

[6] Davis P K, Tolk A, Observations on new developments in compensability and multi-resolution modeling [C]//Proceedings of the 2007 Winter Simulation Conference, Washington D. C., 2007: 859-870.

[7] Hong S Y, Kim T G. Specification of multi-resolution modeling space for multi-resolution system simulation[J]. Simulation: Transactions of the Society for Modeling and Simulation International, 2012, 89(1): 28-40.

[8] Davis P K. Dealing with complexity-exploratory analysis enabled by multiresolution, multi-perspective model[C]//Winter Simulation Conference, Orlando, 2000: 293-302.

[9] Bowers A, Prochnow D L. Multi-resolution Modeling in the JTLS-JCATS Federation[R]. The MITRE Corporation, 2003.

[10] 程旺迟,许瑞明,张最良. 多分辨率建模理论方法研究的现状与发展[J]. 军事运筹与系统

工程，2003,(3)：58-61.

[11] 刘宝宏．多分辨率建模的理论与关键技术研究[D]. 长沙：国防科学技术大学，2003.

[12] 华玉光，徐浩军．多分辨率建模航空武器装备体系对抗效能评估[J]. 火力与指挥控制，2007，34(1)：8-10.

[13] Steward D V. The design structure system：a method for management the design of complex System[J]. IEEE Transactions on Engineering Management，1981，28(3)：71-74.

[14] Eppinger S D. Design Stucture Matrix Methods and Applications[M]. MA：MIT Press，2012.

[15] Malmqvist J. A classification of matrix-based methods for product modeling[C]//The 7th International Design Conference，Cavtat-Dubrovnik，2002:203-210.

[16] Ware C. Information Visualization-Perception for Design[M]. Amsterdam：Elsevier，2004.

[17] Battista G，Eades P，Tamassia R. Graph Drawing：Algorithms for the Visualization of Graphs. Upper Saddle River[M]. New Jersey：Prentice Hall，1999.

[18] Sharman D M，Yassine A. Characterizing complex product architectures[J]. System Engineering，2004，7(1)：35-60.

[19] Lindemann U，Maurer M，Braun T. Structural Complexity Management[M]. Berlin：Springer-Verlag，2009.

[20] 孙亚东，张旭，宁汝新，等．基于层次化设计结构矩阵的复杂产品研发过程研究[J]. 机械工程学报，2011，47(16)：166-175.

[21] Thebeau R E. Knowledge Management of System Interfaces and Interactions for Product Development Processes[D]. MA：Massachusetts Institute of Technology，2001.

第 9 章　总结与展望

9.1　总　　结

9.1.1　问题终结

为便于读者更为系统地消化全书各章节内容，更为明晰地掌握任意装备复杂系统的多状态可靠性通用解算对策，终结作者第 1 章中提出的撰写本书欲解决的根本问题，此处给出分析与评估任意装备复杂系统多状态可靠性的 9 个通用技术步骤，相关图示参见图 9.1。

(1) 切分中大型系统至小型子系统。根据所研装备复杂系统的具体情况，按照功能化切分方式，将中大型装备复杂系统切分为若干具备独立功能的局部小型化子系统。

(2) 切分小型子系统至典型构架单元。按照可靠性工程处理惯例，将各小型化子系统进一步通过直接切分或等价变换的方式，切分为便于解算处理的串联、并联、串并混联、桥联等典型可靠性构架单元。

(3) 多状态单元建模。面向切分后的典型构架单元，基于多状态理论开展可靠性建模，明确状态性能数目、量值，各状态间跃迁强度，以及体现状态性能传递的物理构型函数。

(4) 单元状态维度判别。依据多状态单元建模后的状态性能输出总维度，判定选择后续分析、解算单元可靠性的技术手段。

(5) 单元可靠性程式化解算。对于小维度多状态单元，直接选择马尔可夫模型法、马尔可夫报酬模型法和半马尔可夫模型法，程式化分析、解算其可靠性；对于大维度多状态单元，综合通用生成函数法和马尔可夫模型法，利用 z 变换函数与生成算子特性，多级迭代、嵌套解算其可靠性。

(6) 可靠性解算自适应调整。根据多状态单元实际运行过程可能面临的状态性能冗余备份、时变老化、漂移、观测不准确等特征，自适应调整第(3)～(5)步中的可靠性程式化建模、分析与解算方法。

(7) 单元可靠性参数评估。依据前述技术步骤解算结论，分总体特征和内部特征两个层面，解算评估各类可靠性参数指标。

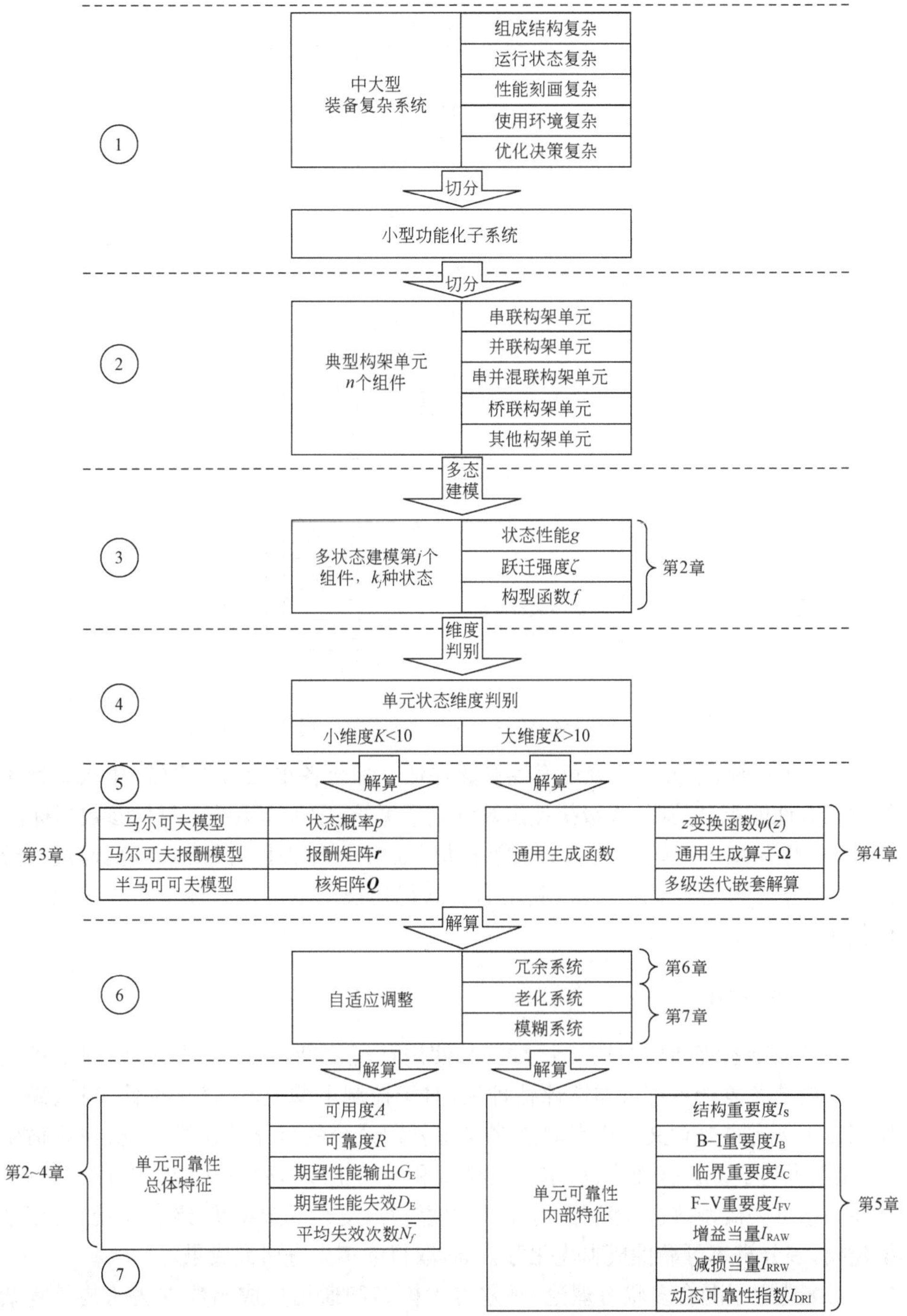

中大型
装备复杂系统
组成结构复杂
运行状态复杂
性能刻画复杂
使用环境复杂
优化决策复杂
1
切分
小型功能化子系统
切分
2
典型构架单元
n个组件
串联构架单元
并联构架单元
串并混联构架单元
桥联构架单元
其他构架单元
多态
建模
3
多状态建模第j个
组件，kj种状态
状态性能g
跃迁强度ζ
构型函数f
第2章
维度
判别
4
单元状态维度判别
小维度K<10
大维度K>10
5
解算
解算
第3章
马尔可夫模型
状态概率p
马尔可夫报酬模型
报酬矩阵r
半马可可夫模型
核矩阵Q
通用生成函数
z变换函数ψ(z)
通用生成算子Ω
多级迭代嵌套解算
第4章
解算
6
自适应调整
冗余系统
老化系统
模糊系统
第6章
第7章
解算
解算
第2~4章
单元可靠性
总体特征
可用度A
可靠度R
期望性能输出GE
期望性能失效DE
平均失效次数Nf
7
单元可靠性
内部特征
结构重要度IS
B-I重要度IB
临界重要度IC
F-V重要度IFV
增益当量IRAW
减损当量IRRW
动态可靠性指数IDRI
第5章

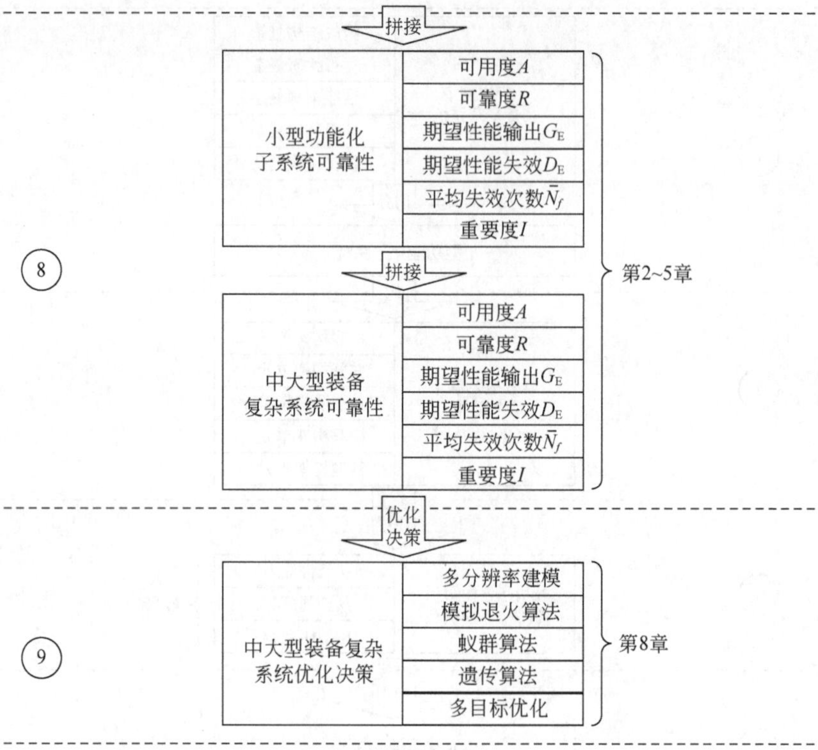

图 9.1　任意装备复杂系统多状态可靠性通用解算对策

(8) 子系统、中大型系统可靠性参数评估。综合各单元与子系统、中大型系统间的状态性能耦合关联，逐级拼接解算评估子系统、中大型系统可靠性参数指标。

(9) 中大型系统优化决策。综合中大型系统可靠性解算评估结论，通过多分辨率建模识别和界定优化对象，利用启发式优化技术实现多目标及工程约束下的优化决策。

9.1.2　研究总结

装备复杂系统结构组成、运行过程、使用环境复杂，可靠性要求高、评估难度大。发展装备复杂系统可靠性评估理论，对于控制采购成本、优化维修策略、满足使用需求具有重要意义。作者聚焦多状态复杂系统的可靠性建模、分析与评估研究，建立了基于多状态理论、马尔可夫模型和通用生成函数方法的综合评估体系，并在马尔可夫模型改进，多层面可靠性测度解算，复杂冗余系统、老化系统、模糊系统建模，多分辨率可靠性成本优化等方面，取得诸多先进研究成果。

(1) 建立了融合多状态理论、马尔可夫模型和通用生成函数方法的装备复杂系统可靠性评估体系，形成的建模方法、分析范式与评估技术，与传统的直接马尔可夫方法相比，可大幅度降低问题求解维度，且解算过程通用性好、程式化高、计算资源依赖程度低，能有效解决大型装备复杂系统的多状态可靠性建模、分析与评估难题。

(2) 发展了两类马尔可夫改进模型下的装备复杂系统多状态可靠性建模、分析与评估技术。其中，马尔可夫报酬模型针对不同可靠性解算需求，通过灵活定义期望累计报酬矩阵，实现了装备系统寿命期内平均可用度、平均失效次数、平均故障前时间等可靠性测度参数的一体化求解；半马尔可夫模型突破传统状态跃迁间隔时长，需服从指数分布的约束限制，通过定义反映状态跃迁历程的核函数矩阵，实现了跃迁时长服从任意分布的装备复杂系统多状态可靠性建模、分析与评估，对于解决类马尔可夫模型下的装备复杂系统可靠性评估难题，推动可靠性评估技术进展，极具借鉴价值。

(3) 拓展了装备复杂系统多状态可靠性评判维度，通过引入逻辑微分、多值决策图等多值逻辑数学工具，实现了多状态复杂系统的重要度分析，分别从系统拓扑构架、单元失效概率、临界性能触发、退化性能关联、可靠性增益/减损、动态性能变更七个层面，量化剖析了装备复杂系统各组成构件对全系统可靠性能的关联影响，给出的重要度评估方法，既丰富了装备复杂系统多状态可靠性分析与评估视野，又对内含脆弱单元的装备复杂系统敏感性分析与风险评判具有重大技术应用价值。

(4) 针对一类典型工程应用系统－多状态冗余设计系统，以及两类特殊工程现实系统－单元老化系统和模糊多状态系统，深入开展了可靠性建模、分析与评估的专题研究，并就冗余设计、性能老化、观测失真等诸多因素对系统寿命期内的可靠性影响，进行了详细论述与量化对比分析，研究成果更契合装备复杂系统可靠性工程实际，建模与解算精度更高，可更有效地解决现实工程中的各类装备复杂系统可靠性工程技术难题；

(5) 围绕装备复杂系统可靠性优化对象辨析和优化算法选择两项核心问题，给出了一类能够有效辨识装备复杂系统可靠性优化对象及其内部组构件相互关联影响的多分辨率通用建模方法，并系统论述了模拟退火算法、蚁群算法、遗传算法3类启发式优化算法和1项多目标优化技术，案例分析和研究结论对于指导可靠性工程技术人员实现装备复杂系统的多分辨率建模和智能优化设计，具有重要启示作用。

9.2 展　　望

虽然本书涉猎的多状态可靠性建模、分析与评估技术已能涵盖装备复杂系统可靠性工程领域内的绝大多数评估需求，但就浩瀚的可靠性工程宇宙来说，还仍仅仅是管中窥豹。作者将在后续研究中再接再厉、悉心求索，力争在以下领域再攀高峰[1~9]。

(1) 类马尔可夫状态跃迁过程下的多状态复杂系统可靠性评估，包括半马尔可夫过程、隐马尔可夫过程等；

(2) 拓扑学、图论及通用生成函数交叉融合下的大维度多状态复杂系统可靠性多值逻辑评估；

(3) 基于新型高速人工智能算法的多状态复杂系统寿命周期可靠性成本优化；

(4) 聚合大维度、冗余设计、性能老化、观测模糊等泛特征多状态复杂系统的全寿命期维修策略管控及工程风险预报；

(5) 多目标、全维度多状态复杂系统可靠性通用时变建模及智能优化技术。

叔本华说："只有知道了书的结尾，才会明白书的开头。"在本书结束部分，读者也许能够体会到对于复杂系统可靠性乃至对复杂系统本身更为本质的探索有多么诱人和具有挑战性。尽管作者的理解和努力还很粗浅，但愿通过本书能够"以其昏昏、使人昭昭"，那就足以令作者欣喜了！

参考文献

[1] Anatoly L, Ilia F. Recent Advances in System Reliability[M]. London: Springer-Verlag, 2012.

[2] Limnios N, Nikulin M. Recent Advances in Reliability Theory[M]. New York: Springer-Verlag, 2000.

[3] Limnios N, Barbu V S. Semi-Markov Chains and Hidden Semi-Markov Models toward Applications[M]. New York: Springer-Verlag, 2008.

[4] Janssen J, Manca R. Semi-Markov Risk Models for Finance, Insurance and Reliability[M]. New York: Springer-Verlag, 2007.

[5] 刘艳丽，余贻鑫．大系统马尔可夫模型状态转移概率矩阵的快速形成方法[J]. 天津大学学报，2013，46(9):791-798.

[6] 杉山将．图解机器学习[M]. 北京：人民邮电出版社，2015.

[7] Kulkarni S. Machine Learning Algorithms for Problem Solving in Computational- Applications[M]. New York: Idea Group, 2012.

[8] Louis A C. Risk Analysis of Complex and Uncertain Systems[M]. New York: Springer-Verlag, 2009.

[9] Duffuaa S O, Raouf A. Planning and Control of Maintenance Systems[M]. Berlin: Springer-Verlag, 2015.

索　　引